高等职业院校计算机教育规划教材

Gaodeng Zhiye Yuanxiao Jisuanji Jiaoyu Guihua Jiaocai

# 网络工程

## （第2版）

WANGLUO GONGCHENG

斯桃枝 杨寅春 俞利君 编

人 民 邮 电 出 版 社

北 京

图书在版编目（CIP）数据

网络工程/斯桃枝，杨寅春，俞利君编．—2 版．—北京：人民邮电出版社，2008.10（2012.5重印）

高等职业院校计算机教育规划教材

ISBN 978-7-115-18635-5

Ⅰ．网… Ⅱ．①斯…②杨…③俞… Ⅲ．计算机网络—高等学校：技术学校—教材 Ⅳ．TP393

中国版本图书馆 CIP 数据核字（2008）第 120888 号

## 内 容 提 要

本书全面、系统地介绍了网络工程的基本理论、设计方法、施工技术、网络管理、安全措施、网络测试和维护等内容。贯穿全书的校园网方案实例，可以帮助读者进一步理解和掌握网络知识和技术。

本书的校园网工程投标书和企业网络工程解决方案，各种设备的选型和安装，综合布线、网络工程项目的管理和维护等内容，都来自编者的工程实践，读者可直接引用在网络工程项目中。

本书适合作为高等职业院校、应用型本科学校“网络工程”课程的教材，也可作为网络工程技术人员的参考资料。

高等职业院校计算机教育规划教材

**网络工程（第 2 版）**

◆ 编　　斯桃枝　杨寅春　俞利君

责任编辑　李　凯

◆ 人民邮电出版社出版发行　　北京市崇文区夕照寺街 14 号

邮编　100061　　电子邮件　315@ptpress.com.cn

网址　http://www.ptpress.com.cn

北京艺辉印刷有限公司印刷

◆ 开本：787×1092　1/16

印张：14.75　　2008年10月第2版

字数：375千字　　2012年5月北京第5次印刷

ISBN 978-7-115-18635-5/TP

定价：25.00 元

读者服务热线：(010)67170985　印装质量热线：(010)67129223

反盗版热线：(010)67171154

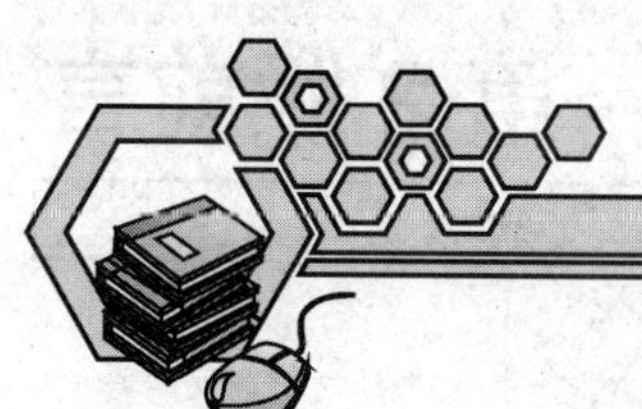

# 丛书出版前言

目前，高职高专教育已经成为我国普通高等教育的重要组成部分。在高职高专教育如火如荼的发展形势下，高职高专教材也百花齐放。根据教育部发布的《关于全面提高高等职业教育教学质量的若干意见》（简称16号文）的文件精神，本着为进一步提高高等教育的教学质量和服务的根本目的，同时针对高职高专院校计算机教学思路和方法的不断改革和创新，人民邮电出版社精心策划了这套高质量、实用型的教材——"高等职业院校计算机教育规划教材"。

本套教材中的绝大多数品种是我社多年来高职计算机精品教材的积淀，都经过了广泛的市场检验，赢得了广大师生的认可。为了适应新的教学要求，紧跟新的技术发展，我社再一次组织了广泛深入的调研，组织了上百名教师、专家对原有教材做认真的分析和研讨，在此基础上重新修订出版。

本套教材中虽然还有一部分品种是首次出版，但其原稿也经过实际教学的检验并不断完善。因此，本套教材集中反映了高职院校近几年来的教学改革成果，是教师们多年来教学经验的总结。本套教材中的每一部作品都特色鲜明，集高质量与实用性为一体。

本套教材的作者都具有丰富的教学经验和写作经验，思路清晰，文笔流畅。教材编写充分体现高职高专教学的特点，深入浅出，言简意赅。理论知识以"够用"为度，突出工作过程导向，突出实际技能的培养。

为方便教师授课，本套教材将提供完善的教学服务体系。教师可通过访问人民邮电出版社网站 http://www.ptpress.com.cn/download 下载相关资料。

欢迎广大教师对本套教材的不足之处提出批评和建议！

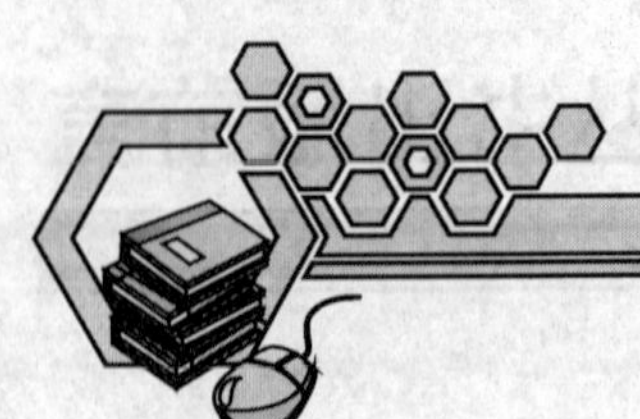

# 第2版前言

《网络工程》自2005年2月出版以来，受到了许多高职院校师生的欢迎。编者根据近几年的教学实践，结合广大读者的反馈意见，在保留原教材特色的基础上，对教材进行了全面的修订。此次修订的主要内容如下。

- 对第 1～6 章的理论及概括性的内容叙述进行了精简，并对实例进行了补充和完善，对存在的一些问题进行了改正；
- 对第7章7.1节中各技术文档进行归类和扩充，将投标过程落实到具体环节，使其更加实例化；
- 删除了原来较为理论化的第7章7.2节，增加了具体的校园网设计方案；
- 对原来实例中前后不太一致的部分进行修正，使实例更容易理解并贴近实际应用。

修订后，本书在教学内容的安排上，根据网络工程的实施过程，依次讲述了每个阶段所应完成的目标、应该遵循的技术标准和规范，内容实际而又具体，避免过多涉及烦琐而枯燥的理论知识，侧重介绍在实际工程应用中标准的使用和注意事项。

由于很多院校缺乏实际的网络工程应用环境和实践，使教学过程比较抽象，学生学习起来也很枯燥。本书以实践案例为向导，介绍网络工程各个应用环节。在学习完每一章的知识后，学生可以参考案例，进行调研，给出自己的设计方案。为使学生有感性认识，教师可在课余时间带领学生参观本校校园网，可与相关网络公司联系，参观他们正在实施中的网络工程项目。

本书的最后用附录的形式给出了书中实例的各种真实文档资料，如校园网需求说明书，校园网建设合同书，培训计划及形式（样例），项目竣工报告（样例），布线工程报告（样例），布线测试报告（样例）等。

本教材由上海第二工业大学计算机与信息学院斯桃枝主编、审稿。第1章、第2章、第7章7.1节及附录部分由斯桃枝编写；第3章、第6章由上海第二工业大学计算机与信息学院俞利君编写；第4章、第5章由上海第二工业大学计算机与信息学院杨寅春编写；第7章7.2节由上海第二工业大学网络中心顾钧编写。

由于编者水平有限，书中难免存在缺点和错误，恳请广大读者批评指正。

编　者

2008年8月

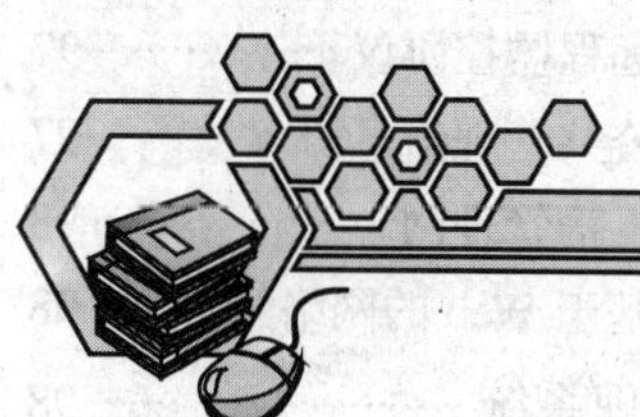

# 目 录

# 第1章 网络工程概述

网络工程是一门综合学科，涉及系统论、控制论、管理学、计算机技术、网络技术、数据库技术和软件工程等各个领域。要建立一个园区网络（校园网、企业网），首先必须深入了解用户的业务需求和管理模式，即用户的网络需求，建立网络逻辑模型，进行逻辑和物理的设计，制定切实可行的系统方案，并在此基础上开始实施和维护。在此过程中，需要方方面面的人才，如公关人员、项目管理人员、系统分析员、网络工程师、施工人员和软件设计与开发工程师等。网络工程的总体结构包括网络应用系统、网络应用基础平台、网络通信与服务平台和网络环境支持平台。

## 1.1 网络工程的基本概念

计算机网络系统作为一个有机的整体，由相互作用的不同组件构成，通过结构化布线、网络设备、服务器、操作系统、数据库平台、网络安全平台、网络存储平台、基础服务平台、应用系统平台等各个子系统协同工作，最终实现用户（企业、机构等）的办公自动化、业务自动化等各项功能。换言之，计算机网络系统是以计算机网络为中心和载体，把相关硬件和软件有机地整合在一起而形成的系统。

网络工程实质上是将工程化的技术和方法应用于计算机网络系统中，即系统、规范、可度量地进行网络系统的设计、构造和维护的全过程。

网络工程的核心是以质量为准则。全面的质量管理和相关理念使得网络工程技术不断地改进，这种改进促使了更加成熟的网络工程方法的涌现。

在图 1.1 所示的网络工程层次图中，网络工程的“过程”是对网络项目的管理和控制，其作用是使计算机网络能够合理而及时地设计实施完成，明确各环节之间的联系，规定技术方法的采用，控制工程产品的选择，保证质量以及控制和管理各种变化的发生等。

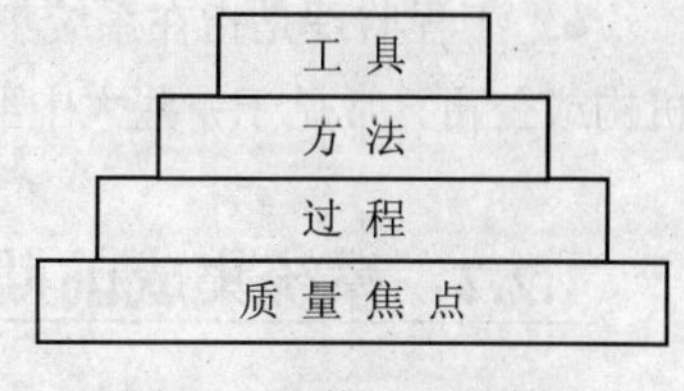

图 1.1 网络工程层次图

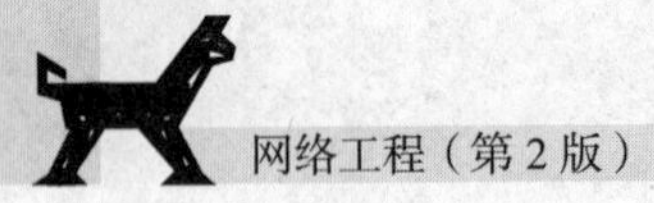


网络工程的“方法”决定了组建网络在技术上需要“如何做”。它包括一系列任务：需求分析、方案设计、工程实施、系统测试和网络维护等。网络工程方法依赖于一组基本原则，这些原则控制了每一种技术的使用方法。

网络工程的“工具”为方法和过程提供了自动或半自动的支持，它是支持网络开发的所有对象的总称。例如，网络拓扑图的绘制工具 Visio，其他各种网络设计中所使用的软件工具，结构化布线所使用的各种工具，网络测试的各种工具等。

本书的内容将侧重于介绍网络工程层次中的“方法”和“工具”，即网络系统集成。

网络系统集成，是以用户的应用需求和资金规模为出发点，综合应用计算机技术和网络技术，选择各种软硬件产品，经过相关人员的集成设计、安装调试、应用开发等大量技术性工作和管理工作，使集成后的计算机网络系统能够满足用户的实际工作要求，具有良好的性能和合理的价格。

## 1.2 网络系统集成的工作内容

网络系统集成实施的全过程包括商务、管理和技术 3 方面的行为，这些行为被交替或混合地执行。下面首先介绍在整个活动过程中所涉及的对象，然后从系统集成商的商务工作角度，对网络系统集成的各项工作进行综述。

### 1.2.1 网络系统集成中的对象

网络系统集成是一项综合性的技术活动，也是一项综合性的管理和商务活动。在网络系统集成工作中，涉及的对象有用户（客户）、系统集成商、产品厂商、供货商、应用软件开发商、施工队以及工程监理等。

- 用户是指出资进行网络系统集成的机构或企业，是服务的对象。
- 系统集成商是指为用户的网络系统提供咨询、设计、供货、实施及售后维护等一系列服务的公司实体，是系统集成活动的主要执行者。通常系统集成商聚集了一批精通不同方面 IT 技术、具有系统设计与实施经验的专业技术人员，他们可以根据不同用户的环境和技术应用现状，根据不同用户的投资预算，为用户设计相应的计算机网络系统方案，通过与用户的交流，选定方案并进行项目实施。
- 产品厂商是指设计、生产系统集成项目中所选用的产品的生产厂家。
- 供货商是指为系统集成商直接提供集成项目相关产品的企业，如某种产品的代理商、经销商等。
- 应用软件开发商是指从事用户应用软件开发的专业公司，有些系统集成商也有自己的软件开发部门，兼具应用软件开发商的角色。
- 施工队是指专门从事计算机网络布线相关业务的施工队伍。
- 工程监理是指在系统集成项目中专门对设计、施工、验收等活动进行质量检查和控制的机构或公司，常见于一些大中型项目。

### 1.2.2 系统集成前期工作

通常，按商务活动来划分，一个系统集成项目分为前期准备和后期制作两个阶段。

前期准备阶段，是指从系统集成商的销售代表就某个项目和用户接触开始，到该项目签订服务合同为止的工作阶段。

在前期准备阶段，系统集成商的主要工作内容包括：用户交流、需求分析、现场勘察、初步方案的设计、投标书的撰写、述标与答辩以及商务洽谈与合同签署等。

### 1. 用户交流

用户交流是指与用户进行技术和需求等相关内容的交流。通常，第一次交流是销售代表和工程师一起到用户单位进行交流，了解用户IT系统现状和需求，为需求分析和初步方案设计打下基础。用户交流在前期是一个反复进行的工作，在设计方案过程中要随时与用户进行沟通，才能满足用户的需求。

### 2. 需求分析

需求分析是分析用户现状和系统集成项目需求，主要包括网络结构、布线系统、传输介质、带宽要求、应用模式以及网络管理与安全需求等各个方面的内容。

### 3. 现场勘察

许多项目，尤其是布线项目，要求技术人员必须到用户现场进行实地勘察，才能设计出符合实际、切实可行的方案。

### 4. 投标方案设计

网络系统设计师根据用户的需求，选用合适的技术和相应的产品，为系统集成项目设计出初步的技术方案，确定网络拓扑结构形式，给出网络管理方案，进行网络安全设计等。投标方案重点突出使用哪些计算机和网络技术，选用哪些产品，将如何具体构建网络系统，包括进度和人员配备等。投标方案以竞标的形式提交给用户。

### 5. 投标书的撰写

随着采购行为和项目管理工作的正规化，当前大多数系统集成项目均采用公开招标或邀标的方式来进行，投标书的撰写是前期准备工作中的一个重要环节。

### 6. 述标与答辩

通常招标单位会安排所有合格投标单位或初选入围的投标单位进行述标和答辩，最后由评标委员会对投标书和系统集成商进行评估，选定一家（或数家）为中标单位。

### 7. 商务洽谈与合同签署

被选中（或中标）的系统集成商与用户单位进行相关商务事宜的洽谈和合同的签署，这就意味着一个项目的前期准备工作圆满完成。

前期准备工作是技术实力、公司资质、公关能力与谈判技巧的综合体现，在目前的IT界，竞争十分激烈，前期准备工作的综合性较强，难度很高。

### 1.2.3 系统集成后期工作

系统集成后期制作阶段，是指针对某系统集成项目而言，从签订集成服务合同开始到合同约定的服务期结束为止的工作阶段。

在后期制作阶段，系统集成商的主要工作内容包括：网络系统的逻辑设计、实施方案的编写、产品订货与供货、布线工程、硬件设备安装与调试、软件系统安装与调试、应用软件开发与调试、系统测试、用户培训、竣工文档编制、项目验收、后期技术支持以及系统维护与质量保证等。

1. 逻辑设计

前期准备阶段产生的设计方案一般来说偏重于技术的选择和产品的选型，而后期制作阶段的逻辑设计侧重于如何利用相应的技术和产品完成网络系统的实施。它更为精细，更具有可操作性，是安装调试工作的技术指南。逻辑设计主要包括局域网网络设计、广域网网络设计、Internet 接入方案设计、网络安全和网络管理等。

2. 实施方案的编写

在逻辑设计的基础上，对后期制作阶段的其他各项工作内容作出详细说明，并进行具体的时间和人员安排，以便建立完整的实施档案资料。

3. 产品订货与供货

产品订货与供货的主要任务是保质、按期地向用户提交合同规定的产品。

4. 布线工程

布线工程的详细设计与工程施工，是在合同签订后条件许可的情况下进行的，在所有系统集成项目中，布线工程往往占用时间最长，对用户工作环境的影响也最大。

5. 硬件设备的安装与调试

硬件设备到达现场后，系统集成商应安排网络工程师与用户共同进行开箱验货，随后进行安装与调试。这是系统集成技术工作中的重要环节，也是技术难度较大的环节。

6. 软件系统的安装与调试

本项工作是对操作系统、基础服务软件、数据库平台、防病毒系统、网络安全平台和网络管理平台等各种软件进行安装与调试，确保软件系统的高效运行。

7. 应用软件的开发与调试

应用软件是根据用户的需求定制开发的办公自动化软件或业务管理软件，由系统集成商的软件部门或专业软件公司负责开发。

### 8. 系统测试

系统测试是对整个网络系统进行联合测试，充分检验系统各方面的功能和性能，由系统集成商和用户共同完成。系统集成商应特别重视系统测试工作，在正式测试之前，应将已经发现的问题及时解决。

### 9. 用户培训

用户培训工作是系统正常、高效运行的保障。用户培训工作有几类对象：网管人员、一般IT人员、一般用户和单位领导等。以培训地点划分，用户培训可分为厂家培训、系统集成商培训、现场培训和认证中心培训几种。

### 10. 竣工文档编制

竣工文档是与系统验收相关的各种技术文件的总称，是系统集成工作完成后提交给用户的第一手技术资料，是用户使用和维护系统的指南。高质量的竣工文档是系统集成商对项目、用户负责的重要体现。

### 11. 项目验收

项目验收工作通常是用户组织的，并由用户管理部门、用户方、系统集成商、专家组和监理方共同参加的对系统集成项目的正式验收，验收的通过是对该项目成功实施的肯定。项目验收一般也要进行相应的系统测试。

### 12. 后期技术支持

后期技术支持是对用户管理和使用网络系统过程中的技术支持，大多数是通过电话咨询完成，必要时网络工程师要到现场进行技术支持。

### 13. 系统维护与质量保证

系统维护是指系统集成商定期或不定期地到用户现场，对设备和系统进行检查和维护；或当网络系统出现故障时进行维修。产品质量由厂商提供保证，但检测故障原因（产品故障、安装问题、使用不当等）和拆卸、安装设备的工作通常由系统集成商来进行。

后期工作是系统集成项目的具体实施，是向用户提供优质产品、先进技术、高效服务以及完善系统的重要阶段。

网络工程的核心是技术支持，除了相关商务活动外，还包括对工程计划和进度进行科学的管理。本书将对一些重要的商务环节（如投标过程）进行单独阐述外，而对项目管理工作不再单独介绍。本书的重点将放在网络工程中系统集成的各个设计阶段及主要技术的应用上。

## 1.3 网络系统集成的工作过程

网络系统集成在网络工程的方法性研究、网络项目的管理和控制的基础上，利用现有的先进技术、方法和工具完成网络系统的设计、实施和维护。

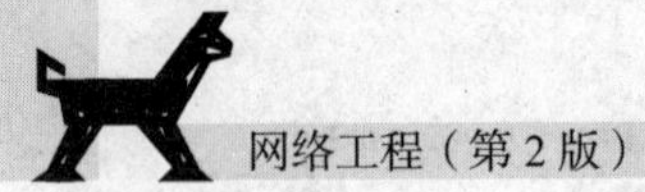


图 1.2 所示为网络系统集成的工作过程。它包括用户需求分析、逻辑网络设计、物理网络设计、执行与实施、系统测试与验收以及网络安全、管理与系统维护等过程。

传统的生命周期过程在网络系统集成中也能发挥作用。它提供了一种模型，使得分析、设计、安装、测试和维护方法可以在该模型的指导下展开。尽管这种模型还有许多缺点，但显然它要比网络工程中的随意状态要好得多。由于网络设备的类型和型号是有限的，而用户的需求也可以归类，所以设计出来的网络具有很多的共性，并且有很多成功的网络系统设计范例可供参考。因此，在实际的网络设计中，网络工程的系统集成模型还是十分有用的。

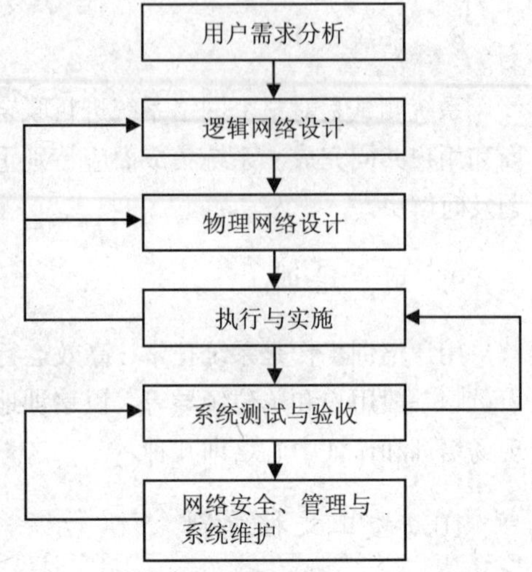

图 1.2　网络系统集成的工作过程

## 1.3.1　用户需求分析

在用户需求分析过程中，网络系统的设计者集中解决“做什么”的问题，尽一切努力确定网络系统要支持什么样的业务，要完成什么样的功能，达到什么样的性能，希望有什么样的系统行为和约束，以及确认一个系统成功的标志是什么。

一名优秀的网络设计者必须清楚用户的需求，并且将这些需求转换为商业和技术目标，如可用性、可扩缩性、可购买性、安全性和可管理性。如果网络设计者没有明确用户的应用要求，直到网络安装完毕，才发现他们所做的工作与实际要求相差甚远，其结果可能使整个工作从头做起；或者即使进行修补，也将产生可扩缩性、安全性、可管理性等各方面的问题，并且随着用户数量的增加，网络系统的性能也会不断下降。

网络设计者通常从以下 3 个方面进行用户需求分析：网络应用目标、网络应用约束和网络通信特征。网络应用目标主要从用户的商业需求、工作环境和组织结构 3 个方面去分析，必须明确工程应用范围、网络设计目标和各项网络应用；网络应用约束主要从商业约束和环境约束两方面去分析；网络通信特征主要从通信流量方面去分析。

## 1.3.2　逻辑网络设计

逻辑网络设计集中解决“如何做”，在此过程中，网络设计者首先建立一个逻辑模型。系统的逻辑模型允许用户、设计者和实现者看到整个系统是如何工作的，为大家提供参照。通常，其主要任务有：确定网络拓扑结构，规划网络地址，选择路由协议，选择技术和设备。

图 1.2 所示的设计方法（逻辑网络设计、物理网络设计）是可以循环反复的。为避免从一开始就陷入细节陷阱中，网络设计面应先对用户需求有一个全面的了解，以后再收集更多有关协议行为、可扩缩性需求、优先级等技术细节的信息。逻辑设计和物理设计的结果可以随着信息收集的不断深化而变化，螺旋式地深入到需求和规范的细节中。

逻辑设计必须充分考虑到厂商的设备档次、型号的限制，以及用户需求会不断变化和发展，

因此，不必过分拘泥于用户需求的指标细节；相反地，应当在设计方案的经济性、时效性等方面具有一定的前瞻性。

## 1.3.3　物理网络设计

物理网络设计的主要任务是：设计结构化布线系统、网络机房系统和供电系统。

结构化布线系统是指建筑物或建筑群内所安装的传输线路。这些传输线路将所有的语音设备、数据通信设备、图像处理与安全监视设备、交换设备和其他信息管理系统彼此相连，并按照一定秩序和内部关系组合成一个整体。结构化布线系统由一系列不同的部件组成，它包括布置在建筑物或建筑群内的所有传输线缆和各种配件，例如电缆与光缆传输介质、线路管理硬件、连接器、插头、插座、适配器、电气保护设备、各类用户终端设备接口以及外部网络接口等。

结构化布线系统主要由工作区子系统、水平布线子系统、垂直干线子系统、管理间子系统、设备间子系统和建筑群子系统等 6 个子系统构成。

网络机房系统主要包括设备和机房环境。机房环境又包括卫生环境、温度与湿度环境以及系统防电磁辐射的环境。

设计供电系统主要考虑以下几个方面的因素：计算机网络系统中设备机房的电力负荷等级，供电系统的负荷大小，配电系统的设计，供电的方式，供电系统的安全，机房供电设计以及电源系统接地设计。

在物理网络设计中应采用系统集成的方法。首先要考虑系统的总体功能和特性，再选用（而不是制造）各种合适的部件来构造或定制所需要的网络系统。也就是说在选择设备时，根据系统对网络设备或部件的要求，仅需要关注各种设备或部件的外部特性（即接口），可忽略这些设备或部件的内部技术细节。这种方法使得开发网络系统的周期大大缩短，成本大大降低，从而减少了系统实现的风险。

## 1.3.4　执行与实施

执行与实施阶段的任务是：按照网络设计方案制定安装日程，到用户单位进行安装和实施。

## 1.3.5　系统测试与验收

### 1. 系统测试

系统测试的目的是检测网络系统能否满足用户的商务目标和技术目标。正确选择测试方法和测试工具，需要技术人员具有创造性并透彻理解系统的需求分析。没有一个方法或工具能完全适合所有的项目或所有的网络，因为每个项目的目标都不一样，因此，必须事先制定系统测试的内容。通常，系统测试的内容包括：

（1）验证该设计是否满足主要的商务、技术目标；

（2）验证选择的局域网技术、广域网技术和设备是否合适；

（3）验证服务提供者是否能够提供要求的服务；

（4）找出系统瓶颈或连通性问题；

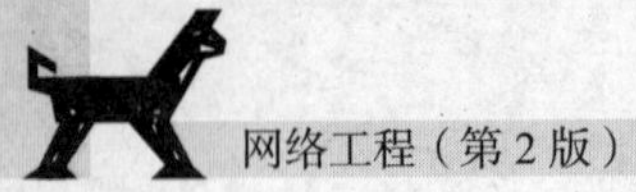


（5）测试网络冗余；

（6）分析网络链路故障对性能的影响；

（7）确定必要的优化技术，以满足性能要求和其他技术目标；

（8）分析网络链路和设备升级对性能的影响；

（9）证明该设计优于其他竞争方案；

（10）通过一个“验收测试”获得进一步的网络实现；

（11）发现可能存在的风险，拟订相应的应急措施；

（12）设备厂商进行必要的测试，并提供全面的测试资料；

（13）请权威第三方进行测试，并撰写测试报告。

2. 系统验收

网络系统验收是系统集成商向用户移交网络系统的正式手续，也是用户对网络工程施工工作的认可。用户要确认工程是否达到了预定的设计目标，质量是否符合要求，有无不符合原设计的施工规范。系统验收分为现场验收和文档验收。

现场验收的内容包括：环境是否符合要求；施工材料（如双绞线、光缆、机柜、集线器、接线面板、信息模块、座、盖、塑料槽管、金属槽等）是否按方案规定的要求购买；有无防火防盗措施；设备安装是否规范；线缆及线缆终端安装是否符合要求；各子系统（工作区、水平干线、垂直干线、管理间、设备间和建筑群子系统）、网络服务器、网络存储、网络应用平台、网络性能、网络安全、网络容错等的验收。

文档验收是指检查开发文档、管理文档和用户文档是否完备。开发文档是网络工程设计过程中的重要文档，主要包括：可行性研究报告、项目开发计划、系统需求说明书、逻辑网络设计、物理网络设计和应用软件设计等。管理文档是网络设计人员制定的一些工作计划或工作报告，内容包括网络设计计划、测试计划、各种进度安排、实施计划、人员安排以及工程管理与控制等方面的资料。用户文档是网络设计人员为用户准备的有关系统使用、操作和维护的资料，包括用户手册、操作手册和维护修改手册等。

### 1.3.6 网络安全、网络管理与系统维护

1. 网络安全

网络安全是指确定网络上有哪些网络资源，并分析它们的安全性威胁，制订一些安全性策略并加以实现，测试安全性，发现问题并及时修正等。

2. 网络管理

网络管理是根据一定的开放性标准，应用相关协议和技术，通过某种方式对网络系统进行有效的管理，使其能够正常、高效地运行的一种技术实现。

网络管理包括如下几个方面。

（1）拓扑管理。自动发现网络内的所有设备，包括网络交换设备、路由设备、网上主机等，能够正确地产生拓扑结构图并自动更新。

（2）配置管理。负责监控网络的配置信息，使网络管理人员可以生成、查询和修改软硬件的运行参数，以保持网络系统的正常运行，并可以通过网管系统对相应设备进行配置。

（3）性能管理。通过监视、记录网络的运行情况，发现网络流量的高峰和瓶颈所在，为网络的性能优化、未来扩展和安全提供量化依据。网管系统可根据要求，自动收集网络数据，进行统计、汇总和分析。

（4）故障管理。通过检测异常事件来发现故障，以日志的方式记录故障情况，并根据故障现象采取相应的跟踪、诊断和测试措施。

（5）计费管理。通过数据统计对网络用户收费。

（6）应用管理。管理网络中的应用系统平台。

3. 系统维护

系统维护，一方面是在网络性能监测或网络故障定位的基础上，对网络系统进行改造或修复，使其正常运行；另一方面，对网络系统进行扩充或改建，以适应企业发展需要或网络技术发展需要。

# 1.4 网络需求分析

需求分析是从软件工程学和管理信息系统中引入的概念，是每个网络工程实施的第一个环节，也是关系到网络工程成功与否的最重要的步骤。网络工程的需求分析做得越透，网络工程的设计方案就越会赢得用户的青睐。同时，一个完善的网络系统体系结构，可以使网络工程的实施及维护变得相对容易。

网络需求分析主要完成网络系统调查，了解用户建设网络的需求，或用户对原有网络升级改造的要求。它是整个网络设计过程中的难点，需要由经验丰富的网络系统分析员来完成。

## 1.4.1 网络需求分析的内容

组建一个网络的主要动因是用户有需求。组建什么样的网络，网络的规模有多大，性能要达到何种要求，能提供哪些网络服务，安全性如何，这些都是由用户的需求来决定的。

在组建网络之前，进行认真、详细、精确的需求分析，是十分必要的。通过需求分析，把用户的需求变成相关的技术文档，才能进行网络系统设计，以确定网络的类型、拓扑结构，选择传输介质、网络设备、服务器、防火墙等。

在网络系统规划和用户需求分析过程中，网络系统的设计者首先集中解决“做什么”的问题，尽一切努力确定网络系统要支持的业务（如校园网中的教务管理系统、学生管理系统、IC 卡管理系统等），要完成什么样的网络功能（如校园内的 IP 电话、电子邮件系统、校园网站等），也就是平时所说的网络功能需求分析，它为日后的逻辑网络设计打下坚实的基础。其次，要对整个网络环境进行全面细致的勘察，了解相关建筑物的建筑结构，分析施工需要解决的问题和达到的要求，确定中心机房的位置，信息点的多少和物理分布情况，信息点与中心机房的最远距离、电力系统供应状况、建筑接地情况等，以便进行物理网络设计。最后考虑网络性能、网络约束、通信流量等各种因素，确定网络应该达到什么样的运行效果（如流媒体运行速度、数据下载速度、网络无差错连续运行的时间、网络的安全等），以便选择带宽、传输介质、网络设备、网络服务器、防火

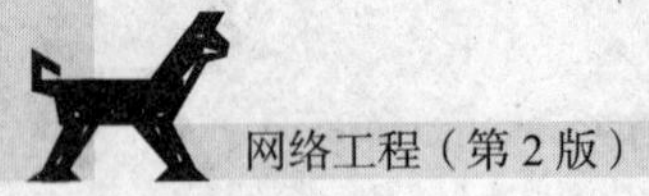


墙、防病毒软件、网管软件等。

总的来说，网络设计者应从：网络的应用目标(达到的功能)、网络的物理布局、网络性能 3 个方面进行需求分析。网络的应用目标主要从用户的商业需求、工作需求和组织结构 3 个方面去分析，必须明确网络应用范围、网络设计目标和各项网络应用等。网络的物理布局主要从园区规划、信息点的分布、网络中心、设备间、管理间的位置等几个方面考虑。网络性能和通信流量主要从通信介质、带宽、网络冗余等方面考虑。网络约束主要从商业约束和环境约束两方面分析。

随着局域网组建过程的不断进行，用户和集成商应该根据具体情况，不断调整和改变用户需求，使之更加贴近实际并趋于完善。

## 1.4.2　从网络功能角度分析

首先，设计人员要了解用户在商业上的功能需求，必须做到以下几点：

- 向用户高层管理者收集总体商业需求和网络应用所达到的目标；
- 收集所面向的客户群体对网络功能的需求；
- 收集用户与其客户之间的商业应用需求。

其次，设计人员要考虑需要有哪些网络服务以及要在网络上使用哪些应用软件，主要包括以下几方面内容。

### 1. 通信服务

- 内部通信（下属部门间的通信，与管理部门的通信）；
- 对外通信（与 Internet 的通信，与业务相关单位的通信，企业内部异地通信）。

### 2. 常规 Internet 服务

- 电子邮件（E-mail）服务；
- 文件传输（FTP）服务；
- 远程登录（Telnet）服务；
- 电子公告牌（BBS）服务；
- WWW 信息服务；
- 网络浏览、网络游戏。

### 3. 对内、对外数据传输与信息服务

- 数据库的访问与更新；
- 文件的共享与访问；
- 对外宣传信息服务；
- 建立自己的 WWW 服务器和主页（Home Page）；
- 信息共享与查询服务；
- 其他数据传输与信息服务；
- 内部业务部门的业务处理与信息交流；
- 消防、安全与楼宇自控集中监管的需要；

- 计算机电视会议功能的需求；
- VOD（视频点播）；
- 多功能会议厅对网络的需求；
- 办公自动化管理；
- 远程终端，远程服务；
- 在线目录（电话簿）；
- 电子商务和企业经营管理；
- Internet、Intranet 上的语音或传真。

4. 应用软件

- 人力资源管理软件；
- 财务管理软件；
- 企业管理软件；
- 教学资源管理软件。

最后，设计人员要从组织结构上了解网络功能需求，主要内容如下：

- 部门层次结构，以便划分 VLAN，定义权限等；
- 部门、客户、供应商、商业伙伴、子公司、异地办公室等方面内容；以便确认访问特权和共享资源等。

## 1.4.3 确定布线结构和信息点分布情况

设计人员必须对网络系统的应用环境进行实地考察，才能进行网络的逻辑设计和物理设计，需要考察的主要内容如下。

（1）确定不同城市各子公司之间、子公司对总公司之间的连接；
（2）确定同一城市的不同园区之间的连接；
（3）确定网络在同一园区中的覆盖范围；
（4）确定同一个园区中不同建筑之间的距离和走向；
（5）确定网络中心的位置；
（6）确定各楼宇中设备间和管理间的位置；
（7）确定各楼宇中各工作间的信息点分布情况；
（8）分别按楼宇、按部门统计信息点分布情况。

## 1.4.4 分析网络应用的各种约束

1. 商业约束

（1）选择技术和产品的约束。设计者要与用户就协议、标准和供应商等方面进行讨论，确认用户在传输、路由选择、桌面或其他协议方面是否已经指定了标准，是否有开发的约定或选择专有的解决方案，是否有指定的供应商或特定的网络应用平台，是否允许不同厂商竞争。往往有的

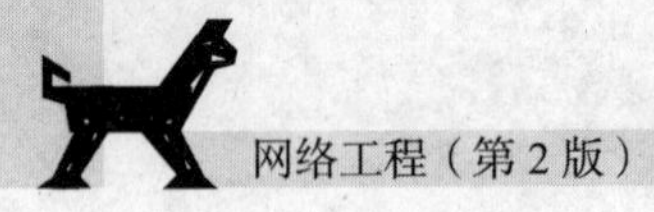



公司已为新网络选择好了技术和产品，那么新的设计方案就一定要与该计划相匹配。

（2）预算约束。网络设计必须符合用户的预算。所有网络设计的一个共同目标就是控制网络预算，预算应包括设备采购、软件购买、系统维护和测试、工作人员培训以及系统设计和安装等所有费用。此外，还应考虑信息费用及可能的外包费用。

一般来说，需要对用户单位的网络工作人员的能力进行分析，看他们的工作能力和专业知识能否胜任以后的工作，从而提出相应的建议：新增或招聘网络经理，培训现有员工，或将网络操作和管理外包出去。这些因素都将对项目预算产生影响。

（3）时间约束。网络设计项目的日程安排是需要考虑的另一个问题。项目进度表规定了项目的最终期限和重要阶段。通常是由用户负责管理项目进度，但系统集成商必须就该日程表是否可行提出自己的意见，使项目日程安排符合实际工作要求。

在全面了解项目范围后，要将系统集成商自行安排的计划（项目需求分析、逻辑设计、物理设计、现场施工、局部网络测试、整体网络测试、网络应用平台设置和网络系统运转）的时间与项目进度表的时间进行对照分析，及时与用户沟通存在的问题。

2. 技术和应用约束

（1）距离。一般而言，通信双方间的距离越大，通信费用就越高，通信速率就越慢。随着距离的增加，时延也会随着互连设备（如路由器）数量的增加而增大。

（2）时段。网络通信与交通状况有许多相似之处。一天中的不同时间段，一个星期中的不同日子，或一年中的不同月份和假期，通信流量都会有高低不同的分布。这主要受人类生活和生产的直接影响。

（3）拥塞。拥塞能够造成网络性能的严重下降，如果不加抑制，拥塞将使网络中的通信全部中断。因此，网络系统应该能够有效地发现拥塞的形成和发展，并使客户端迅速降低通信量。

（4）服务类型。有些类型的服务对于网络时延的要求较高，如视频会议；有些类型的服务在差错率方面的要求很高，如银行账目数据；而另一些服务可能对带宽要求较高，如按需视频点播（VOD）。因此，不同的服务类型对于网络的要求差异较大。

（5）可靠性。网络系统会因为需求的增加而变得越来越复杂，这时可靠性就显得十分重要。网络系统能够满足不断增长的需求，是建立在网络可靠性的基础之上的。

（6）信息冗余。在网络中传输着大量相同的数据是司空见惯的事情。例如，网络上有许多人在不断接收股票交易的数据，这些股票信息是相同的。这种大量冗余数据充斥 Internet 的现象，消耗了大量的带宽。

### 1.4.5 网络流量的分析与控制

分析和确定当前网络通信量和未来网络容量需求，首先需要通过基线网络来确定通信数量和容量，然后需要估算网络流量及预测通信增长量。

1. Internet 流量的特点

Internet 流量一直在变化，不稳定，在网络边缘明显，在核心内消失。分组流量是非均匀分布的，分组长度呈双峰分布，分组到达过程具有突发性，会话到达过程呈泊松分布。Internet 流量的

主体是 TCP 通信流，而大多数 TCP 通信流是双向的，而且通常也是不对称的。

2. 测量现有网络的通信流量

主要工作有：测算或估算现有网络的通信流量，确定网络流量的瓶颈；辨别网络通信的源点和目的地，分析源点和目的地之间数据传输的方向性和对称性（双向或单向，对称或非对称）。

网络测量系统很多（从 Internet 下载符合 RFC 2722 体系结构的软件，或使用协议分析仪，或使用网络管理系统），测量方法分主动测量方法和被动测量方法。主动测量方法：通过主动发送测试分组序列来测量网络行为，得到网络端到端的性能参数。被动测量方法：通过被动俘获流经测试点的分组来测量网络行为，得到实时流测量数据。测量的指标有丢包率、时延、路由和可用带宽等。

3. 通信方式分类

通信方式通常有如下几类：

- 客户/服务器方式；
- 对等通信方式；
- 服务器/服务器方式；
- 分布式计算方式；
- 终端/主机方式。

4. 估计应用的通信负载

估计应用的通信负载，通常有下列内容。

（1）对某一应用程序进行估计，包括下列几项：

- 登记使用此应用程序的客户数量；
- 应用会话的频率（每天、每周、每月或其他适当时间区间的会话数量，最差的情况为在同一时间段内使用）；
- 应用会话的平均长度（最长为一个工作日）；
- 一个应用的并发客户数量（最大为客户总数）。

（2）针对每一个应用程序，研究其发送数据的长度（Byte）。

（3）针对通信协议，求开销数量（Byte）。

（4）对每一个应用程序，估计其初始化引起的附加负载。

5. 估计主干网或广域网上的通信负载

根据各种应用的总访问量及流量在各个子网中的分布率，可以计算出经过主干网部分的数据流量，如电子邮件流量、文件传输流量和 Web 浏览流量。

### 1.4.6 实例：校园网需求说明

这里的校园网需求说明是由用户方草拟，由投标方调查和整理后给出的一个初步需求说明（样例见本书附录 A）。在此基础上，投标方可以进行网络方案的初步设计，在进行初步需求分析和初步方案设计后，形成一份投标书，交给用户方投标方案。一旦中标，还必须进行详细的需求分析和设计，如此反复多次。投标方必须充分地挖掘用户的网络需求，利用公司的技术力量，考虑网络应用的各种约束因素和性能指标，最终得到一份详细的网络设计实施方案。

# 1.5 投标过程

投标是一个商务过程。系统集成商是否能够中标，主要取决于以下因素：

- 公司实力；
- 技术人员配备情况；
- 是否实施过同类项目及项目完成情况；
- 提供设备的先进性；
- 与设备供应商的关系；
- 投标总金额；
- 提供的服务和培训情况；
- 维护维修的响应速度；
- 项目进度。

## 1.5.1 投标前的准备工作

1. 用户交流

反复与用户交流，有助于建立相互了解和信任的关系，使用户愿意更进一步提供需求信息，愿意其作为投标方加入。

2. 需求分析

分析设计人员应先倾听用户的需求，因大多数用户仅能说出网络功能上的需求，分析设计人员必须主动了解用户的实际需求，为后面的工作打下良好的基础。

3. 现场勘察

设计人员必须到现场去了解情况，对环境进行认真细致地分析，然后才能设计出切实可行的综合布线方案。

4. 初步的投标方案设计

初步的投标方案设计，是根据用户需求分析和现场勘察结果，给出网络系统技术方案和应用系统方案。其中，网络系统技术方案包括：网络总体要求、网络基本要求、网络体系结构要求、网络管理要求、网络安全要求、网络设备选型、网络系统设计说明以及操作系统、数据库和服务器等各种平台要求。

5. 撰写投标书

按需求分析完成的初步设计方案与系统集成商的经济、经验、技术和人员等资料结合在一起，形成一份完整的投标书（也称标书）。投标书的内容和格式，各家系统集成商不尽相同。各公司都会突出自己的优势所在，但技术总是起决定性作用。

### 1.5.2　标书主要内容

第 1 部分　给招标公司的投标书，格式见附件 B。

第 2 部分　投标方概况。介绍投标方的发展史、主营业务范围、公司研发环境、人文环境、组织结构、技术力量、经济实力、完成的主要产品以及在同行业中的地位等。还包括以下佐证材料：

- 营业执照；
- 税务登记证；
- 科技企业证书；
- 法定代表人授权书；
- 被授权人身份证；
- 依法缴纳税收的良好记录；
- 依法缴纳社会保障基金的良好记录；
- 关于资格的声明函；
- 制造商的资格声明；
- 贸易公司（作为代理）的资格声明；
- 制造商出具的授权函；
- 等等资格证明文件。

第 3 部分　投标价格表，根据项目的不同而有所不同，一般可以包括如下内容：

- 总设备清单及报价；
- 网络工程报价；
- 投标设备配置分项报价表；
- 货物简要说明一览表；
- 规格和技术参数偏离表；
- 投标方推荐的选择清单；
- 设备概况表等。

第 4 部分　投标技术方案，包括：

- 项目概述；
- 需求分析；
- 逻辑网络设计；
- 物理网络设计；
- 网络设备选型；
- 网络服务器和应用系统的管理说明。

第 5 部分　项目实施组织及进度计划，包括：

- 主要人员介绍；
- 供货周期；
- 施工周期；
- 调试周期；

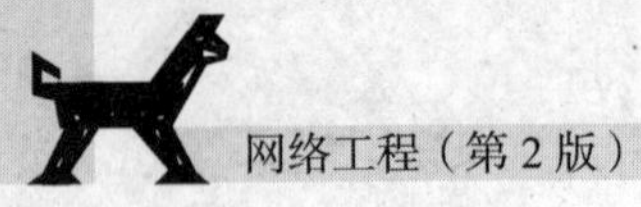


- 培训周期；
- 维护周期等。

第6部分　关于培训、技术支持及售后服务，包括：

- 培训内容、培训对象及培训计划；
- 技术支持：免费技术支持的时间和范围，收费技术支持的项目、时间、人员配备等，售后服务的方式、方法、响应速度等，以及售后服务等。

第7部分　验收标准及技术文档，包括：

- 开发文档。这类文档是在网络设计过程中，作为网络设计人员前一阶段工作成果和后一阶段工作依据的文档，包括网络需求分析说明书、网络逻辑设计说明书、综合布线说明书、所有应用系统开发资料、可行性研究报告和项目开发计划等。
- 管理文档。这类文档是在网络设计过程中，由网络设计人员制定的一些工作计划或工作报告，使管理人员能够通过这些文档了解网络设计项目的安排、进度、资源使用和成果，包括网络设计计划、测试计划、网络设计进度月报及项目总结。
- 用户文档。这类文档是网络设计人员为用户准备的有关该系统使用、操作和维护的资料，包括用户手册、操作手册、维护修改手册、培训资料等。

除部分管理文档外，开发文档、用户文档都必须提供给用户。

### 1.5.3　述标与答疑

对于大多数公开招标的项目，招标方都会组织投标公司进行述标。由一个专家组和用户决策人组成的小组，对各投标公司的标书进行分析，听取投标公司对标书的解释，通过答疑了解各公司的实力，综合各方面的因素，选出一家优胜的公司。

系统集成商为了中标，往往是经过了几个月甚至几年的辛苦努力，而述标可以说是这一阶段工作的总结，是十分重要的，直接关系到能否中标。通常，投标方派一个小组参加述标，其中网络分析设计人员作为主力，由一个表达能力强、对整个系统都十分熟悉的设计人员进行主讲，其余人员参与答疑。最后，由项目负责人对网络工程的各项管理工作进行总结。

为了增强说服力，系统集成商往往编写演示稿（Powerpoint）、Demo版等，以期达到更好的效果。

### 1.5.4　商务洽谈与合同签订

系统集成商一旦中标，就开始与用户进行商务洽谈，大多数是围绕价格、培训、服务、维修维护期以及付款方式等进行洽谈，最终达成一致，签订合同。本书附合同样例一份，见附录B。

## 本章小结

本章主要介绍了以下几个方面的内容：

- 网络工程的基本概念；
- 网络系统集成的含义；
- 网络工程与网络系统集成之间的联系和区别；
- 网络集成的工作内容；
- 网络系统集成的工作过程，每一过程的具体任务；
- 从哪些方面进行网络需求分析；
- 网络应用有哪些约束；
- 影响网络性能的参数指标；
- 网络需求说明书；
- 投标过程有哪些具体工作；
- 标书应包括哪些内容；
- 合同应包括哪些内容。

## 习题 1

1. 网络工程的定义是什么？
2. 什么是网络系统集成？简述网络系统集成与网络工程之间的区别和联系。
3. 网络系统集成的前期和后期主要包括哪些工作？
4. 网络需求分析的目标是什么？简述网络需求分析的重要性。
5. 调查本单位或某个单位中一个部门的网络应用情况，填写应用名称、应用类型、是否要求改进、使用情况、备注等内容。
6. 根据网络应用约束的几方面内容，分析本单位或其他单位的网络应用约束情况。
7. 网络性能指标有哪些？
8. 投标前后有哪些工作内容？
9. 标书的内容有哪些？
10. 根据某一大学的校园网需求，试写一份投标书。

- 校园主干网采用具有第三层交换功能的千兆位以太网（Gigabit Ethernet）以满足广大用户的各种要求。
- 主干网建设应能保护校园网的已有投资，与原有小型网实施最佳连接，并提供校园网的管理方案与管理策略。
- 新的主干设备应能满足 10000 名用户接入访问的要求。
- 支持 IP 多路广播（Multicast）、服务质量（QoS）和服务类型（CoS），满足远程教育的需求，并支持虚拟局域网（VLAN）。
- 网管软件应具备对接入层交换设备进行远程操作的能力（如在网络中心，对接入交换机进行针对端口 IP 过滤条件的远程设置）。

# 第2章 逻辑网络设计

当设计者完成网络需求分析和通信规范后，就可以进入逻辑网络设计阶段。逻辑网络设计的目标是建立一个逻辑模型，主要任务有三层结构设计、局域网设计、广域网设计、VLAN 设计、IP 地址和名字空间规划、网络设备的选型、网络服务器的选型和配置、安全和管理方面的设计等。

## 2.1 三层结构设计

在逻辑网络设计中，一般采用分层设计的思想，使得每一层的任务都集中在一些特定的功能上，通常，网络结构分为三层：核心层、汇聚层、接入层。核心层提供两个站点之间的最优传送路径。汇聚层(又称为分布层)将网络业务连接到接入层，并且实施与安全、流量控制和路由相关的策略。接入层提供终端用户访问网络。对于广域网，接入层由园区网边界上的路由器组成，提供园区网接入广域网的路径与设备。

### 2.1.1 核心层设计

核心层是互连网络的高速主干，它对于网络互连是至关重要的，因此在设计核心层时，应特别关注高可靠性，并且适当提供冗余组件。

1. 核心层的任务与设计原则

核心层的任务是在网络中的任意两个结点之间提供最优的传送路径，这两个结点可能在不同的子网中，因此，核心层需要提供最佳的路由选择。核心层的设计任务是高速的传输、冗余能力及可靠性，而网络的控制功能尽量不在核心层上实施。总体上说，核心层是所有流量的最终承受者和汇聚者，所以对核心层的设计以及网络设备的要求都十分严格，核心层的设备也会占投资的主要部分。

核心层的性能与可靠性对整个网络的性能与可靠性有着决定性的影响。核心层设计的主要目标如下：

- 提高网络的可靠性；
- 提供冗余度；
- 提供故障隔离；
- 提供高转发速率；
- 能够快速适应升级。

基于上述目标，核心层设计时需要遵照以下原则：

（1）可到达性。要保证网络中每个目的地的可到达性，通常应该注意以下几个方面的要求：

- 具有足够的路由信息来交换发往网络中任意端设备的数据包；
- 核心层的路由器不应该使用默认的路径到达内部的目的地；
- 聚合路径能够用来减少核心层路由表大小；
- 默认路径用来到达外部的目的地，如互联网上的主机。

（2）冗余性。冗余性设计的目的是为了保障核心网络的可靠性，通常可以通过以下的措施来保证：

- 设备冗余；
- 模块冗余；
- 链路冗余。

（3）不执行网络策略。

- 任何形式的策略必须在核心层以外执行，如数据包的过滤和复杂 QoS 处理；
- 禁止采用任何降低核心层设备处理能力、或增加数据包交换延迟时间的方法；
- 避免增加核心层路由器配置的复杂程度；
- 可以将网络策略执行放在访问层边界设备上。

核心层一般都是由高端的路由器或第三层交换机实现。实际上，随着技术的不断发展，许多网络供应商的第三层交换机或者更高层次的交换产品与路由器已经不再有严格的区别，例如 Cisco 公司的 Catalyst 6500 交换机与其 7500 路由器几乎成了同一个产品。它们有相同的机架式结构，有可以通用的交换模块、各种接入模块及管理模块等。如果使用华为的产品，核心交换机可选 S8000 或 S6000 系列。

对于大型的园区网或重要部门的局域网，为了保证网络的可靠性，核心层一般采用设备冗余技术，即采用两台核心交换机，它们互为备份，也可以实现负载均衡。当然，如果财务状况良好，也可以实现链路冗余，提高网络的健壮性和自愈性。

### 2. 核心层设备的选型

在一个固定的园区网络设计中，核心层的设计有时候可以简化为核心层设备的选择，通常需要考虑的指标如下：

- 路由器或者交换机的背板带宽是多少，带宽分配原则是否合理；
- 包转发速率是多少（要能够满足现在及未来一定时期内的应用需求）；
- 核心层应该考虑的安全性及管理性如何实现，如用户的安全认证和计费政策、VLAN、访问列表包过滤以及策略路由等；
- 在给定财务预算的情况下，冗余度应该如何考虑，如电源模块、交换模块的冗余；
- 设备是否有足够的多余插槽以适应未来业务拓展的需要；

- 网络的开放性和多协议选择功能，支持较新的网络协议和智能的流媒体处理能力；
- 网络管理的简单性和透明性，具备优秀的网络管理软件。

每一个网络设备制造商都宣称自己的交换机产品覆盖了核心、汇聚及接入等各个层次，但实际上，只有少数的几家公司能够提供全线系列产品，例如Cisco、锐捷和华为等。在核心层，Cisco公司的Catalyst 6500系列交换机是大多数网络设计人员首选的产品。表2.1所示是一个园区网络中核心交换机的配置清单。

表2-1 核心交换机配置列表

| 订 货 号 | 产 品 描 述 | 数 量 |
|---|---|---|
| WS-C6509 | Cat 6509 Chassis, 9slot, 15RU, No Pow Supply, No Fan Tray | 1 |
| S733ZK9-12218SXD | Cisco CAT6000-SUP720 IOS IP W/SSH/3DES | 1 |
| WS-SUP720-3B | Catalyst 6500/Cisco 7600 Supervisor 720 Fabric MSFC3 PFC3B | 2 |
| WS-X6704-10GE | Cat6500 4-port 10 Gigabit Ethernet Module (req. XENPAKs) | 1 |
| WS-SVC-FWM-1-K9 | Firewall blade for 6500 and 7600, VFW License Separate | 1 |
| XENPAK-10GB-LR | 10GBASE-LR XENPAK Module | 2 |
| WS-X6816-GBIC | Cat6500 16-port GigE mod, 2 fab I/F, (Req GBICs, DFC/DFC3) | 2 |
| WS-F6K-DFC3A | Dist Fwd Card-3A for 65xx, 6816 Modules used with SUP720 | 2 |
| WS-C6K-9SLOT-FAN2 | Catalyst 6509 High Speed Fan Tray | 1 |
| WS-CAC-2500W | Catalyst 6000 2500W AC Power Supply | 2 |
| CAB-AC-2500W-EU | Power Cord, 250Vac 16A, Europe | 2 |

在表2-1中，园区网的主干利用10Gbit/s以太网技术，对电源、交换模块等重要部件都设计了冗余模块。实际上，冗余可以从模块和设备两个不同的层次进行设计。具体方案的选择还是要依据投资及性能需求。

一般情况下，在园区网络中还需要设计并建立一个网络中心，用于安装核心层交换机。各种服务器一般应该连接到核心层交换机上，或者将这些服务器组织成一个独立的子网，再通过一个高性能的交换机与核心交换机连接，以充分利用核心层交换机的路由、控制和安全的功能，实现服务器资源的有效利用。公共网络的访问出口（如路由器）一般也会连接到核心层交换机上，还有一些用于安全防范的软件或硬件，如防火墙等。这些设备都应该安装在网络中心内。图2.1所示为网络中心内核心层设备和其他设备的常规连接方案。

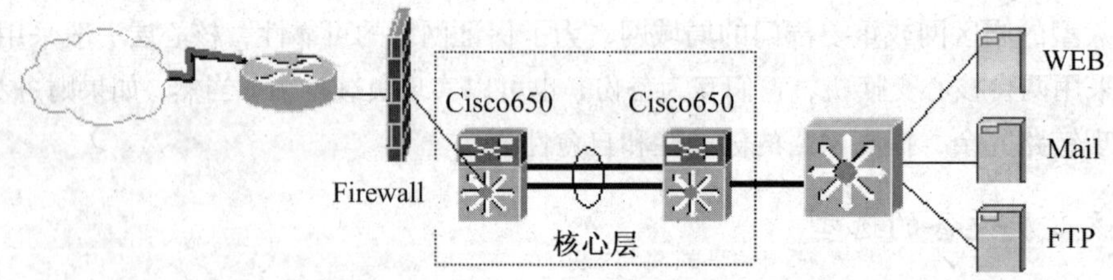


图2.1 网络中心内核心层设备的常规连接方案

## 2.1.2 汇聚层设计

汇聚层，又称为分布层，它是网络核心层与接入层之间的分界点。

### 1. 汇聚层的任务

汇聚层的主要任务是提供与流量控制、安全及路由相关的策略，具体内容如下：

- 定义广播和组播域；
- 执行安全和网络策略，包括地址翻译和防火墙策略；
- VLAN 之间的路由选择；
- 部门或者工作组级的访问；
- 布线间连接的汇聚和需要进行的各种介质转换。

2. 汇聚层设计的方法

设计汇聚层时，主要考虑的是如何保证提供流量控制及安全控制的策略。通常需要考虑的主要因素有 QoS、静态或者动态路由的选择、地址过滤等。而对这些因素的综合考虑最后会转化为交换机的选择。

从物理位置上看，汇聚层交换机属于楼宇交换机，或者说是各楼层的核心交换机。从逻辑上看，它可以是应用系统的汇聚。汇聚层可以通过两条上行线路连接到核心层，以保证线路的冗余。在近几年的产品设计中，汇聚层交换机的上行端口一般是吉比特光口，下行端口为百兆电口，连接到接入层交换机。

汇聚层的交换机目前大多数选用三层交换机（也可以选择二层交换机）。最终用户发出的流量直接影响汇聚层交换机的选择。如果选择三层交换机，则可在全网的设计上体现分布式路由思想，以减轻核心层交换机的路由压力，有效地进行路由流量的均衡。如果汇聚层设备选择二层设备，则核心层交换机的路由压力会增加，核心层交换机的投资将加大。

3. 汇聚层设备选型

汇聚层的设备对网络下层 VLAN 信息和生成树协议具有收敛功能，能实现简单的用户管理和控制功能，如用户的安全接入，下层网络不同层次的屏蔽和接入工作，对不同物理链路、不同特性的网络设备进行统一管理等。因此汇聚层网络设备要求具备多物理接口来完成众多设备的接入工作。

汇聚层产品的选择相对要容易一些，但汇聚层的产品容易成为网络的瓶颈，所以设计人员要对汇聚层交换机的网络流量进行预测，根据预测结果选择相应的产品。另外，需要根据 QoS 的需要以及安全需要确定设备选型。Cisco 公司的汇聚层产品主要有 Catalyst 4000 或者 3500 系列，设计人员可以根据流量及财政方面的考虑，决定选择何种类型的设备。如果选择华为公司的产品，其汇聚层交换机为 S5000 或 S3000 系列交换机。

## 2.1.3　接入层设计

接入层为用户提供在本地网络访问互联网的能力，它是最终用户的网络接入点。它以共享、独享或交换带宽的方式为用户提供入网的接口。接入层通过接入交换机的上行端口(100Mbit/s 快速以太网、吉比特以太网)连接到汇聚层。接入层一般通过二层交换技术来实现。

1. 接入层的任务

接入层直接面对各个信息结点的接入，它控制着用户和工作组对园区网络资源的访问。这一层应当包括下列功能：

- 到汇聚层的工作组连接；
- 建立单独的冲突域(分段)；
- 共享式带宽或交换式带宽；

- 提供灵活的用户接入及扩展。

在一个园区网络中，接入层需要考虑的因素有用户数量、用户带宽需求和安全控制等，同时对接入层也有 QoS 及安全方面的要求。

#### 2. 接入层设计和设备选型

对于广域网来说，接入层设备可能是路由器，对于局域网来说，接入层设备主要是二层交换机或者集线器。

接入层的设备是网络的最末端，首先考虑接入的用户端数量，以确定需要的端口数，一台交换机端口数量不够时，是通过增加模块还是对交换机进行堆叠或级连。其次要考虑的是用户带宽以及汇聚层交换机提供的带宽，然后是安全性考虑，是否需要管理，管理其端口还是 IP 地址等。如果必须管理用户端，接入层交换机的选择也是相当重要的。

接入层设备需要具有以下特性。

- 能够提供多网络接入端口，拥有更加灵活的端口性能，如线缆自适应功能。
- 能够提供较远程的用户接入功能，如实现超长距离的以太网接入特性。
- 能够提供高速的上联端口，支持长距离的连接。
- 能够兼容和识别来自于上层网络的一些功能，如不同的 VLAN 信息，支持 IEEE 802.1Q 的标记。
- 提供用户的最终控制。例如设置静态的 MAC 地址映射功能，便于管理。

Cisco 的接入层产品主要是其 Catalyst 2950 系列，华为的接入层产品主要是 S2000 系列。

### 2.1.4 外连设计

目前，任何一个网络都要考虑与 Internet 的连接问题。提供高速、安全的 Internet 连接是网络设计必须考虑的问题。对单个的远程用户而言，目前有许多远程接入技术可以帮助他们轻松地与公司的网络连接，例如 PPP、ISDN 及 DSL 等。

小型局域网与外部网络的连接很简单，仅需要考虑内部网络用户对外部的访问，其路由协议的选择（静态路由或 RIP）以及路由器的选择都很简单，成本也较低。

大型园区网络与外部的连接则要复杂得多。不仅仅要考虑选择什么样的接入技术，还要考虑安全性等多方面的内容。既涉及广域网服务提供商、路由器及路由协议的选择，还涉及一些广域网技术的选择。

#### 1. 设计目标与基本原则

外连设计的目标是在给定成本的前提下，尽可能寻求较高的接入带宽，寻求较高的可靠性。

（1）速率。高传输速率是任何一个网络设计者都要追求的目标，因此在进行园区网络的外连设计时，设计人员要根据网络需求分析的结果确定与其他网络或者 Internet 的连接速率。从实际应用情况考虑，对带宽的追求几乎是无止境的，所以设计人员只能在给定成本的情况下，尽量设计较高的带宽。

根据目前的技术发展，能够提供高带宽的接入方式主要有：

- 以太网接入；
- 基于光传输的 WDM、SDH 等的接入。

（2）成本。成本也是一个永恒的话题。实际上，在很多情况下，设计人员需要在性能与成本（或者速率与成本）之间寻求折衷，或者说，在给定成本的情况下，追求尽可能高的速率与性能。

一般来说，通过以太网技术接入到 Internet 的成本要低一些，而基于光技术的接入方式的成本要高得多，无论是一次性的设备投入还是以后的运行成本都比较高。

（3）可靠性。有时候，用户对外部接入的可靠性要求甚至超过了内部的可靠性要求，这是因为，一旦外部接入出现了故障，就会影响整个内部网络对外部的访问。

可靠性有时候不完全取决于接入方式，而且还与运营商有密切的关系，有些运营商的服务质量较好，其接入的可靠性较高，其价格也会高一些。

### 2. 服务提供商的选择

任何一个局域网都不是直接连接到 Internet 的，通常都需要与国内的互联网络连接，再通过这些网络实现对 Internet 的访问。目前，我国可以提供 Internet 接入服务的主要有六大电信运营商和几个大的专业主干网。

（1）6 大电信运营商。目前可以提供网络接入服务的电信运营商主要有中国电信（中国公用计算机互联网 CHINANET）、中国网通（中国网通公用互联网 CNCNET）、中国联通(中国联通互联网 UNINET)、中国移动（中国移动互联网 CMNET）、中国铁通、中国卫通（中国卫星集团互联网 CSNET）等主要的电信运营商。电信运营商的网络覆盖范围比较广泛，在城市都建立了基于以太网技术的城域网。

（2）主干专业网络。中国最初的 4 大互联网络是：中国公用计算机互联网（CHINANET）、中国科技网(CSTNET)、中国教育科研网（CERNET）、中国金桥信息网（CHINAGBN），它们分别归属于国家指定的 4 个部级互联管理单位。

为选择好的 ISP，就必须了解中国 10 大互联网单位与国外相连的国际出口带宽、10 大互联网单位与国家互联网交换中心的连接带宽、10 大互联网单位之间的连接带宽、各地网络服务提供商与 10 大互联网单位的连接带宽等情况，详细内容请查阅：http://www.cnnic.cn/index/0E/00/13/index.htm。

### 3. 连接方式的选择

从连接方式的技术角度看，可简单地分为窄带和宽带的接入网技术。窄带的接入网技术主要有：有源光网络（DLC）、无源光网络（PON）和固定无线接入（WLL）等，这些技术是根据不同的建设需要发展起来的。其中，DLC 适用于用户比较密集的地区；PON 适用于用户比较分散的地区；WLL 适用于边远地区、不宜铺设光缆的地区、城市新居民区应急通话和小范围有移动要求的用户。窄带接入网技术比较成熟，但也比较落后。宽带接入网技术主要有基于双绞线(xDSL)传输的接入、基于光传输的接入、基于同轴电缆传输的接入和基于无线传输的接入。

根据网络技术的发展及目前市场上的实际情况，园区网可以选择的接入方案包括以太网接入、DDN 接入以及其他的广域网接入。

（1）以太网接入。以太网接入是近几年发展起来的，它已经成为园区网络接入城域网的标准选择，这种接入方式与局域网之间的互连在理论与方法上都是完全相同的。它可以通过路由器或者第三层交换机实现，如接入 CHINANET，可用光纤通过电信从城域网接入，速率一般为 10Mbit/s 或 100Mbit/s。

（2）DDN 接入。DDN 接入曾经是局域网接入 Internet 的标准方案，但是 DDN 能够提供的接入速率较低，目前已经很少使用，或者仅仅用于备份线路中。

类似的还有帧中继(Frame Relay)、X.25 等接入方式，目前也较少使用，或者仅仅作为备用线路。

（3）基于光技术的接入。在通过广域网接入时，基于光传输技术的接入方式已经成为市场的主流。目前主要的光传输技术有 IP Over SONET/SDH、IP Over WDM。

大部分园区网采用以太网接入技术（或者叫做局域网接入），这在城域网环境下是比较常用的。对于园区网（如高校校园网）接入主干网络（如省网中心、地区网中心）通常采用光接入技术，可以提供更高的带宽，如市级结点接入省网中心的速率为155Mbit/s，CERNET2主干网的核心结点，在20个城市之间的速率最低达到2.5Gbit/s。

4. 外连设计中的安全考虑

当内部网络连接到外部网络时，安全是必须考虑的一个重要问题。通常在网络出口处设置防火墙、入侵检测系统及其他安全设备和软件等。必要时通过增加路由器而引入层次结构，从而减少无效的广播分组数量。

### 2.1.5 网络结构冗余设计

冗余网络设计的基本思想就是：通过重复设置网络链路和互连设备来满足网络的可用性需求。冗余是提高网络可靠性最主要的方法，可以减少网络上由于单点故障而导致整个网络故障的可能性。冗余的目的是重复设置任何一个必需的组件，使得它的故障不会导致网上用户的关键应用程序停止运行。冗余的对象可能是一个核心路由器、一个电源、一个广域主干网或一个 ISP 网络等。由于冗余增加了网络拓扑结构和网络寻址与路由选择的复杂性，也增加了使用和维护的费用，因此要根据用户在可用性和可购买性方面的需求，选择冗余级别和冗余拓扑结构。

1. 备用设备

由于核心层中的路由器或三层交换机在企业网中的某些部分起着关键作用，因此有时需要对这些设备设置冗余。

2. 备用路径

当网络的某条路径出现故障时，为了保持互连性，冗余网络设计必须提供一条备用路径。备用路径由路由器、交换机以及路由器与交换机之间的独立备用链路构成，它是主路径上的设备和链路的重复设置。

设计备用路径所采用的容量通常比主路径要小，而且备用路径所使用的链路与主路径使用的是不同的技术。

对于某些非常重要的应用而言，路径的中断是不可接受的，这时就应当考虑采用主路径与备用路径之间的自动切换技术。

备份链路除了用于冗余外，还可用于负载平衡。这样做的好处是：能够提高网络的总体性能水平，同时也因为备份链路被定期使用和监控，一旦主路径出现故障，不会出现无法从备用转入正式工作的情况。

### 2.1.6 实例：校园网拓扑结构设计

按第1章1.4.6节校园网需求说明中的要求，可以设计出如图2.2所示的网络拓扑结构。

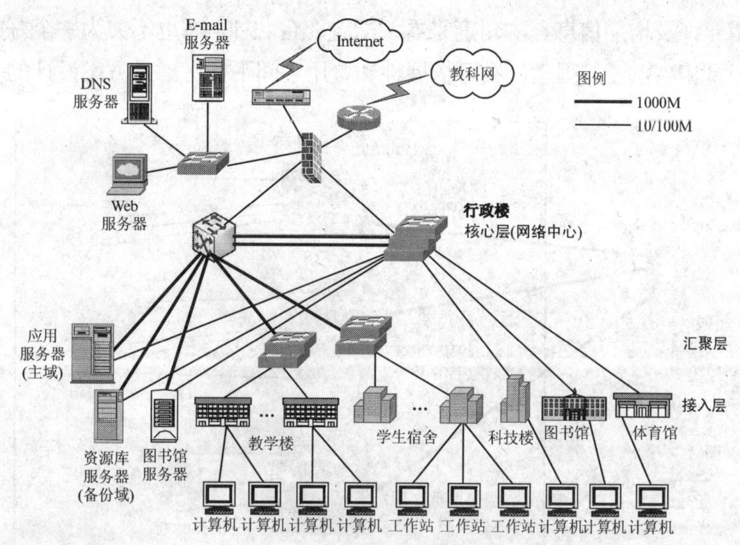


图 2.2 校园网拓扑结构

该校园网被设计成三层拓扑结构。完整的设计方案及设备的选型参考第 7 章 7.1 节。

### 1. 接入层设计

（1）在教学楼中，每层组建一个虚拟局域网，连接到一台二层交换机上。每幢教学楼再上连到汇聚层交换机。

（2）在学生宿舍每层组建一个虚拟局域网，连接到一台二层交换机上。每幢学生宿舍再上连到汇聚层交换机。

（3）行政楼按不同的科室组建虚拟局域网（每层楼组成一个虚拟局域网），上连到核心交换机上。

（4）图书馆按不同的电子阅览室组建虚拟局域网，上连到核心交换机上。

（5）体育馆组成一个虚拟局域网，连接到核心交换机上。

（6）科技楼 5 楼的计算机中心，组成一个虚拟局域网，上连到核心交换机上。

行政楼内局域网具体设计方案如图 2.3 所示。假定在行政楼 3、5、8 层分别有一个配线间，其中 3 层配线间负责连通 1、2、3 层用户，共 110 个布线信息点，计划使用点数为 81；5 层配线间负责连通 4、5、6 层用户，共 132 个信息点，计划使用点数为 104；8 层配线间负责连通 7、8、9、10 层用户，共 154 个信息点，计划使用点数为 123。全楼共 396 个布线信息点，计划使用点数合计为 308。

为满足计划使用信息点的要求，现对各配线间进行具体配置。

- 3 层配线间配置两台 2950-48（48 个 10M/100Mbit/s 端口，两个 GBIC 插槽），配置一块 SC 接口多模 GBIC（WS-G5484）用于上连核心交换机，配置两块堆叠模块（WS-X3500-XL）用于两台 2950 交换机堆叠。3 层配线间对外提供接入能力是 96 个 10M/100Mbit/s 端口。

- 5 层配线间配置两台 2950-48 和一台 2950-24（24 个 10M/100Mbit/s 端口，两个 GBIC 插槽），配置一块 SC 接口多模 GBIC 用于上连核心交换机，配置 3 块堆叠模块用于 3 台 2950 交换机堆叠。5 层配线间对外提供接入能力是 120 个 10M/100Mbit/s 端口。在 5 层的配置中，选择了 2950-24 而没有选择有 12 个 10M/100Mbit/s 端口的 2950-12，这是因为 2950-24 比 2950-12 价格高得很少，但却提供了 24 个端口，因此单个端口价格较低，为将来接入新的信息点留出了余量。另外，也没有选择配置 3 台 2950-48，这是因为配线的实际信息点数为 132 个，如果选用 3 台 2950-48 将会造成 12 个端口的浪费。当然，从费用允许及增加信息点的角度来看，配置 3 台 2950-48 也不失为一个好办法。这里的配置也反映出：费用是相当重要的因素，在可扩展性和费用之间平衡考虑是方案设计的一个要点。

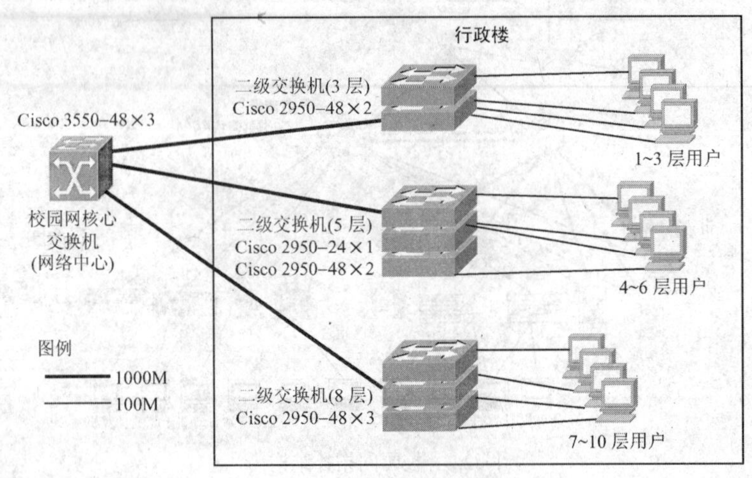


图 2.3　行政楼局域网设计方案

- 8 层配线间配置 3 台 2950-48，配置一块 SC 接口多模 GBIC 用于上连核心交换机，配置 3 块堆叠模块用于 3 台 2950 交换机堆叠。8 层配线间对外提供的接入能力是 144 个 10M/100Mbit/s 端口。

### 2. 汇聚层设计

汇聚层按教学楼、学生宿舍楼分布。例如为教学楼中每层楼面或电脑教室配置不同的虚拟局域网，汇聚层为不同的虚拟局域网之间选择路由，使得它们既能相互通信，也能防止广播风暴，还可以进行相互间的访问控制。同时，汇聚层对所有的虚拟局域网所使用的私有地址都能进行地址转换，使局域网中的每台计算机都能将其内部地址转换成合法的 IP 地址，访问外部网络。

### 3. 核心层设计

核心层位于行政楼 2 楼的网络中心，将一台三层交换机与一组三层交换机，通过聚合链路互连，以达到冗余的目的。应用服务器（主域）、资源管理服务器（备份域）和图书馆服务器均通过吉比特网卡与一台三层交换机相连，并通过 100Mbit/s 网卡与另一组三层交换机相连。

### 4. 外连设计

防火墙通过百兆口与核心交换机相连。对外服务器，Mail 服务器、WWW 服务器、DNS/FTP 服务器连接在一台二层交换机上，与防火墙相连。并通过 Cisco 2621 连接到教科网上，其备份链路采用 CABLE MODEM 连接到 Internet。

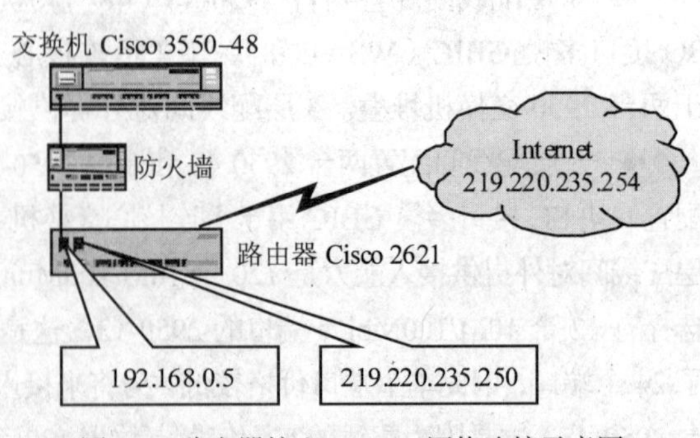


图 2.4　路由器接入 Internet 网络连接示意图

假设，向教科网申请的 IP 地址为 219.220.235.0/24，本地 Cisco 2621 路由器的广域网端口地址为 219.220.235.250，对方（ISP 供应商）的端口地址为 219.220.235.254，图 2.4 所示

为路由器接入 Internet 的简单连接示意图。其中，路由器的配置如下。

校内所有工作站都与核心交换机 Cisco 3550-48 连接，路由器也通过以太口连接在内部交换机上，路由器的以太口使用内部私有地址，光纤的两端分别使用 ISP 供应商分配的两个有效 IP 端口地址。在路由器内部设置 NAT，便可使校园网内部的工作站访问 Internet，在每台工作站上只需设置网关指向路由器的以太口（192.168.0.5）。

路由器的具体配置如下，括号内为注释。

```
（以下定义一个地址池 c2610，其内包含了两个空闲的合法 IP 地址，供 NAT 转换时使用）
# en
# config t
# ip nat pool c2610 219.220.236.251 219.220.236.253 netmask 255.255.255.0
（以下设置以太口的 IP 地址，并设置其为连接内部网的端口）
# int e0/0
# ip address 192.168.0.5 255.255.255.0
# ip nat inside
# exit
（以下设置广域网端口的 IP 地址，并设置其为连接外部网的端口）
# interface s0/0
# ip address 219.220.235.250 255.255.255.0
# ip nat outside
# exit
（以下设置默认路由）
# ip route 0.0.0.0 0.0.0.0 219.220.235.254
（以下建立访问控制列表，指定 192.168.0.0 的所有私有 IP 地址）
# access-list 2 permit 192.168.0.0 0.0.255.255
（以下建立动态地址翻译）
! Dynamic NAT
# ip nat inside source list 2 poolc2610 overload
# end
# wr
（保存所做的设置）
```

## 2.2 网络互连设备及其选择方法

网络的互连包括计算机之间、网络之间、计算机与网络之间的相互连接。网络中任意一名用户都可以与互联网中的其他用户通信，共享网络中的资源。网络中的互连设备是实现网络互连的硬件基础。

按连接网络的不同，网络互连设备分为中继器、集线器、网桥、交换机、路由器和网关等。

网络中的数据大多以“包”的形式传送，不同的网络，其“包”的格式也不相同，网络互连设备就充当“翻译”的角色，将一种网络中的“信息包”转换成另一种网络中的“信息包”。信息包在网络间的转换与 OSI 参考模型的 7 个层次密切相关。如果网络间差别较小，需转换的层数也较少。例如，以太网与以太网间的互连，数据包的转换最多到 OSI 的第 2 层（数据链路层），网间互连设备用网桥、集线器或交换机；若以太网与令牌环网相连，数据包的转换要到 OSI 的第 3 层（网络层），网间互连设备采用路由器；如果连接两个完全不同结构的网络，其数据包的转换要到第 7 层（应用层），网间互连设备必须使用网关。

在构建网络和连接不同的网络时，按用户需求正确地选择互连设备至关重要。本节主要介绍目前最常用的网络互连设备：集线器、交换机、路由器和网关。

### 2.2.1 集线器

#### 1. 集线器的特点

集线器（Hub）又称多口中继器，它是星型拓扑结构以太网中的共享设备。集线器有多种接口方式：与双绞线连接使用RJ-45接口；与细缆连接使用BNC接口；与粗缆连接使用AUI接口；另外，还有光纤接口。集线器的主要特点如下。

（1）从OSI参考模型的结构上看，集线器属于物理层设备，它无法处理数据传输过程中的丢弃、延时、碎片等现象，也不能保证数据传输的准确性和完整性。

（2）从工作方式看，集线器采用CSMA/CD算法，它接收某站点发出的信息，经放大向其他所有端口上的计算机广播。一些大型网络容易产生广播风暴，降低网络传输效率。

（3）从带宽角度看，所有的端口共享带宽，只有一个端口能够进行数据传输工作，其他端口必须等待。因此，端口与端口之间容易产生冲突。同时集线器只能在半双工模式下工作。

（4）从维护角度看，集线器对端口上连接的所有工作站采用集中式管理。当连接在集线器某一端口上的计算机或网线出现故障时，不会影响整个网络运行。通过集线器上的指示灯，很快就能进行故障定位。

#### 2. 集线器的种类

（1）按外形可分为：机架式和桌面式。

（2）按带宽可分为：10Mbit/s，100Mbit/s，10M/100Mbit/s自适应。

（3）按物理结构可分为：独立式、堆叠式（几个集线器堆叠以扩展端口数）、模块化（有以太网模块、令牌环模块、管理模块等）。

（4）按功能可分为：被动的（不放大只广播）、主动的（信号再生、存储转发）、智能的（信号再生、网络管理）。

（5）按局域网拓扑结构可分为：单中继网段（所有端口上的计算机在同一个网段内）；多网段（多个接口卡，每个接口卡在一个网段内）；端口交换式（在多网段集线器的基础上，通过端口交换矩阵，连接多个背板网段）。

#### 3. 集线器的选择

（1）带宽的选择。选择集线器的带宽时，考虑以下4个因素。

- 上连设备的带宽。如果上连设备允许使用100Mbit/s集线器，可购买100Mbit/s集线器，否则选10Mbit/s集线器。
- 站点数。站点数多，冲突则加剧。当站点数在25个～30个时，可选10Mbit/s带宽；多于30个站点时，最好选用100Mbit/s带宽。
- 应用需求。如果传输量小，选10Mbit/s带宽；如果传输语音、图像数据量较大的文件，最好选用100Mbit/s带宽。
- 兼容性。考虑上下兼容性，选10M/100Mbit/s自适应集线器。

随着集线器价格的日益降低，通常选用100Mbit/s或更高带宽的集线器。

（2）端口数的选择。按网络规模的大小，选择 8 口、16 口、24 口或 32 口的集线器。当一个集线器的端口数不够时，采用拓宽方法。共有 3 种端口拓宽方法：堆叠、级连和模块化。

- 堆叠。当选择可堆叠的集线器时，在堆叠中使用的一个可管理集线器，提供了对堆叠中其他集线器的管理。要注意堆叠的层数限制，虽然支持的层数越多，产品的性能越好，但每个站点实际享用的带宽越小。
- 级连。对集线器进行级连。如果有级连端口，此端口上常标有 Uplink 或 MDI 字样，用平行双绞线连接。如果没有级连端口，采用交叉双绞线连接任意两口。
- 模块化。选择模块化的集线器，提供多个接口卡。

（3）智能化的选择。带有智能管理功能的集线器，网络操作员在其管理控制台上就可以配置、监视、连通或解释每一个端口，在局域网规模很大的情况下，能够减轻网络维护工作。

（4）选择品牌好的集线器。好品牌集线器性能稳定、功能强大，但价格较高。在考虑成本的情况下可选择国产品牌集线器，如 D-Link。

（5）尺寸的选择。大型局域网需要很多集线器和其他网络设备，这时需要考虑集线器的尺寸，以便统一管理及整体布局，使得这些网络设备可以集中放置在一个或几个接线柜内。

## 2.2.2　交换机

### 1．交换机的特点

随着硬件成本的不断下降，交换机作为局域网的主要连接设备，已被广泛地使用。其主要特点如下。

（1）从 OSI 参考模型的结构上来看，普通的以太网交换机属于数据链路层设备，它不仅对数据的传输起到同步、放大和整形的作用，而且还能在数据传输过程中过滤短帧、碎片等，不会出现数据包丢弃、传送延时等现象，保证了数据传输的正确性。

（2）从工作方式上来看，交换机检测到某一端口发来的数据包，根据其目标地址，查找交换机内部的“端口-地址”表，找到对应的目标端口，打开源端口到目标端口之间的数据通道，将数据包发送到对应的目标端口上。当不同的源端口向不同的目标端口发送信息时，交换机就可以同时互不影响地传送这些信息包，并防止传输碰撞，隔离冲突域，有效地抑制广播风暴，提高网络的实际吞吐量。

（3）从带宽角度来看，交换机上每个端口都独占带宽，12 个端口的 10Mbit/s 交换机，总带宽为 12 × 10Mbit/s = 120Mbit/s。同时交换机还支持全双工。

（4）从维护角度来看，普通交换机的维护比较简单。通过交换机上的指示灯就能确定哪些端口上的计算机网卡或网线有故障，可及时予以排除。

### 2．交换机的种类

从广义上讲，交换机可分为两大类：局域网交换机和广域网交换机。广域网交换机主要用于国家、省市骨干传输网络，提供通信基础平台，比如 ATM（异步传输模式）、SDH（同步数字体系）、ADSL（非对称数字用户环路）、ISDN（综合业务数字网络）、HCF（混合光纤同轴电缆）等交换机。局域网交换机根据使用的网络技术不同，可分为：以太网交换机、快速以太网交换机、吉比特以太网交换机、令牌环交换机、FDDI 交换机、ATM 交换机等。

从应用领域来看，交换机可分为：台式交换机、工作组交换机、主干交换机、企业交换机、

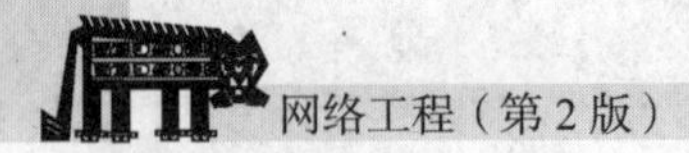


分段交换机、端口交换机、网络交换机等。

从外观和功能来看，交换机可分为：机架式交换机（又称模块式交换机，可插入扩展交换模块和路由交换模块）、带扩展槽固定配置式交换机（固定端口数并带少量扩展槽）和不带扩展槽固定配置式交换机（只支持一种类型的网络）。

### 3. 交换技术

（1）端口交换。早期，端口交换技术出现在插槽式的 Hub 中，这类 Hub 的背板被划分成多条 Ethernet 网段，每条网段是一个广播域，如果不用网桥或路由器连接，它们之间是互不相通的。以太主模块插入后，被分配到某个背板的网段上，端口交换将以太模块的端口在背板上多个网段之间进行分配、平衡。根据支持的程度，端口交换还可细分如下：

- 模块交换：将整个模块进行网段迁移；
- 端口组交换：通常模块上的端口被划分为若干组，每组端口允许进行网段迁移；
- 端口级交换：支持每个端口在不同网段之间进行迁移。这种交换技术是在 OSI 参考模型中的物理层上完成的，具有很高的灵活性和负载平衡能力。只要配置合理，还可以容错，但不能改变共享传输介质的特点，实质上不能称之为交换。

（2）帧交换。目前应用最广的局域网交换技术是帧交换，它通过对传输介质进行分段，提供并行传送机制，减小冲突域，获得高带宽。帧交换有如下两种方式。

- 穿通交换方式。提供线速处理能力，交换机先读出帧的前 14Byte（7Byte 的前导码、1Byte 的帧首码、6Byte 的目标地址），得到目标地址后，查到所对应的端口地址，把整个帧导向输出端口。这样避免了存储转发交换方式中帧的串 - 并、并 - 串转换和缓存的时间消耗。
- 存储转发方式。源计算机从输入端口传输帧到交换机，先“由串到并”，进行第 1 次数据校验，把整个帧暂存在该端口的高速缓存中。查到输出端口号后，把帧转发到输出端口的高速缓存中，再“由并到串”输出到目标计算机，并进行第 2 次数据校验。

显然，穿通交换方式的交换速度快，但缺乏帧的控制和差错校验，是以牺牲可靠性为代价的，同时也不支持不同速率的端口交换。存储转发方式速度慢，但可靠性高。有的交换机产品把穿通交换方式作为默认的交换方式。若链路可靠性较差或者帧碎片太多，交换机会把默认的穿通交换方式自动切换到存储转发交换方式，以获得最高的工作效率。

有的厂商甚至将帧分解成固定大小的信元，信元的处理极易用硬件实现，处理速度快，同时能够完成高级控制功能等。

（3）信元交换。ATM 采用固定长度 53Byte 的信元交换，由于长度固定，因而便于用硬件实现。ATM 采用专用的非差别连接，并行运行，通过一个交换机可以同时建立多个结点，而不会影响每个结点之间的通信能力。ATM 还容许在源结点和目标结点建立多个虚拟链接，以确保足够的带宽和容错能力。ATM 采用了统计时分电路进行复用，因而大大提高通道的利用率。ATM 的带宽可以达到 25Mbit/s、155Mbit/s、622Mbit/s 甚至吉比特的传输能力。

### 4. 交换机的选择

交换机技术指标的高低是设备选型的重要依据，这里主要介绍与交换机性能和设备选型密切相关的背板带宽、包转发率、端口类型、端口速率、端口密度、冗余模块、堆叠能力、VLAN 数量、MAC 地址数量以及三层交换能力等主要指标。

（1）背板带宽。背板带宽是交换机接口处理器或交换模块和数据背板总线间所能吞吐的最大数据量。它标志着一个交换机总的吞吐能力。通常，背板带宽（全双工模式下）至少等于“端口数×端口速率×2”。

（2）包转发率。包转发率指每秒转发数据包的数量，单位为 Mpps（百万包/秒）。通常为几 Mpps 到几百 Mpps。

（3）端口类型。端口类型指交换机上的端口是以太网、令牌环、FDDI 还是 ATM 等。固定端口交换机只有单一类型的端口，中高端模块化交换机提供不同介质类型的模块，实现以太网、令牌环、FDDI 等的互连。

（4）端口速率。端口速率指交换机端口提供给数据资源设备独享的带宽，体现了交换机端口每秒吞吐数据包的能力，通常有 10Mbit/s、100Mbit/s、10M/100Mbit/s 自适应、1000Mbit/s 以及万兆位/秒。

（5）端口密度。端口密度指一台交换机所支持的最大端口数量。端口密度是在所有模块插槽都插满模块的情况下计算出来的。选用模块不同，端口密度值也不同。

（6）能否使用光纤。如果布线中必须选用光纤，则需要选择光纤接口交换机（价格较高），或加装光纤模块，或加装双绞线/光纤转发器。

（7）冗余模块。冗余模块用在模块化的交换机上，以提高设备的容错能力，避免模块失效引起系统崩溃。常用的冗余模块包括超级引擎模块、交换矩阵模块和电源模块，它们都是影响系统能否正常工作的重要模块。

（8）堆叠能力。堆叠能力包括堆叠的带宽和堆叠的层数两个重要指标。只有同类的交换机才能互相堆叠在一起，不同类型的交换机，其堆叠端口、堆叠线缆和堆叠协议都不相同，只能级连，不能堆叠。有两种堆叠连接方式，一种是从堆叠矩阵中心的堆叠模块引出线缆到各交换机（带宽约几 Gbit/s），另一种是交换机之间互相连接起来（带宽约 1Gbit/s）。堆叠的层数为 4～9 层。

（9）VLAN 数量。考虑对 VLAN 的支持能力和支持数量。目前大多数交换机都支持 1000 个以上的 VLAN。

（10）MAC 地址数量。MAC 地址数量是指交换机的 CAM 表中最多可以存储的 MAC 地址个数，存储的 MAC 地址数量越多，数据转发的速度和效率就越高。此指标数值通常为几千到几万。

（11）三层交换能力。三层交换能力是指：

- 交换机有无三层交换能力，或是否可以通过软件升级达到此能力；
- 三层包转发率，能否实现线速的三层交换（具有二层交换相同的交换速率）；
- 交换机所支持的路由协议类型，能否支持广泛的协议。

交换机还有其他一些指标，比如 CPU 主频、延时、平均无故障时间、缓存类型和缓冲区大小等，在此不再说明，读者可参考相关说明书。

### 5. 选用交换机的注意事项

在选用交换机时，应注意以下事项。

（1）尽可能选择相同品牌的交换机。对于一个新建的网络项目，应尽可能选择相同品牌的交换机，避免选择不同厂家的产品，以免安装调试时出现麻烦。

在对原有项目的升级改造过程中，若只能选用与原设备不同品牌的交换机时，必须考虑新旧设备的兼容性。

（2）交换系统与布线系统在结构上应相互匹配。布线系统和交换系统在结构上应保持一致，应注意配线间的分布、垂直线缆类型、配线间与中心机房之间的距离等因素。合理选择布线结构和介质，选配与之匹配的交换结构和交换设备。

（3）交换系统应具有扩展性。在设计交换系统时，首先应满足当前需要，但并不是说有一个布线信息点就提供一个交换机端口与之匹配。因为，根据“满布线原则”，网络系统中已经布放了一些当前并不使用的信息点，这些信息点目前没有接入局域网的要求。在布线时，通常多布置一些信息点，在配置交换机时，首先必须满足信息点的端口数，并留有余量，日后其他信息点可以直接接入。可扩展的交换机或箱体交换机在配置时应留有空槽位，以便扩展。

（4）交换机与服务器之间的连接方式。在客户/服务器模式的交换机网络中，多台工作站会同时访问服务器。所以，重要的服务器应直接接在核心交换机上，通常使用吉比特速率，因而交换机必须配有吉比特端口。如果使用冗余服务器或冗余交换机，每台服务器应配置双网卡，分别连接到两台核心交换机上。

## 2.2.3 路由器

### 1. 路由器的功能特点

路由器的主要功能有：网络互连（多协议路由器可以完成网络互连：LAN—LAN，LAN—WAN，WAN—WAN）；网络隔离（隔离子网与防火墙，避免广播风暴）；网络管理，特别是流量控制（采用优化的路由算法来均衡网络负载，有效控制网络阻塞）。

（1）网络互连。路由器能够真正实现网络（子网）互连，多协议路由器不仅可以实现不同类型局域网间的互连，而且可以实现局域网与广域网间的互连以及广域网间互连，为了实现网络互连，路由器必须完成以下功能。

- 地址映射。地址映射实现网络地址（IP地址）与子网物理地址（以太网地址）之间的映射。
- 数据转换。由于经过路由器互连的不同网络，其最大传输单元（MTU）不同，因此路由器需要解决数据单元分段和重组问题。
- 路由选择。在路由器互连的各个网络间传输信息时，需要进行路由选择。每个路由器保持一个独立的路由表，路由选择协议不同，路由表项不同，选择最佳路由的规则也不同。通常对每个可能到达的目的网络，路由表都给出应该送往下一个路由器的地址以及到达目的主机的距离。路由表可以是静态的也可以是动态的，而且可以根据需要手工增删路由表项。由于各种网络拓扑结构可能发生变化，因此路由表必须及时更新，路由选择协议将规定定时更新时间。网络中的每个路由器按照路由协议规则，动态地更新它所保持的路由表，以便保持有效的路由信息。
- 协议转换。多协议路由器可以连接不同通信协议的网段，因此还必须完成不同的网络层协议之间的转换（例如IP与IPX之间的转换）。

（2）网络隔离。路由器不仅可以根据局域网的地址和协议类型，而且可以根据网络号、主机的网络地址、子网掩码、数据类型（如FTP、Telnet协议或Mail服务）来监控、拦截和过滤信息。因此，路由器具有更强的网络隔离能力。这种隔离功能不仅可以避免广播风暴，提高整个网络的性能，更主要的是有利于提高网络的安全保密性。路由器分割一个大网为若干独立子网，连接的网络彼此是独立的子网，以便进行管理和维护。

路由器可以抑制广播报文。当路由器接收到一个寻址报文（如ARP）时，由于该报文目的地

址是广播地址，路由器不会将其向全部网络广播，而是将自己的 MAC 地址发送给源主机，使之将发送报文的目标 MAC 地址直接填写为路由器该端口的 MAC 地址。这样就会有效地抑制广播报文在网络上的不必要传播。

另外，在路由器上能够实现防火墙技术，实现安全管理工作。

（3）网络管理。路由器有很强的流量控制能力，可以采用优化的路由算法来均衡网络负载，从而有效地控制拥塞，避免拥塞而引起的网络性能下降。

路由器还通过身份认证、加密传输、分组过滤等手段对路由器自身及所连网络提供安全保障；对进出网络的信息进行安全控制；同时还具有安全管理功能，包括安全审计、追踪、警告和密钥管理。

### 2. 路由器的种类

路由器的分类方法各异，各种分类方法有一定的关联，但并不完全一致。

（1）按能力分类。按能力分，路由器可分为高端路由器、中端路由器、低端路由器。背板交换能力大于 40Gbit/s 的路由器称为高端路由器，小于 40Gbit/s 的称为中低端路由器。

（2）按结构分类。按结构分，路由器可分为模块化结构路由器和非模块化结构路由器，通常，中高端路由器为模块化结构路由器，低端路由器为非模块化结构路由器。模块化结构路由器指硬件上采用模块化结构，在提供集成的高速以太网接口、AUX 口和同异步串口的同时，提供丰富的可选配模块，如可选配的智能接口卡（SIC）及多功能接口模块（MIM）。

（3）按连接方式分类。按连接方式分，路由器可分为直连路由和非直连路由。直连路由是路由器各网络接口直接连接的路由。非直连路由是指人工配置的静态路由，或通过运行动态路由协议而获得的动态路由。

（4）按功能分类。按功能分，路由器可分为通用路由器与专用路由器。专用路由器为实现某种特殊功能对路由器接口、硬件等作专门优化。例如，接入路由器用于接入拨号用户，增强 PSTN 接口及信令能力；VPN 路由器用来增强隧道处理能力及硬件加密；宽带接入路由器强调宽带接口数量及种类。

（5）按性能分类。按性能分，路由器可分为线性路由器及非线性路由器。线性路由器是高端路由器，能以高速率转发数据包；中低端路由器是非线性路由器，一些宽带接入路由器也有线速转发能力。

（6）按在网络中的地位分类。按在网络中所处的地位分，路由器可分为核心路由器、企业级路由器和接入路由器。核心路由器位于网络中心，也称为骨干路由器。核心路由器通常使用高端路由器，具有快速包交换能力与高速的网络接口，是模块化结构，与其他核心路由器相连，为目的地之间提供穿越骨干的多条路径。企业级路由器主要连接中型园区网和企业级网络，通常要支持 IP、IPX、Vines 等多种协议，支持防火墙、QoS、安全策略及 VPN 等。接入路由器位于网络的边缘，通常使用中低端路由器，负责把端用户和小单位连接到网络服务商（ISP），通常要支持各种接入技术（高速调制解调器、ADSL 等）、各种链路层协议（PPTP、IP Sec 等），同时随着 ADSL 及其他高速接入技术的发展，还要支持各种异构网络和更高速的端口。

（7）按路由器实现技术分类。按路由器的实现技术分，路由器可分为软件路由器和硬件路由器。纯硬件路由器：所有功能都通过硬件体系结构直接实现，包括对网络数据报的处理也由硬件直接判断，这样的硬件路由器尚不存在。平时所说的硬件路由器指的是有专用硬件（其硬件设计专门针对路由器的工作方式和特性，有专门的硬件产品），并提供软件系统（网络操作系统）对路由器进行配置以支持多种协议，如 Cisco 公司、华为公司的各种路由器产品，都称其为硬件路由器。硬件路由器性能高，价格贵，是目前使用的主要路由器形式。软件路由器指的是在通用计算机体系结构上

加上网络操作系统或专用的路由器应用软件。路由器的主要功能由软件去完成。例如，在一台计算机上安装了 Windows Server 2003 网络操作系统，就能够实现路由功能。或者在一台计算机上安装了 Tiny Software 公司推出的 WinRoute Pro 软件路由器，或 Microsoft 公司推出的 Internet Gateway 软件路由器等。软件路由器的技术支持较好，性能一般，价格较低。

### 3. 路由器的选择

路由器的选择，主要从实际需求（包括路由器的类型、路由器的配置）、路由器的性能指标、用户成本、可扩展性、服务支持以及品牌因素等几个方面考虑。下面就实际需求和性能指标进行介绍。

（1）路由器的类型。主要考虑路由器是否模块化。一般来说，模块化结构的路由器可扩展性好，支持多种端口类型，各种类型端口的数量可选。

（2）路由器的配置。

- 路由器接口的种类。常见的接口种类有：通用串行接口（通过电缆转换成 RS-232/449 DTE/DCE 接口、V.35 DTE/DCE 接口、X.21 DTE/DCE 接口、EIA-530 DTE 接口等）、10Mbit/s 以太网接口、快速以太网接口、10M/100Mbit/s 自适应以太网接口、吉比特以太网接口、ATM 接口（2Mbit/s，25Mbit/s，155Mbit/s，633Mbit/s 等）、POS 接口（155Mbit/s，622Mbit/s 等）、令牌环接口、FDDI 接口、E1/T1 接口、E3/T3 接口、ISDN 接口等。
- 用户可用槽数。在模块化路由器中，除 CPU 板、时钟板等必要的系统板或系统板专用槽位外，用户可以使用的插槽数称用户可用槽数。根据该指标及用户板端口密度，可以计算该路由器所支持的最大端口数。
- CPU。CPU 是路由器的心脏。在中低端路由器中，CPU 负责交换路由信息、路由表查找以及转发数据包。CPU 的能力直接影响路由器的吞吐量和路由计算能力。在高端路由器中，包转发和查表由 ASIC 芯片完成，CPU 实现路由协议、计算路由以及分发路由表。
- 内存。内存用于存储配置参数、路由器操作系统、路由协议软件等。在中低端路由器中，路由表也可能存储在内存中。
- 端口密度。端口密度表示路由器中最大的端口数量。
- 路由协议支持。路由协议支持指路由器支持哪些路由协议。主要有：路由信息协议（RIP）、边缘网关协议（BGP4）、IPv6、IP 以外的协议、源地址路由及透明桥接、策略路由方式、PPP、MLPPP、PPPOE 支持、组播支持（列举协议）、互连网组管理协议（IGMP）、距离矢量组播路由协议（DVMRP）、VPN 支持、MPLS 等。

（3）路由器的性能指标。

- 全双工线速转发能力。路由器最基本且最重要的功能是数据包转发。全双工线速转发能力是指以最小包长和最小包间隔在路由器端口上双向传输的同时不丢包。
- 吞吐量。吞吐量指路由器的包转发能力，指每秒转发包的数量。与路由器的端口数量、端口速率、数据包长度、数据包类型、路由计算模式（分布式或集中式）等有关，泛指处理器处理数据包的能力。端口吞吐量指端口的包转发能力，整机吞吐量通常小于路由器所有端口的吞吐量之和。
- 背板能力。背板指输入与输出端口间的物理通路。背板能力是路由器的内部实现，并体现在路由器的吞吐量上，只能在设计中体现，无法测试。
- 路由表能力。路由表能力指路由表内所容纳表项数量的极限。由于 Internet 上执行 BGP 的路由器通常拥有数十万条路由表项，所以该项目也是路由器能力的重要体现。一般的高速路由

器能够支持至少 25 万条路由。

- 丢包率。丢包率是指丢失数据包的数量占所发送数据包的比率。丢包率与数据包长度以及包发送频率相关。在一些环境下，可以在加上路由抖动或大量路由后进行测试模拟。
- 时延及时延抖动。时延是指从数据包的第 1 个比特进入路由器，到最后 1 个比特从路由器输出的时间间隔。它与数据包长度和链路速率有关，通常在路由器端口吞吐量范围内测试，对网络性能影响较大，作为高速路由器，要求对 1518Byte 以下的数据包时延均小于 1ms。时延抖动是指时延的变化。在应用语音、视频业务时才测试它。
- 突发量能力。突发量是指以最小帧间隔发送最多数据包而不引起丢包时的数据包数量。用于测试路由器的缓存能力，具有线速全双工转发能力的路由器，该指标值无限大。
- 服务质量。服务质量包括两个方面：队列管理机制和端口硬件队列数。队列管理机制指路由器拥塞管理机制及队列调度算法。

路由器所支持的优先级由端口硬件队列来保证，每个队列中的优先级由队列调度算法来控制。

- 网管能力。网管是指网络管理员通过网络管理程序对网络上的资源进行集中化管理的操作，包括配置管理、记账管理、性能管理、差错管理和安全管理。设备所支持的网管程度体现设备的可管理性与可维护性，通常使用 SNMPv2 进行管理。管理粒度表示路由器管理的精细程度，如管理到端口、到网段、到 IP 地址、到 MAC 地址等粒度。管理粒度可能会影响路由器的转发能力。
- 可靠性和可用性。
- 设备的冗余，包括接口冗余、插卡冗余、电源冗余、系统板冗余、时钟板冗余、设备冗余等。冗余量的设计在设备的可靠性要求与投资量间折衷。
- 热插拔组件，要求更换部件不影响路由器的工作，部件热插拔是路由器 24h 工作的保障。
- 无故障工作时间，通过主要器件的无故障工作时间来计算，一般无法测试。
- 内部时钟精度，因为拥有 ATM 端口做电路仿真，或者 POS 口的路由器互连通常需要同步，所以内部时钟精度会影响误码率。

## 2.2.4　网关

网关用来连接两个协议差别很大的计算机网络。它可以将不同体系结构的计算机网络连接在一起。在 OSI 参考模型中，网关属于最高层（应用层）设备。在进行信息包格式转换时，必须将各层协议一一转换。

### 1. 网关的种类

在 OSI 参考模型中，有两种类型的网关：一种是面向连接的网关，另一种是无连接的网关。当两个子网之间有一定距离时，往往将一个网关分成两半，中间用一条链路连接起来，并称之为“半网关”。

无连接的网关用于数据报网络的互连；面向连接的网关用于虚拟电路网络的互连。例如在网间互连和 X.25 与 X.75 协议之间的互连。

网关也可分为内部网关（有的称其为第三层网关）和外部网关（有的称其为第四层网关）。内部网关是讨论网关怎样获得路由；外部网关是讨论网关在传输层所能发挥的作用。

网关还可分为核心网关（Core Gateway）和非核心网关。核心网关由网络操作中心进行控制；受各个部门控制的被称为非核心网关。

### 2. 网关的主要功能

网关提供从一个协议到另一个协议的转换功能，它的实现比较复杂，工作效率较低，且具有很强的针对性，一般只提供有限的几种协议之间的转换功能。

常见的网关设备都是用在网络中心的大型计算机系统之间的连接上，为普通用户访问更多类型的大型计算机系统提供帮助。在 Internet 中，网关是一台计算机设备，它可以根据用户通信时的 IP 地址，判断是否将用户发出的信息送出本地网络，同时，它还将外界发送给本地网络计算机的信息接收下来。

网关提供全方位的服务。例如，实现 IBM 公司 SNA 与 DEC 公司 DNA 之间互连的网关，除需要完成复杂的协议转换工作外，还要将数据重新分组后才能传送出去。

有些网关通过软件来实现协议转换操作，并能起到与硬件类似的作用，但它以损耗计算机的运行时间为代价。

网关在概念上与网桥有相似之处，它们的不同之处如下。

- 网关是用来实现不同类型局域网间连接的。
- 网关建立在应用层，而网桥建立在数据链路层。
- 网桥完成数据帧的转发，并在连接的网络间提供透明的通信，网关却要完成复杂的协议转换和各项服务。
- 网关与网桥相比，有一个更重要的优势，它可以把地址格式不相容的网络互连起来。网桥只能连接相同或相似的网络（相同或相似结构的数据帧），如以太网之间、以太网与令牌环网之间的互连，对于不同类型的网络（数据帧结构不同），如以太网与 X.25 网之间，网桥无能为力。

## 2.3 IP 地址规划

网络通信需要每个参与通信的实体都具有相应的地址。地址一般符合某种编码规则，并用一个字符串来标识一个地址。不同的网络具有不同的地址编制方案，在 Internet 中，每个与网络相连的主机接口都需要有一个唯一的地址，该地址必须符合 IP 地址编码规则。

网络地址规划是指根据 IP 编址特点，为所设计的网络设备分配合适的 IP 地址，使之能够连网工作。

### 2.3.1 子网配置

规划 IP 地址首先将申请到的 IP 地址按照网络拓扑结构进行规划，其次对局域网进行子网配置或私有地址配置。

设计人员应按场点或部门个数划分不同的子网；也可按每个场点或部门最大的主机数划分子网。在实际应用中，更多的是将这两者综合起来考虑。

假定主机标识部分（Host-Id）借用 $n$ 位给子网，剩下 $m$ 位作为主机标识，那么生成的子网数量为 $2^n$ 个，每个子网具有的主机数量为 $2^m-2$ 台，主机标识位数= $m+n$。配置过程如下：

（1）根据所要求的子网数 $p\leq 2^n$ 台，推算出 $n$，$n$ 应是一个最小的接近要求的正整数，再检查每个子网所具有的主机数量是否满足实际要求；

（2）求出相应的子网掩码；

（3）子网的部分写成二进制，列出所有的子网和主机地址（主机地址去掉全 0 和全 1）。

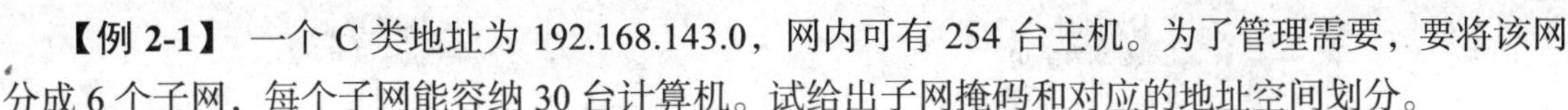

【例 2-1】 一个 C 类地址为 192.168.143.0，网内可有 254 台主机。为了管理需要，要将该网分成 6 个子网，每个子网能容纳 30 台计算机。试给出子网掩码和对应的地址空间划分。

解：因需要 6 个子网，$2^2<6<2^3$，$n$=3，主机标识位数为 8，则 $m=8-n=5$，从而每个子网主机数量为 $2^5-2=30$ 台

又如 C 类地址 192.168.143.0，前 3 个 8 位段为网络号，子网掩码为全 1，即 255.255.255，后一个 8 位段有 3 位为子网号，5 位为主机号，则此 8 位的子网掩码为 11100000（二进制）即 224（十进制），因此，子网掩码为 255.255.255. 224。

子网掩码为　　11 111 111.11 10 0　0 0 0（共 27 个 1）

网络 IP 地址为　192.168.143.X/27

主机 IP 地址为　192.168.143.???XXXXX

其中???为 3 位子网号，从 000 到 111（二进制），共 8 个。通常，子网号全 0 及子网号全 1 可保留为特殊地址而不使用（这一规则最初被所有路由器所遵守，但现在的厂商实现它们却有一定的随意性，因而变得过时）。XXXXX 共 5 位为主机号，从 00000 到 11111（二进制）。每当确定一个新的子网地址时，就会产生两个新的要除去的主机地址，一个为主机号全 0，另一个为主机号全 1（此规则一般都遵守），表 2.2 列出了 IP 地址配置情况。

表 2-2　　子网 IP 地址配置表

| 子网号 | 从???XXXXX | 到???XXXXX | 对应主机 IP 地址范围 | 备　注 |
|---|---|---|---|---|
| 000 | 000 00001 | 000 11110 | 192.168.143.0 ～ 192.168.143.31 | 子网号全 0 可保留 |
| 001 | 001 00001 | 001 11110 | 192.168.143.33～192.168.143.62 | |
| 010 | 010 00001 | 010 11110 | 192.168.143.65～192.168.143.94 | |
| 011 | 011 00001 | 011 11110 | 192.168.143.97～192.168.143.126 | |
| 100 | 100 00001 | 100 11110 | 192.168.143.129～192.168.143.158 | |
| 101 | 101 00001 | 101 11110 | 192.168.143.161～192.168.143.190 | |
| 110 | 110 00001 | 110 11110 | 192.168.143.193～192.168.143.222 | |
| 111 | 111 00001 | 111 11110 | 192.168.143.224 ～ 192.168.143.255 | 子网号全 1 可保留 |

【例 2-2】 一个具有 A 类地址的机构需要至少 600 个子网。给出子网掩码和每个子网的配置。

解：一个 A 类 IP 地址能够容纳多达 16777214 台主机。由于至少需要 600 个子网，这意味着分配用于子网的最小位数应当是 10 位（$2^9<600<2^{10}$）。主机标识位数为 24−10 = 14 位。

子网掩码为 11111111. 11111111. 11000000. 00000000(共 18 个 1,14 个 0),也即 255.255.192.0。

使用上述子网掩码，能够将原来用于主机标识的地址范围划分为 1024 个子网，在每个子网中具有 16384 个地址。由于第一个地址被用于定义主机本身，最后一个被用于广播，这表明每个子网仅能连接 16382 台计算机。网络 IP 地址配置情况如图 2.5 所示。

【例 2-3】 一个具有 B 类地址的机构需要划分 10 个以上的子网，每个子网至少能容纳 4000 台主机。给出子网掩码和每个子网的配置。

解：每个 B 类地址的网络能够容纳 65534 台主机。由于 $2^3<10<2^4$，可从 16 位主机标识位中取前 4 位用作子网掩码，其中两位可以保留为特殊地址（也可使用），后 12 位仍作为主机标识。由于每个子网主机标识为全 0 用于本主机，最后一个主机标识为全 1 用于子网中广播，这意味着共有 4094 台计算机能与每个子网相连。网络 IP 地址配置情况如图 2.6 所示。

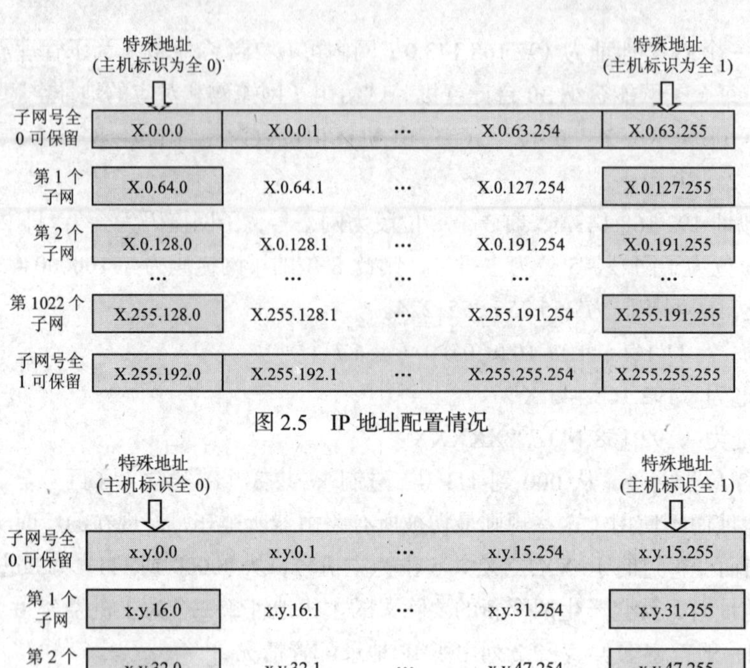


图 2.5　IP 地址配置情况

特殊地址
(主机标识全 0)
特殊地址
(主机标识全 1)
子网号全
0 可保留
x.y.0.0
x.y.0.1
…
x.y.15.254
x.y.15.255
第 1 个
子网
x.y.16.0
x.y.16.1
x.y.31.254
x.y.31.255
第 2 个
子网
x.y.32.0
x.y.32.1
x.y.47.254
x.y.47.255
第 14 个
子网
x.y.224.0
x.y.224.1
x.y.239.254
x.y.239.255
子网号全
1 保留
x.y.240.0
x.y.240.1
x.y.255.254
x.y.255.255

图 2.6　IP 地址配置情况

子网掩码为 11111111. 11111111. 11110000. 00000000(共 20 个 1)，也即 255.255.240.0 或 x.y.0.0/20。

## 2.3.2　实例：校园网中子网的划分和配置

Cisco 网络交换机提供虚拟专用网的组建服务。各部门可以在网络的基础上构筑部门自己的专用网和专门的服务，例如网络中心和计算机房可以组建专门的虚拟网。这种“虚拟”的专用网具有和“实际”的专用网同样的速率、带宽和安全性，但建网成本要低得多。虚拟专用网之间完全隔离，保证了信息传输的安全性和可靠性。虚拟网技术为部门的搬迁、扩展、重组提供了连网的方便，虚拟网的重新组合弥补了单位物理地址的改变所带来的麻烦。

按 2.1.6 节校园网拓扑结构设计内容，划分子网如表 2.3 所示。

表 2-3　　虚拟局域网的划分

| 分　类 | IP 起始 | IP 终止 | VLAN |
|---|---|---|---|
| 网络设备专用 | 192.168.0.65 | 192.168.0.126 | VLAN99 |
| 学校各类应用服务器专用 | 192.168.0.129 | 192.168.0.190 | VLAN100 |
| 教学楼 | 192.168.1.1 | 192.168.50.254 | VLAN1～VLAN50 |
| 行政楼 | 192.168.51.1 | 192.168.60.254 | VLAN51～VLAN60 |
| 体育馆 | 192.168.101.1 | 192.168.102.254 | VLAN101，VLAN102 |
| 图书馆 | 192.168.110.1 | 192.168.150.254 | VLAN110～VLAN150 |
| 学生宿舍 | 192.168.151.1 | 192.168.250.254 | VLAN151～VLAN250 |

1. 学生宿舍楼 IP 地址的分配

校园网管理中心为全校（约有 12 幢学生宿舍楼）的学生宿舍楼分配 8 个连续的 C 类 IP 地址（每幢楼预计 8 层，每层一个 C 类 IP 地址）。其中每个楼层一个 C 类地址（每个 C 类地址对应 254 个连续可用的主机 IP 地址），它在同一个虚拟子网内。每个寝室预分配 5 个 IP 地址（一层不会超过 50 个寝室）。学生宿舍掩码统一为 255.255.255.0。其起始 IP 地址的选择方法如下：以本宿舍楼的 IP 地址为基础，在其第 3 段加上本寝室所在的楼层号，第 4 段的计算方法为：本寝室所在的房间号×5。

例如，学生 3 舍已接通校园网 1000Mbit/s 光纤骨干网络，其 IP 地址为 192.168.200.0，网关地址为 192.168.200.1，则学生 3 宿舍 308 房间的 IP 地址设置方法是：查 3 宿舍的 IP 地址是 192.168.200.0；308 房间的楼层为 3，应在 192.168.200.0 的第 3 段数字 200 上加 3，成为 192.168.203.0；然后再在 192.168.203.0 的第 4 段 0 上加 08 × 5，成为 192.168.203.40。因此，学生 3 宿舍 308 房间的 IP 地址范围就是 192.168.203.40～192.168.203.44，共 5 个。

2. 行政楼 IP 地址的分配

校园网管理中心为行政楼（10 层）分配 10 个 C 类 IP 地址；每个办公室预分配 10 个主机 IP 地址。以本层的网络 C 类 IP 地址为基础，在其第 4 段加上（本房间的房间号–1）× 10+1。如 1 层（自动化学院），网络 IP 地址为 192.168.60.0，子网掩码为 255.255.255.0，网关地址为 192.168.60.1。103 房间的 IP 地址选择方法是：查行政楼 1 层的 IP 地址是 192.168.60.0，办公室号为 03，则应在 192.168.60.0 的第 4 段 0 上加｛（03–1）× 10+1=21｝，成为 192.168.60.21。因此，103 房间的 IP 地址范围就是 192.168.60.21～172.21.60.30，共 10 个。

同理可设计教学楼、体育馆和图书馆的 IP 地址范围，划分不同的虚拟子网。

## 2.4 名字空间设计

本节的目标是设计一个 IP 互连网络设备的命名模型。使用名字而非地址能够提高系统的易用性；简短而有意义的名字能够提高用户的生产率，简化网络管理；好的命名模型还可以增强网络的性能和可用性。

将名字映射到地址的方法可以是使用某种命名协议的动态方法，也可以是静态方法。静态方法将名字与相关地址对照形成文件，而动态方法将引起额外的网络通信开销。

### 2.4.1 域名设计方案

1. 域名的约束

在企业网、校园网或小区网中，都可设立自己的域名服务器。不同单位的域名设计方法不同，但为了易于使用，名字应当简短、有意义、无二义性并易于辨认，用户很容易识别什么名字对应什么设备。一个好的方法是在名字中包含一些指定设备类型的信息。例如，路由器名字的后缀可以使用 rtr，交换机使用 sw，服务器使用 svr 等。一个有意义的后缀可以避免用户误解名字的含义，使管理者更容易从网络管理工具中提取设备的名字。

名字也可以包括位置代码。位置代码可以使用字母，也可以使用数字，甚至使用汉字。

在名字中尽量避免使用不常用的字符，如连字符、下划线、星号等，有时它会引起应用程序和协议以一种不可预知的方式运行。还应当避免在名字中使用空格，因为空格有时会让人困惑，不能确定某名字中是否存在空格，且有些应用程序或协议在有空格时不能正常工作。

名字一般不要区分字母的大小写，因为这会给用户带来额外的记忆麻烦和输入困难。此外，有些协议不区分大小写，因而失去了区分大小写的意义。

名字的长度也不要太长。对 DOS 和 Windows 3.x 用户，应用程序和协议要求名字不能超过 8 个字符。较新的操作系统或 UNIX 操作系统都支持长名字，但长名字记忆麻烦。

如果设备有多个接口和多个地址，就应当将所有地址都映射到一个相同的名字上，在一个使用多个 IP 地址的多端口路由器上，为所有的路由器 IP 地址分配同一个名字，网络管理软件就不会认为多端口设备实际上是多个设备了。

为了提高系统的安全性，有时需要对上述推荐的方法做一些改进，因为已被用户识别的名字也易被入侵者识别。对于那些关键性的设备和数据资源（如路由器和服务器），推荐使用较长而隐秘的名字。如果名字仅被系统软件使用而不被用户使用，这时易用性不会受到影响；在大多数情况下，必须在易用性和安全性之间折衷考虑。

2. DNS（域名系统）

在局域网中，域名的管理最好采用 DNS（域名系统），DNS 是一个联机分布式数据库系统，采用客户/服务器模式。DNS 使大多数名字都在本地映射，仅少量在 Internet 上映射。DNS 也是可靠的，即使单个计算机出现故障，也不会妨碍系统的正常运行。名字到域名的映射是由若干个域名服务器程序完成的。域名服务器程序在专设的结点上运行，称此结点为域名服务器。

使用名字的高速缓存可减少查询开销。每个域名服务器都维护一个高速缓存，存放最近用过的名字以及从何处获得名字映射信息的记录。当客户请求域名服务器转换名字时，服务器首先查看自己的高速缓存，检查该名字是否最近被转换过。

不但在本地域名服务器中需要高速缓存，在主机中也需要。许多主机在启动时从本地域名服务器下载名字和地址的全部数据库，维护存放自己最近使用过的域名服务器数据库的主机，自然应该定期地检查域名服务器以获取新的映射信息，而且主机必须从缓存中删掉无效项。由于域名改动并不频繁，大多数网点不需要花太多精力就能维护数据库的一致性。

在每个主机中保留一个本地域名服务器数据库的副本，可使本地主机上的域名转换特别快。这意味着万一本地服务器出故障，本地网点也有一定的保护措施。此外，它减轻了域名服务器的计算负担，使得该服务器可为更多机器提供名字服务。

### 2.4.2 实例：校园网名字空间的设计

学校要建立校园网，首先必须申请域名。所谓域名，也就是企事业单位在 Internet 上的名称或标志。在国内，可以向中国教育和科研计算机网络中心申请，也可向中国互联网络信息中心申请，当然还有许多域名申请办理机构。假定向中国教育和科研计算机网络中心申请的校园网注册域名为 njupt，则全名为 njupt.edu.cn。在此基础上，设置 DNS 域名服务器域名为 dns.njupt.edu.cn。Mail（电子信箱）服务器域名为 em.njupt.edu.cn；Web 信息浏览服务器域名为 www.njupt.edu.cn；文件传输服务器域名为 ftp.njupt.edu.cn。它们分别对应相应的服务器主机的 IP 地址。

#### 1. 由校园网网络管理中心分配域名

各二级学院、系和部门提供的主页，由网络管理中心统一管理，向其提供域名，如：

| net | 校园网中心 | info | 信息工程学院 | auto | 自动化学院 |
|---|---|---|---|---|---|
| comp | 计算机学院 | admin | 管理部门 | centre | 实训中心 |
| lib | 图书馆 | inti | 研究所 | adult | 成教学院 |
| base | 基础部 | soc | 社科部 | | |

则计算机学院的网站域名为 comp.njupt.edu.cn，由校园网 DNS 域名服务器提供解析。

#### 2. 各单位自行申请域名

如各二级学院、系、部、处主页放在本单位服务器上维护，可申请独立域名，但需自行负责该服务器的安全及维护，并与网络管理中心签订相关协议。

有独立 WWW 信息服务器的单位，可以采用主机托管方式，由网络管理中心对其服务器实施集中管理，以保障其主机的正常和稳定运行及网络的安全和畅通。没有独立信息服务器的单位，可以在校园网服务器上申请租用硬盘空间。

为充分发挥校园网的作用，学校正式建制的各二级单位可以向网络管理中心申请本单位独立的二级域名，域名统一格式为 xxxx.njupt.edu.cn（xxxx 为单位名称，如教务处域名为 jwc.njupt.edu.cn）。域名解析由网络中心负责，但必须履行必要的手续，获得校园网域名 njupt.edu.cn 下的子域名（或服务器名），并发布主页。

具体申请办理过程如下。

（1）申请单位将子域名（或服务器名）申请书及安全保密协议书递交到网络管理中心。

（2）单位应成立有主要负责人参加的计算机管理小组，负责对本部门的入网内容和计算机系统进行管理，并对信息安全负责。

（3）网络管理中心为其建立子域名，分配网络地址，提供主页空间，（根据需要）派技术人员调试机器，连通校园网。

（4）已获得子域名的单位应服从网络中心的管理，遵守各项规定。

## 2.5 广域网设计方案

在广域网中，目前最常见的是两种应用类型的网络，即纯数据网络和数据、语音及视频的多服务集成网络。纯数据网络对于带宽、延迟、服务质量等要求较低，在传输介质的选择上也很灵活；而多服务集成网络对于带宽、延迟、服务质量等要求较高，对传输介质的要求也较高。

广域网设计阶段的主要任务是选择合适的技术和产品，来构建适用于项目需求的广域网。

### 2.5.1 广域网设计方案分析

#### 1. 用户需求及接入环境分析

广域网设计的基础是对用户现有环境及需求的详尽掌握和正确分析。用户需求分析的主要依

据是用户书面提供的资料和与用户交流中掌握的情况，分析用户利用广域网传输的数据类型、应用模式、带宽要求、数据传输特点、安全可靠性要求等。具体地，可重点考查以下几个方面：

- 了解用户通过广域网传输普通数据还是传输、语音、视频内容；
- 广域网上传输的数据是经常性的还是阵发性的；
- 传输数据要求的带宽是多少，对于传输延迟的容忍程度如何；
- 是否有很关键的应用使用广域网链路，是否要求网络不能中断；
- 是否有连入 Internet 的需求，是否想通过 Internet 来实现远程连接；
- 是否有机密数据从广域网上传输；
- 远程接入的结点数量，各结点之间是只与中心结点通信，还是有互相通信的要求；
- 是否有移动用户拨号访问网络系统的需求。

广域网和局域网不同之处是：它需要借助于运营商网络（电信网络）来实现远程互连，因而对于当地运营商网络的考查也是十分重要的。对于当地的运营商网络可提供服务的情况，用户也不是特别清楚，这就需要方案设计人员自己去了解，主要了解其所能提供的广域网链路，如 DDN、帧中继、X.25、ISDN、ATM 等，各种链路网络所覆盖的区域，以及每种链路在不同带宽下的资费情况等。

### 2. 广域网技术的选择和设备的选型

在了解用户现状、需求以及当地运营商网络情况的基础上，进行广域网技术的选择和设备的选型。技术选择和设备选型的要点如下。

- 如果只传输普通数据，可以考虑选择中低端路由器产品，带宽较低、服务质量保证一般的链路，如帧中继、X.25 等；如果要求传输、语音、视频等内容，则应选择性能较高并且支持语音、视频应用的路由器，在链路选择上，应选用高带宽、高服务质量的网络，如 DDN、ATM、高速帧中继等。
- 如果广域网上传输的数据是经常性的，则应选择常通的链路，如帧中继、DDN、ATM 等；如果是阵发性的，并且利用率很低的话，比如分支机构对于总部的访问，可以考虑使用 ISDN 或 ADSL，进行拨号访问配置。
- 通过考查传输数据要求的带宽，来决定选配的路由器的性能和接口类型。例如，对于 Cisco 1700/2600/3600/3700 系列路由器而言，有两种主要的串行接口，其中带有“-T”的模块或接口卡，如 NM-4T，WIC-IT 和 WIC-2T 上的接口支持最高 2Mbit/s 同步端口速率；而带有“-A/S”的模块或接口卡带有异步/同步接口，如 NM-4A/S，NM-8A/S 和 WIC-2A/S 上的接口支持最高 128Kbit/s 同步端口速率或 115.2Kbit/s 异步端口速率。
- 对于承载关键业务应用的广域网系统，通常要求网络不能中断。这时，可以视业务的重要程度和对广域网中断的容忍程度而定。一般可以选择以常通的线路（如 DDN、帧中继等）为主链路，以拨号线路（如 ISDN、PSTN 等）为备份线路；如系统需要，可以配置双接入路由器，使之同时工作，使设备和线路都冗余，以提高广域网系统的可靠性和可用性。
- 如果大多数用户都要连入 Internet，则必须考虑安全因素，如硬件防火墙、软件防火墙、代理服务器等；但如果用户只想借助 Internet 来实现不同地点的局域网之间互连的话，可以选择在路由器的软件配置中支持 VPN。
- 如果有远程用户拨号接入网络的需求，应在设备模块配置上和安全策略上同时加以考虑。

在设计广域网系统时，还应特别注意以下几个方面。

（1）尽量选用同一品牌的路由设备。同交换机一样，各厂家的路由器产品实现互连互通完全

不成问题，但是对于某些增值功能，各厂家的实现方式和标准不完全兼容，为更好地发挥设备的功能和性能，在新建的系统中应尽量选用同一品牌的路由器。

（2）设备选型要与当地电信运营商网络相适应。广域网系统通常是借助运营商网络传输信息，运营商网络类型、状况等因素对系统实施的影响很大。尤其应该注意广域网接入所使用的介质（光纤或铜缆）、基带 MODEM 路由器和基带 MODEM 之间连接线缆类型等具体事项，避免设计错误。

（3）路由设备配置应具有可扩展性。为保证日后平滑升级和系统扩展，配置路由器时不应把所有插槽上配满模块，应留出空间以便升级。

（4）注意软件模块的选择和用户需求相匹配。各厂家的模块化路由设备一般都有较多的模块选项和软件选项，某些模块必须要求配合相应版本的软件才能正常工作，有些路由器还有对某些功能的授权选项，这给设备的配置造成困难。

路由器可以实现的功能也和软件版本密切相关，比如 IP 版本的软件不能支持 IPX、AppleTalk 等协议。而版本更高、功能更全的软件往往需要更大的内存和硬盘配置，占用更多的系统资源，同时价格也很昂贵。因此，应依照用户需求分析结果配置相应的软件，而不是配置越高越好。

（5）设计时考虑路由协议、访问控制、服务质量等重要功能的实现。广域网系统方案设计，除了正确选择广域网技术和设备之外，还应体现出系统设计的思想，在路由协议的选择、配置，访问控制设置，服务质量的优化以及相关方面给出相应的解决方案。

路由协议是保证互相独立的局域网系统通过广域网链路彼此通信的关键，必须针对项目特点正确选择。访问控制是与网络安全相关的重要手段。服务质量的设置将有利于带宽有限的广域网链路及时、合理地响应各种不同的应用需求。

### 2.5.2　实例：校园网广域网设计方案

假定某大学除校总部外，还有 3 个分校，其二级学院设在不同的分校内。广域网设计方案要满足以下 4 个方面的要求：

- 校总部网络通过 DDN 专线与科教网连接；
- 校总部与分校之间通过适当的广域网链路互连；
- 对科教网和分校的广域网链路应有备份链路；
- 通过 DDN 专线把校总部网络接入 Internet，并且要求设置防火墙。

在设计中，综合考虑电信网络及其费用情况，可以推荐选用帧中继链路作为校总部与分校互连的主链路，选用 ISDN 拨号链路作为其备份链路。在具体的项目中，一定要根据实际情况选择链路，不能简单套用某个方案。

在路由器的选型上，可靠性较高的方案是单独使用一台路由器接入 Internet，对科教网与校总部 DDN、帧中继的连接使用另一台路由器，ISDN 备份线路的接入使用第 3 台路由器。这样设计的好处之一是安全性较高，对于最不安全的 Internet 进行独立接入，并通过防火墙进行内外网之间的隔离；其次是系统可靠性较高，当 DDN 或帧中继线路出现问题时，ISDN 拨号线路自动启动，使网络连接不会被中断，而且即使校总部主路由器（连接 DDN 和帧中继的路由器）出现故障时，网络连接依然不会被中断。

在设备型号的选择上可以有多种搭配，本案例首选 Cisco 路由器。可以考虑使用一台 Cisco 2620XM 接入 Internet，另一台 Cisco 2620XM 作为拨号访问服务器，配置一台 Cisco 3662-AC 作为接入 DDN 和帧中继的路由器。分校端可以选用带有两个快速以太网接口的 Cisco2621XM 路由器。出于对未来扩展接入

能力方面的考虑,每台设备都留有相应的未被使用的插槽。校园网广域网设计方案如图 2.7 所示。

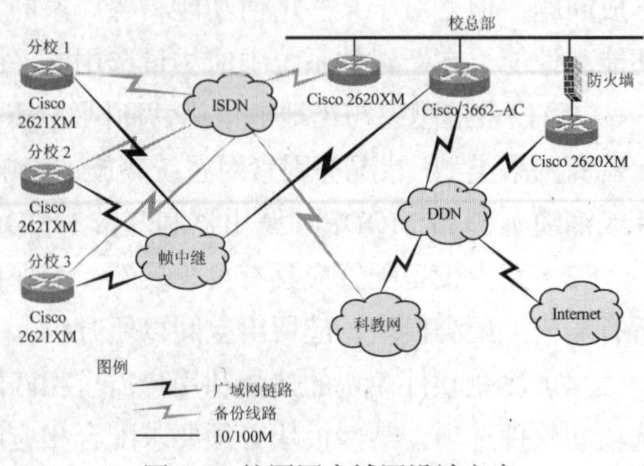

图 2.7　校园网广域网设计方案

在校总部广域网设备中，设备选型如下。

（1）选一台 Cisco 3662-AC 路由器（2662 机箱，2 端口 10/100Mbit/s 以太网，单电源模块，IP 版本 IOS 软件），加配一个 NM-4T（4 端口串口广域网模块），用两根 CAB-V35MT（V.35 电缆,DTE,Male,10Feet）分别连接帧中继和 DDN，加配一个 PWR-3660-AC（冗余交流电源模块）。

（2）Internet 接入路由器选用 Cisco 2620XM（2620 机箱，1 端口 10M/100Mbit/s 以太网，IP 版本 IOS 软件），加配一个 WIC-1T（一端口串行广域网接口卡），用一根 CAB-V35MT（V.35 电缆，DTE，Male，10Feet）连接 DDN。

（3）远程访问备份路由器 Cisco 2620XM（2620 机箱，一端口 10M/100Mbit/s 以太网，IP 版本 IOS 软件），加配一个 NM-8B-S/T（8 端口 S/T 接口 ISDN BRI 模块）用于连接 ISDN。

在分校广域网设备中，设备选型为：分校接入路由器选用 Cisco 2621（2620 机箱，2 端口 10M/100Mbit/s 以太网，IP 版本 IOS 软件），加配一个 WIC-2T（二端口串行广域网接口卡），用一根 CAB-SS-V35MT（V.35 电缆，SS 型）连接帧中继，一个 WIC-1B-S/T（一端口 S/T 接口 ISDN BRI 广域网接口卡）用于拨号和租用线。这些设备每个分校一套，共 3 套。

防火墙的选型采用华堂 HT 2100。其特点将在相关章节中介绍，这里不再详述。

该广域网设备配置特点如下：

- 远程访问服务（ISDN 拨号）由单独的路由器来实现，提高了可用性、容错性和安全性；
- Cisco 3662 路由器的配置中选择了双电源模块，这是核心设备常用的配置方式；
- ISDN 模块和接口卡选择了 S/T 接口，这是因为国内通常由电信运营商提供 NT 设备；
- 对于分校路由器，选择了 Cisco 2621XM 机型，它有两个快速以太网接口，可用于连接局域网内的两个网段，便于以后对系统进行扩展；同时，配置了两端口的串行广域网接口卡，为将来接入更多的广域网链路预留出一个接口；
- 在 V.35 线缆的配置上，请注意分校路由器与校总部路由器是不同的，分校选配的是 SS 型的线缆，这是与其串行广域网接口卡（WIC-2T）相匹配的线缆类型，注意此处与 WIC-1T 所用线缆的区别，这是很容易出现的错误。

## 2.6 绘制网络结构图

为显示整个网络上的所有设备、设备间的连接以及设备间的关系，必须画一幅网络关系图；要显示交换机、路由器以及其他网络设备之间的相互连接，必须制作一幅数据链路关系图；要分析网络骨干及网络内部各个级别的关系，必须画出分层关系图。无论是基本网络图还是详细网络图，Microsoft Visio 都能做到。Microsoft Visio 可以根据网络需要，灵活地创建简单或复杂的关系图。本章中所有的网络拓扑图均由 Visio 绘制。

Microsoft Visio 包含一组模板、孔板和向导。模板包含关系图类型的样式和页面设置，孔板包括所有的形状，而向导则能自动完成复杂的任务。

Microsoft Visio 提供的绘图类型有 Web 图表、表格和图、地图、电子工程、工艺工程、机械工程、建筑设计图、框图、流程图、软件、数据库、网络、项目计划图以及组织结构图。在这里，介绍“网络”类型中的“基本网络”、“逻辑网络图”和“AutoDiscovery 技术”的绘制方法。

“基本网络”绘图可应用于演示文稿、建议书和概念布局；“逻辑网络图”绘图可以用于创建更加复杂、精密的图表，包括实际的网络结构；Visio 企业版网络工具使用基于 SNMP 的 AutoDiscovery 技术，可以自动发现第二层（数据链路层）、第三层（网络层）以及帧中继网络连接中的网络设备，并利用厂商特定的各种网络设备（Microsoft Visio Network Equipment）形状，自动生成一个网络关系图来表示系统上的所有设备和服务。

绘制网络结构图时，首先应正确全面地反映网络设计思路，其次在画面布局、美观生动方面也要考虑，根据实际情况决定设备的摆放、比例、标注位置等。

## 2.6.1　创建基本网络图

创建基本网络图表的具体步骤如下。

（1）在“文件”菜单上，选择“新建”、“网络”和“基本网络”命令。

（2）在左边的形状窗口中有基本网络形状、基本网络形状 2、三维基本网络形状、边框和标题、背景，每一种形状对应很多图形。

（3）从基本网络形状或三维基本网络形状模具中，将环型网络、总线网络、以太网或其他网络拓扑形状拖动到绘图页上。

（4）从基本网络形状、基本网络形状 2 或三维基本网络形状模具中，拖动计算机、打印机和其他形状，表明该设备与网络拓扑形状表示的网络相连接。

（5）使用形状的内置连接线将设备连接到网络拓扑形状。

（6）选择任意网络形状，然后输入文字，用人员的姓名、房间号或网络设备名称替换现有的文字。拖动控制手柄“ ”，重新确定文本位置。

（7）使用模具中的膝上型计算机、调制解调器、传真机、公用交换机、云形、通信链路和其他连接线形状，表示到网络外部设备的连接。

（8）将设备附加到网络拓扑形状中：

- 在网络图表中，选择一个表示环型网络、总线网络、以太网或其他网络结构的网络拓扑形状；
- 将指针放在控制手柄“◆”上。当指针变为四向箭头时，将其拖动到其中一个设备形状的连接点“x”上；
- 连接线粘附到形状以后，连接变为红色，说明无需断开连接就可以移动形状。

（9）右击任意网络形状，然后单击属性按钮，将自定义属性值与形状相关联，如制造商名称、产品编号、序列号、位置、房间或部门。添加自定义属性值后，就可以生成基于这些值的报告。

（10）向绘图的不同部分或整个绘图添加标题。

## 2.6.2　创建逻辑网络图

逻辑网络图解决方案包括创建和管理逻辑网络图、物理网络图所需的模板。可以使用逻辑网络图创建以下内容。

● 逻辑网络图，用以表示网络中的设备以及相互间的连接；

● 物理网络图，用以表示网络设备的物理连接方式或网络设备在特定地点（如服务器机房）的布置方式。

创建网络图表（逻辑网络图）的具体步骤如下。

（1）在“文件”菜单上，选择“新建”、“网络”和“逻辑网络图”命令。

（2）在左边的形状窗口中有一般制造商设备、通信、Internet 符号、逻辑符号、网络设备、PC 和外设、打印机和扫描仪等图形设备。

（3）从形状窗口选择一个图形，放在绘图页上，然后对其进行排列和连接以表示网络。

（4）已有的网络形状可能不完全符合要求，可根据需要修改网络形状。

● 选择绘图页上的形状，然后在“形状”菜单上选择“取消组合”命令。

● 此时会显示一条消息，指出“对形状取消组合将断开其与主控形状的链接”。如果没有出现此消息框，说明形状仍具有多个组合级别。重复“取消组合”命令，直到出现此消息框为止。在消息框中单击“确定”按钮，使得该形状分成很多组成部分。

● 对其中某些部分进行适当的修改。例如，要更改面板上的模型名称，先删除当前文本，然后键入新的文本，键入时使用同样的字体和大小。

● 对部分或全部形状修改完毕后，选中它的所有组成部分，然后在“形状”菜单上选择“组合”命令。

● 要将新形状转换为增强型图元文件格式，先剪切该形状；然后在“编辑”菜单上选择“选择性粘贴”命令，在“选择性粘贴”对话框中选择“增强型图元文件”命令，然后单击“确定”按钮，此时，形状的一个副本将粘贴到绘图上。

### 2.6.3 自动绘制网络图

使用 AutoDiscovery and Layout 解决方案，可以制作一个带有很多超链接页面的网络关系图，这些页面给出了所选网络设备的详细信息。当网络变更后，可以更新网络关系图，制作网络报表，并将关系图以 HTML 文件格式保存，在公司的 Intranet 上发布。

#### 1. 发现网络上的设备

Discovery 使用 AutoDiscovery 向导搜索网络，创建在网络上找到的第二层和第三层设备的数据库，并将收集到的每个设备的信息保存到数据库中，如该设备的网络名称、IP 地址、操作系统、厂商、该设备使用的 SNMP 团体字符串以及接口信息。可以自定义 Discovery 选项，以便只加入特定的网络或设备，或按照需要发现多个网络上的每个设备。

因为任何两个网络都是不相同的，所以很难确定发现网络设备要花多长时间。小型网络可能只需要花几分钟时间，而大型网络则要花几个小时。发现网络设备的具体步骤如下。

（1）在“文件”菜单上，选择“新建”、“网络”命令，然后选择“AutoDiscovery and Layout”命令。此时，AutoDiscovery and Layout 模板和孔板就会打开，并出现 AutoDiscovery and Layout 菜单和工具栏。仅当打开此模板或使用此模板创建关系图时，此菜单和工具栏才可用。

（2）在“AutoDiscovery and Layout”菜单中，选择“AutoDiscovery”、“Discovery”（或者直接单击 AutoDiscovery and Layout 工具栏上的“Discovery”按钮）命令，然后按照 Discovery 向导

指定的步骤逐步执行。

（3）回答向导界面中的问题。所选的选项不同，出现的界面也有所不同。选项中可以指定要搜索的网络（整个企业网络、特定网络 IP 地址或一系列 IP 地址）、要发现和排除的设备类型以及向导执行的搜索类型，是否使用 SNMP 或 Ping，是否将 ARP 缓存作为发现设备的方法进行搜索。

### 2. 设置网络关系图布局

在发现网络设备后，可以使用 AutoDiscovery and Layout 工具栏上的按钮设置图形格式，或使用 AutoLayout 功能方便地创建超链接网络关系图。此关系图深入到网络内部，显示网络不同区域的信息。AutoLayout 功能读取 Discovery 向导所创建的网络数据库，并自动布置图形。尽管 AutoLayout 功能可完成所有操作，但创建网络关系图时，使用 AutoDiscovery and Layout 工具栏，能提供更大的灵活性。

使用 AutoDiscovery and Layout 工具栏创建网络关系图的具体步骤如下。

（1）选择“文件”菜单上的“页面设置”命令，在“页面尺寸”选项卡中指定网络关系图页面的大小。

（2）单击“AutoDiscovery and Layout”工具栏上的“添加网络”按钮。在“添加网络”对话框中，选择一个网络，单击“确定”按钮。通常，先将骨干网添加到关系图中。代表该网络的形状也会自动添加到关系图中。

（3）要将路由器等网络设备连接到网络上，右击关系图中的网络，选择快捷菜单上的“连接设备”选项，在“连接设备”对话框中，选择与要放在关系图中的网络连接的那些设备。选择“Attach Interface IP Address To Links”项，显示关系图上两个设备之间链接的 IP 地址。

（4）可以继续将网络和设备添加到关系图中。也可以将一个超链接页面添加到该网络关系图中，方法是右击一个网络或设备，选择快捷菜单上的“创建超链接页面”命令。

使用 AutoLayout 功能创建一个超链接关系图的具体步骤为：首先，在“AutoDiscovery and Layout”菜单中，选择“AutoDiscovery”、“AutoLayout”命令。其次，在“AutoLayout”对话框中“常规”选项卡上选择网络关系图的起点，并指定包含的路由器跃点数。该数值越大，关系图越大，因为每个设备都存储在不同的页面上。可随时单击“计算”按钮，查看关系图包括多少个超链接页面。要减少页面数，需减少使用的跃点数。

### 3. 更新网络关系图

当对网络进行更改后，可以使用“更新向导”命令，查看并将这些更改加入关系图中。具体方法是：先返回 Discovery 向导更新网络数据库，然后单击“更新向导”按钮，显示自上次发现网络以来网络上已经添加、修改或删除的部件列表。它以树状视图显示以下更改：网络更改（Network Changes）显示添加到网络上或从网络中删除的设备；设备更改（Device Changes）显示新增的或删除的接口；新增对象（New Objects）显示新网络对象；连接性更改（Connectivity Changes）显示新增或删除的数据链路连接。

更新网络关系图的具体步骤如下。

（1）单击 AutoDiscovery and Layout 工具栏上的“更新向导”按钮。

（2）展开要查看的更改类型：网络更改、设备更改、新增对象或连接性更改。

（3）右击某个特定的设备或更改，从快捷菜单上选择“Details”项，出现一个对话框，给出与选定设备相关的更改。例如，如果右击“Network Changes”列表中某个特定网络下的一个新增设备，然后选择“Details”项，Details 窗口就会显示添加到该网络上的设备。并会显示选定项可用的操作，指示下一

步要执行的操作。要应用一个更改，单击执行操作按钮，会出现相应的对话框，然后可以用此更改更新关系图。如果有多个更改，可以选择所有要实施的更改。如果仅执行了部分可用更改，则此操作仍会保留在关系图上。例如，如果将多个设备添加到一个网络中，却仅将其中的一些设备添加到关系图中，则会因为仍有可以添加到该页面上的其他设备，而使此操作仍保留在页面上。要从图形中删除此操作，必须取消选择“更新向导”窗口上的条目。如果不想一次添加所有更改，则可以保存此列表，以后再打开它，应用更多的更改。如果没有保存列表，则下次选择“更新向导”时该列表会被覆盖。

（4）保存网络更改列表：在“更新向导”中，单击“保存”按钮，指定一个文件名。

（5）打开网络更改列表：在“更新向导”中，单击“打开”按钮，定位到该文件。

### 4. 生成一份网络报表

通过从数据库中提取网络数据，可以快速创建有关网络状态的报表。例如，开列 IP 地址清单、汇总帧中继数据以及跟踪网络拓扑的更改。报表是以 Microsoft Visio 图形文件（.vsd）的形式生成，所以可以使用网络关系图方便地将它们发布到 Web 上。

生成网络关系图中设备报表的具体步骤如下：

（1）右击要生成报表的设备，从快捷菜单上选择“生成报表”命令；

（2）从列表框中选择一个报表模板；

（3）选择报表的输出选项，单击“确定”按钮。

### 5. 共享网络关系图和报表

用户可以与公司中的任何人共享网络关系图和报表，方法是：以 HTML 文件格式保存该文件，然后在公司 Intranet 上发布。如果图形包含多个页面，Microsoft Visio 产品就会为每个图形页面创建一个 HTML 页，并创建可以键接每个页面的导航按钮。此外，关系图中设备之间的链接保留在 HTML 文件中。

## 本章小结

本章主要从逻辑网络的角度介绍了网络设计的技术和方案，主要内容如下：

- 三层结构设计（包括：核心层设计、汇聚层设计、接入层设计、外连设计、网络结构冗余设计以及校园网拓扑结构设计实例）；
- 网络互连设备及选择（主要介绍目前市面上常见的网络互连设备，如集线器、交换机和网关，重点介绍路由器的工作原理、功能特点、路由协议、Cisco 产品、配置方法以及校园网中路由器的选型和配置）；
- IP 地址规划（包括：IP 地址的基本概念、子网掩码及子网的划分、子网配置以及校园网中子网的划分和配置举例）；
- 名字空间设计（包括：常见 Internet 名字空间分布情况、域名解析、域名设计以及校园网名字空间设计实例）；
- 广域网设计方案

- 逻辑网络设计的结果是绘制网络结构图（通常手工绘制一些基本网络图、逻辑网络图和物理网络图，网络搭建成功后，通过自动绘制网络图形成网络文档，准确直观地看到现有的网络结构，以便于日常维护、排除突发故障以及实施更改）。

## 习题 2

1*. 什么是 CSMA/CD？以太网如何进行通信？为什么常选用以太网？

2*. 简述交换式以太网工作原理，它与共享式以太网有什么区别？

3*. 与共享式以太网相比，交换式以太网有哪些不同，有哪些优点？

4. 交换机的常用交换方式有哪些？各种交换方式的特点如何，哪一种较好？

5. 什么是 VLAN？划分与管理 VLAN 有哪几种方式？VLAN 的优点是什么？

6. 什么是 DDN？简述 DDN 的主要应用。

7. 简述 ADSL 的技术、特点以及主要应用。

8. 简述路由器的原理、功能以及组成。

9. 什么是路由协议？

10. 有两台交换机 A 和 B，每台交换机上分别连接两组用户，分别表示为 A1、A2 和 B1、B2。现在要求 A1 与 B1 可以互访，A2 与 B2 可以互访，但 A1、B1 与 A2、B2 之间不能互访，请问使用什么技术才能解决此问题，对于两台交换机需要做哪些配置？需要哪些进一步的配置才能使 A1、B1 与 A2、B2 可以互访，对交换机的硬件和软件有什么要求？

11*. 上网查找 Cisco 路由器系列产品、交换机系列产品。按“系列”列出有哪些产品型号、接口和常规配置，可添加哪些模块，主要的功能有哪些，同一系列不同产品之间的差异以及经常使用于什么场合等。

12. bit/s 和 pps 分别指的是什么指标，它们是如何影响交换机的性能的？

13*. 上网查找华为路由器系列产品、交换机系列产品。按“系列”列出产品型号、接口和常规配置、可添加模块、主要的功能、同一系列不同产品之间的差异、经常使用场合等。

14*. 本章中所使用的所有设备均为 Cisco 的产品。尝试使用华为公司产品作为替代产品，进行各种拓扑设计。

15. 广域网通信方式有哪几种，它们的主要区别是什么？

16*. 路由器相关技术有哪些？

17*. Cisco 产品中哪几个系列的模块是基本通用的？

18*. 选用 Cisco 3662 路由器，对其进行各种常用的配置。

19*. 本章中所有的网络拓扑图均由 Microsoft Visio 绘制，根据这些图形练习使用 Microsoft Visio，画出本章中所有的网络拓扑图。

本章中有些题是基础知识题（题号带“*”），在以往的课程（如网络基础或局域网）中已学过，本教材不再重复。对于有些题，读者必须通过 Internet 才能找到相关内容，如 11 题和 13 题，然后再总结归纳。

# 第3章 物理网络设计

物理网络设计是网络工程的基础，在整个物理网络设计过程中会涉及许多理论和技术问题。物理网络设计实际上就是网络综合布线系统的设计，它与计算机技术、通信技术、控制技术和建筑技术紧密相结合，广泛应用于机关、学校、企事业单位的网络系统中。

综合布线系统是一种集成化通用传输系统。

综合布线系统是建筑物或建筑群内的传输网络，它能使语音和数据通信设备、交换设备和其他信息管理系统彼此连接，包括建筑物到外部网络、电话线路上的连接点与工作区的语音或数据终端之间的所有电缆及相关联的布线部件。

综合布线是集成化网络系统实现的基础，它能够支持数据、语音及图形图像等的传输要求，成为现今和未来的计算机网络和通信系统的有力支撑环境。同时，作为开放系统，综合布线也为其他系统的接入提供了有力的保障。

综合布线系统与智能大厦的发展紧密相关，是智能大厦的实现基础。智能大厦具有舒适性、安全性、方便性、经济性和先进性等特点。智能大厦一般包括：中央计算机控制系统、楼宇自动控制系统、办公自动化系统、通信自动化系统、消防自动化系统、保安自动化系统等，它通过对建筑物的 4 个基本要素（结构、系统、服务和管理）以及它们的内在联系进行最优化的设计，提供一个投资合理、高效率、优雅舒适、便利快捷、高度安全的环境空间。综合布线系统正是实现这一目标的基础。

另一方面，综合布线系统是智能化小区的基础。社会的信息化唤起了人们对住宅智能化的要求，人们从没有如此近地被各种信息和媒体联系在一起。人们开始考虑在舒适的家中了解他们想知道的各种信息。在家办公、在家炒股、互动电视、住宅自控等新生事物为人们所关注。近几年智能住宅小区成了一个热门的话题。智能住宅小区系统这个概念有两层含义，它是由智能住宅（小区）综合布线系统和基于该系统上人性化的各种多媒体应用所组成的。所以说综合布线系统又是智能化小区实现的基础。

本章将较详尽地介绍物理网络设计中综合布线系统所需的组件、布线系统工程设计

和安装技术、布线系统的测试方法、网络机房的建设以及校园网物理网络设计。

## 3.1 综合布线系统的组件

目前，在网络工程中普遍采用有线通信线路和无线通信线路两种布线方式，设计人员可以根据实际需要进行选择。有线通信是利用双绞线、同轴电缆、光纤来充当传输导体，无线通信是利用卫星、微波和红外线来充当传输导体。本章以多数用户采用的有线通信线方式来叙述布线系统所使用的线（电）缆、导线槽、线（电）缆架、光纤保护系统、连接器及其他一些常用材料。

### 3.1.1 线缆

1. 双绞线（Twisted Pair,TP）

双绞线是综合布线工程中最常用的一种传输介质。双绞线由两根具有绝缘保护层的铜导线组成，把两根绝缘的铜导线按一定密度互相绞在一起组成一对，可降低信号干涉的强度，每一根导线在传输中辐射出来的电波会被另一根（与之相绞合的）导线发出的电波抵消。如果把4对互相缠绕的双绞线放在一个绝缘套中便成了双绞线电缆。与其他传输介质相比，双绞线在传输距离、信道宽度和数据传输速度等方面均受到一定限制，但它制作容易、价格低廉，特别适用于星型网络拓扑结构的局域网连接。

目前，双绞线可分为非屏蔽双绞线（Unshielded Twisted Pair，UTP）、屏蔽双绞线（Shielded Twisted Pair，STP）两种，如图3.1所示，屏蔽双绞线的电缆的外层包围着一层编织的或起皱的屏蔽，多数采用铝箔材料。编织的屏蔽用于室内布线，起皱的屏蔽用于室外或地下布线。屏蔽减少了由RFI（射频干扰）和EMI（电磁干扰）引起的对通信信号的干扰，将一对双绞线缠绕在一起也有助于减少RFI和EMI，在周围有重型电力设备和强干扰源的地方，比较适合采用STP。

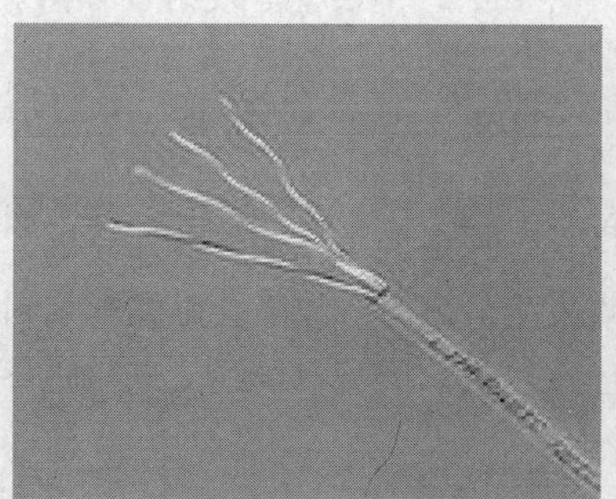

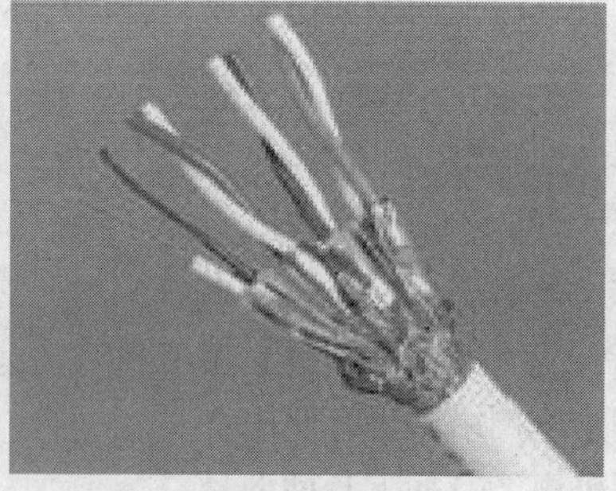

图3.1　超5类UTP（左图）和STP（右图）

因为双绞线电缆在传输信息时要向周围辐射，这样很容易被窃听，而且易受干扰，所以要花费额外的代价加以屏蔽，以减少辐射和干扰，这就使得STP比UTP相对要贵一些，制作和安装也要难一些，类似于同轴电缆，它必须配有支持屏蔽功能的特殊连接器和相应的安装技术。设计人员可以根据网络传输的距离、速度及环境要求合理选择UTP和STP。

综合布线使用的双绞线种类如表3.1所示。

表 3.1 双绞线的种类

| 按有无屏蔽层分 | 按 种 类 分 | 带 宽 |
|---|---|---|
| 屏蔽双绞线 | 3 类 | 16Mbit/s |
| | 5 类 | 100Mbit/s |
| | 超 5 类 | 155Mbit/s |
| 非屏蔽双绞线 | 3 类 | 16Mbit/s |
| | 4 类 | 20Mbit/s（不常用） |
| | 5 类 | 100Mbit/s |
| | 超 5 类 | 155Mbit/s |
| | 6 类 | 250Mbit/s |
| | 7 类 | 600Mbit/s |

对于双绞线（无论是 3 类、5 类，还是屏蔽、非屏蔽），用户所关心的性能指标是：衰减、近端串扰、特性阻抗、分布电容、直流电阻、电缆特性等，因此，用户在选择双绞线时，应以有关权威部门制定的技术标准作为依据。

目前，已出台的综合布线系统及其产品、线缆、测试的标准主要有 ANSI/TIA/EIA-568，ANSI/EIA/TIA TSB-67，ISO/IEC 11801 和 EN5016、50168、50169 等几种，以及中国工程建设标准化协会和原邮电部颁布的标准。

### 2. 同轴电缆（Coaxial Cable）

同轴电缆由一根空心的外圆柱导体及其所包围的单根内导线所组成，外圆柱导体与内导线用绝缘材料隔开，其频率特性比双绞线好，能进行较高速率的传输。同轴电缆的屏蔽性较好，抗干扰能力强，在未使用双绞线连网前，曾得到广泛应用。

图 3.2 双层屏蔽带悬挂线的RG系列型号同轴电缆

图 3.2 所示为双层屏蔽带悬挂线的 RG 系列型号同轴电缆，其导体采用钢质镀铜材料，内外导体之间用物理发泡聚乙烯，屏蔽层由铝塑复合膜及 34 线规格铝镁合金丝编织，最外层护套采用聚氯乙烯材料。此类同轴电缆常用作 CATV 和 MATV 的接入电缆。

同轴电缆一般应用于总线型网络拓扑结构，即在一根电缆上连接多台计算机，这种结构适用于计算机比较密集的场合，但是如果当某一个结点发生故障时，故障会串联影响到整根电缆上所有连接的机器，故障的诊断和修复都很麻烦，现已逐步被非屏蔽双绞线或光缆所替代，但在一些小型办公网和家庭网络中仍有使用。

目前，同轴电缆有如下几种型号：

RG-6 75Ω
RG-8 50Ω
RG-58 53.5Ω
RG-59 75Ω
RG-62 93Ω

与综合布线相关的同轴电缆主要有：用于粗缆以太网的 RG-8、用于细缆以太网的 RG-58，用

于电视系统的 RG-59、用于 ARC Net 网络和 IBM 3270 网络的 RG-62。

3. 光纤（Fiber）

光纤的传输方式与前面所述的双绞线、同轴电缆传输电子信号有一定的区别。虽然，光纤的用途大多仍是作为骨干网络布线或是连接远距离端点之用，但是随着科技的日新月异，网络传输速度已呈现几何级数增长，而计算机各种配件价格即日趋平民化，光纤的重要性和普及性也日益显著。

光纤的构造其实和铜轴电缆有些相似，它主要包括光芯、屏蔽层以及塑料外皮层 3 个部分，如图 3.3 所示。

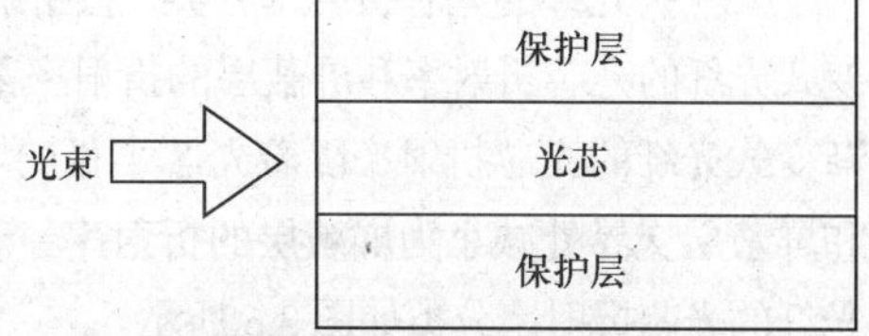


图 3.3 光纤结构示意图

光芯位于光纤的中央，也是真正传送光波信号的介质，主要是以玻璃纤维为主制作而成，不过也有许多采用塑料材质仿真玻璃特性的光纤，因为这样在价格上比较经济。光芯的直径非常小，通常以微米（μm）为单位。

保护层由屏蔽层和塑料外皮组成，屏蔽层紧密地围绕在光芯外层，也是以玻璃或塑料材质制成。由于保护层与核心材质的密度不同，具有较低的折射率，所以当光束射入到光纤核心时，就可以通过屏蔽层产生反射，这就好比一面反光镜，能够确保光束在光纤中借助反射而前进，顺利抵达接收点，这种现象称为光纤的“全反射”。

塑料外皮位于最外层，一方面可防止由玻璃纤维制成的光芯的弯曲、断裂，另一方面能够减少因为折射而损失的能量。

实际上，屏蔽层和塑料外皮层在某种意义上说，都对光纤起到保护作用。

光纤的种类有很多，根据不同的标准有不同的分类。

（1）按光纤的传输模式分类。光纤根据光芯与屏蔽层的直径大小不同而产生不同的传输模式，常用的光纤主要可分为“单模光纤”和“多模光纤”两种。

单模光纤（Single Mode Fiber，SMA）：中心玻璃芯很细，芯径大约在 8～10μm，屏蔽层直径为 125μm，如图 3.4 所示，只能传输一种模式的光。因此，不存在模式色散现象，适用于远程通信，但还存在着材料色散和波导色散，这样单模光纤对光源的谱宽和稳定性有较高的要求，即谱宽要窄，稳定性要好。后来研究人员发现在 1.31μm 波长处，单模光纤的材料色散和波导色散一为正、一为负，大小也正好相等。这就是说在 1.31μm 波长处，单模光纤的总色散为零。从光纤的损耗特性来看，1.31μm 处正好是光纤的一个低损耗窗口。这样，1.31μm 波长区就成了光纤通信的一个很理想的工作窗口，也是现在实用光纤通信系统的主要工作波段。单模光纤不会引起对屏蔽层的冲突而产生反射，能量损耗小，传播速度快，当然也就不会产生色散的问题，传播的距离较远。鉴于单模光纤的以上传输特点，它大多需要使用波长为 1300nm 的激光二极管 LD 作为光源进行传输，因此价格上会比较贵，通常在建筑物之间或地域分散的区域环境中使用。

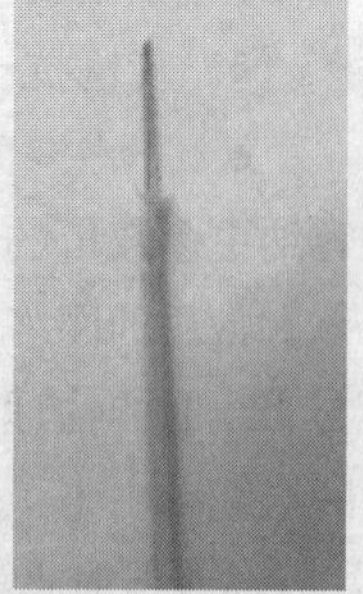

图 3.4 单模光纤

多模光纤（Multi Mode Fiber，MMF）：如图 3.5 所示，中心玻璃芯较粗，芯径大约在 50～200μm，屏蔽层直径为 125～230μm，所以可以容纳从不同角度射入的光束，当这些光束在光纤内部行进的时候，就会产生各种不同的反射路径，这些反射的路径就会形成所谓的“多模式”传播方式，其优点是比较容易将光源耦合到光纤的光芯，但是相对地，因为允许多重路径的传输，所以在光

线一再反射的过程中可能导致细微的相位变化，使得光线折射出去，或是反射路径出现偏差，而产生所谓的色散问题，传播速度低且距离短。由于它大多采用波长为 850nm 的发光二极管 LED 作为光源进行传输，成本较低，一般用于建筑物内或地域相对集中的环境。

从实际应用来看，多模光纤主要应用于数据接入光缆中，多模光纤相对于单模光纤来说最大的劣势是模间色散（由于同种光在不同模式内的速率不同）。

（2）按光纤的光芯折射率分类。按折射率大小来分类，光纤可分为跃变式光纤和渐变式光纤。跃变式光纤的光芯折射率和屏蔽层的折射率都是常数，在光芯和屏蔽层的交界面，折射率呈阶梯型变化。渐变式光纤的光芯折射率随着光芯半径的增加而按一定的规律减小，到光芯和屏蔽层交界处减小为屏蔽层的折射率，光芯折射率的变化近似正弦曲线。光纤的光芯折射率分类如图 3.6 所示。

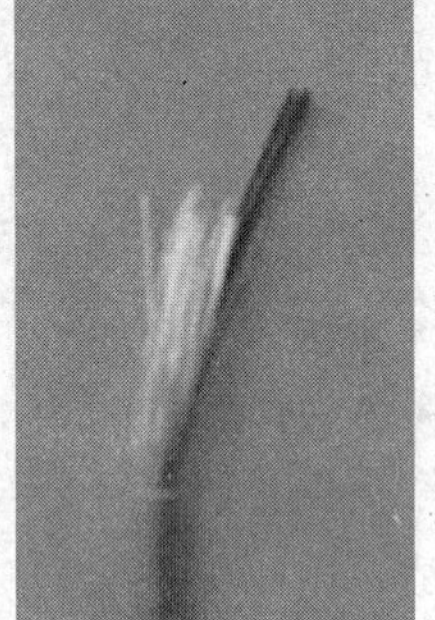

图 3.5　多模光纤

（3）按最佳传输频率分类。对单模光纤来说，按照传输频率的不同有两种最佳传输频率。常规型单模光纤是生产厂家将光纤传输频率最佳化在单一波长的光上，色散位移型单模光纤是生产厂家将光纤传输频率最佳化在两个波长的光上。

常用的光纤规格如下。

单模：8/125μm，9/125μm，10/125μm。

多模：50/125μm，62.5/125μm，100/140μm，200/230μm 等。

光缆是由两根或多根光纤与强度构件按照一定的连接规则组合在一起的光波传输介质，是目前有线通信传输中最有效和应用最广泛的连网传输介质，特别是在一些大中型企业、银行业、交通运输业、各大专院校，在进行网络系统集成过程时基本上都要用到光缆。

因为光纤传送的是光波而不是电波，所以它具有许多铜质导线所没有的优势。

- 传输距离远。配合其他不同的技术连接，可使传输距离达到 5km 以上，是局域网中最远的传输介质。
- 传输带宽高。可以承载 100Mbit/s 以上的数据传输。
- 数据安全性高。因为传送的是光波，所以数据不会被窃听。
- 传输抗干扰性强。光波不会受到电磁干扰（EMI）。
- 不占空间。光纤体积小、重量轻，在相同的管道空间内，相对于铜质线材，可以安装和容纳更多数量的光纤，而且便于安装和拖动。

常用的网络连接线缆按照网络布线走向主要分为水平线缆和主干（垂直）线缆，它们实际上与布线时的物理走向（水平或垂直）没有任何关系。水平线缆是指从布线间的连接板到墙面板间的线缆，主干（垂直）线缆是连接建筑物间与主要接线间（通常是指设备间）的线缆。

水平线缆通常采用 TIA/EIA 布线标准，推荐使用 100Ω 的 4 对无屏蔽双绞线（UTP）单芯电缆、150Ω 的 4 对屏蔽双绞线（STP）单芯电缆、两根或多根 62.5/125μm 多模光纤组成的光缆和 50Ω 同轴电缆。

主干（垂直）线缆也可以采用 100ΩUTP，150ΩSTP，62.5/125μm 多模光纤或 8～10/125μm 单模光纤组成的光缆。而光缆是比较理想的线缆，因为它的布线距离要比铜质电缆长得多，而又不会受电磁辐射（EMI）的干扰，尤其在受到雷电袭击多个建筑物时，光缆遭受雷电损失的机率要小得多。

还有一种线缆用于负责连接水平端接电缆和网络连接设备，如交换机和集线器等。此种线缆叫模块跳接线缆，它使用多芯导线以承受多次绕曲的重新连接。跳接线缆实际上是网络综合布线结构中最为关键的部分。当制作跳接线缆时，必须确保它们能够符合传输性能测试的标准。图 3.7

所示为 ST-ST（光纤）跳线线缆。

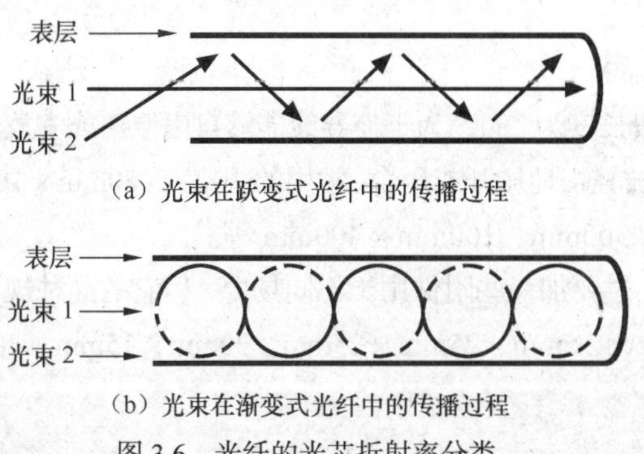


（a）光束在跃变式光纤中的传播过程

（b）光束在渐变式光纤中的传播过程

图 3.6　光纤的光芯折射率分类

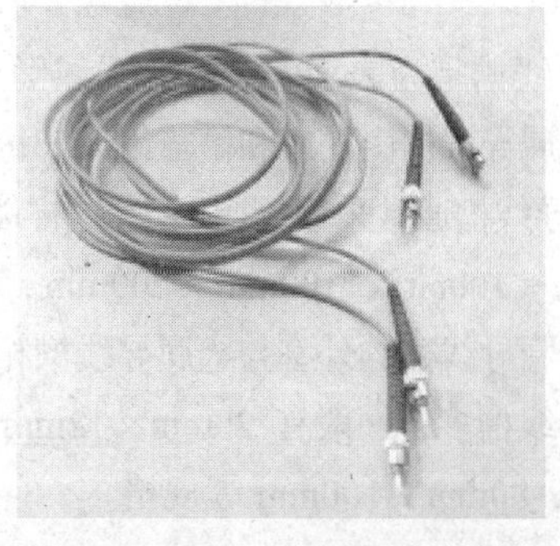

图 3.7　ST-ST（光纤）跳线线缆

符合 TIA/EIA568A 标准的双绞线、同轴电缆和光缆都可以有通风道套管和非通风道套管两种，采用的标准一定要符合线缆传输的安全性、可靠性标准，在设计套管时更要考虑其材料有足够的防火性。

当电缆套管符合在通风通道内的低火焰蔓延和低烟雾排放指标时，称为通风道电缆，通风道电缆能够用于两个楼层之间的竖井中，而通风道套管通常是由添加了阻燃剂的聚氯乙烯（PVC）制作的，每根电缆之间通常由阻燃塑料（氟化乙丙烯）进行绝缘。

在选择线缆进行布线时，应考虑各种不同的工作环境对布线系统的适用范围，也就是说，在确定系统集成方案前，要对完成的布线环境进行勘查，以选用合适的线缆品种，尽量避免资源的短缺或浪费。

## 3.1.2　导线管、导线槽、导线架及光纤保护系统

综合布线系统除了线缆外，导线管、导线槽也是重要的基础材料，在布线中按照使用的场合不同，可选用金属管、槽和 PVC 塑料管、槽两种材料。导线管里面容纳的是从工作间到布线间的线缆，一般在设计装潢时就已预埋在建筑物的内部，不需要再进行铺设。

### 1. 导线管

根据 TIA/EIA-569-A（电信通路和空间的商用建筑）标准，标准导线管可以用于装载水平布线和主干布线，具有防火性能的导线管可以用于连接多个楼层的布线间。

采用金属导线管可用于分支结构或暗埋的线路，它的规格（以管子的外径为标准，单位 mm）有：D16、D20、D25、D32、D40、D50、D63、D85、D110 等。

在金属导线管内穿线要比在线槽中布线难度更大一些，因此，在选择金属导线管时根据所穿线缆的多少尽量选择大一些的管径，以方便穿线。还有一种质地较软的金属软管（俗称蛇皮管），供在弯曲的环境中用。

塑料导线管产品可分为 PE 阻燃导管和 PVC 阻燃导管。PE 阻燃导管是一种塑制半硬导管，按外径分有 D16、D20、D25、D32 共 4 种，具有强度高、耐腐蚀、挠性好等优点，可适用穿线的场合较多。PVC 阻燃导管是以聚氯乙烯树脂为主要原料，加入适量的助合剂，经过加工设备挤压成型等处理后的刚性导管，强度高、耐腐蚀性强，适用于长距离直线布线的场合。其规格按外径分有 D16、D20、D25、D32、D40、D50、D63、D85、D110 等。

### 2. 导线槽

导线槽是为表面安装的水平线缆专门设计的。

金属导线槽由槽底和槽盖组成，每根槽一般长度为 2m，为了使导线能够自由取出或安放在导线槽内，导线槽通常采用绞接形式，这样能使槽盖被轻松地掀开或压合，常用的规格有：50mm × 100mm、100mm × 100mm、100mm × 200mm、100mm × 300mm、100mm × 400mm 等。

塑料导线槽的外型与金属导线槽相似，只不过要加一些附件用于不同场合，但它的品种规格要比金属导线槽多，一般有 20mm × 12mm、25mm × 12.5mm、25mm × 25mm、30mm × 15mm、40mm × 20mm、80mm × 100mm 等规格。

### 3. 导线架

对于一些需要悬空放置的线缆来说，导线架是一种不错的选择。它利用固定在楼顶或墙壁上的导线架，专门支撑悬空且有一定重量的线缆，导线架又称为桁架，它为水平布线中的大量线缆提供了非常好的管理手段，将水平线缆敷设在导线架中，装修后的天花板可将导线架完全遮蔽，既美观又整齐，是目前应用最为广泛的布线方式，维修时很容易被取出。

### 4. 线缆的铺设

线缆在导线管、槽和导线架中的铺设应严格按照国家有关的行业标准来进行，一般可采用下面几种方法。

（1）导线架、导线槽和预埋钢管相结合的方法

- 导线架宜高出地面 2.2m 以上，桥架顶部距房顶或其他障碍物应在 0.3m 以上，桥架宽度应以能容纳线缆束为准，导线架本身的材料不宜太重。
- 在导线架内的线缆垂直铺设时，在线缆的上端及拐角处应每间隔 1.5m 左右就固定在桥架的支架上；水平铺设时，在线缆的首、尾和拐角处每间隔 2～3m 处进行固定。
- 水平布线时，安装在导线槽内的线缆可以不绑扎，槽内缆线应顺直，尽量不交叉，线缆不应溢出线槽，在缆线进出导线槽的部位及拐角处应绑扎固定。垂直布线时，槽内的线缆应每间隔 1.5～2m 绑扎固定在支架上。
- 预埋钢管可结合导线槽、导线架布放线缆的具体位置进行。

（2）预埋金属导线槽支撑的保护方式

- 在建筑物中预埋线槽可视线缆的根数来确定线槽的尺寸和数量，一般应至少需要两根线槽以上，线槽截面高度应在 25mm 以下。
- 线槽直埋长度超过 6m，或在线槽中线缆有相互交叉、弯曲时，应在其中制作拉线盒，以便布放和维修线缆。
- 拉线盒盖能开启自如，并与地面平齐，盒盖与地面接缝处应有防水措施。
- 金属导线槽应能承受线槽内线缆的全部重量。

（3）预埋暗管支撑的保护方式

- 暗管宜采用金属管，预埋在墙体中间的暗管，内径不宜超过 50mm；楼板中的暗管的内径宜在 15～25mm 之间。
- 暗管的转弯角度应大于 90°，在一根暗管上的转弯点不能多于两个，也不能有 S 形的弯

角出现。在弯曲处布管时，应设置暗箱装置。

- 一般暗管转弯的曲率半径不应小于该管外径的 6 倍，当暗管外径大于 50mm 时，不应小于 10 倍。
- 暗管管口应光滑易连接，并要有绝缘套管。

（4）格形线槽和沟槽结合的保护方式

- 沟槽和格形槽必须勾通。
- 沟槽盖板能开启，并与地面平齐，盖板和信息插座出口处应有防水措施。
- 沟槽的宽度应小于 600mm。
- 铺设活动地板和线缆时，活动地板内应保证有不小于 150mm 的空间，并有足够空间的高度来作为通风系统的风道。

至于每根导线管、槽能布放多少根线缆，也有一定的规定，在此就不再一一叙述了，读者可以参考一些专业书籍进行了解。

### 5. 光纤保护系统

光纤保护系统，是通过在每个光缆传输段两端的光接收机前，各增加一个光纤自动保护单元，并将主用路由光缆光纤和备用路由光缆光纤连接起来，如图 3.8 所示。当主用路由光缆中继段光纤阻断 200ms ~ 2s 时，两端的光保护单元会自动转换到备用路由光缆的中继段备用光纤上，从而保证两端光接收机间的正常通信传输。待主路由光缆修复后，进行本地或远程控制复位操作，即可将两端光接收机自动复原到主用路由光纤上。同时配备强大的网管系统配合运营商的线路管理。

光纤保护系统现正在朝智能化方向发展，它为用户提供了一个无阻断通信的解决方案。

随着光纤保护系统的市场前景看好和潜在市场需求量的增加，目前国外已有加拿大 JDS、美国泰乐等一些公司和厂家，正在积极研制和开发光纤保护系统。如某公司生产的智能化光纤保护系统（ODF）就是一次技术革命，也是传统 ODF 的智能化升级。智能化 ODF 主要由电源分配单元、主控单元、光功率采集单元、光切换单元和本地网管中心软件组成，将传统的光缆被动维护变为主动维护，其主要功能对传输光缆的关键纤芯进行自动监控并提供本地智能化 ODF 集中管理等，每种单元为 19 英寸结构，既可安装在该公司 GPX 2000 型光纤配线架上，也可安装在标准 19 英寸普通机架上，可替代目前本地网光缆监测系统，自动完成对光缆实时监视和切换保护的功能，并能及时通知维护人员对故障光缆进行检修，有效压缩故障历时，大大降低了目前光缆监测维护的费用，使运营商提供无阻断通信的安全服务得以实现。

图 3.9 所示为该公司生产的智能化 ODF。

在该公司开发的智能化 ODF 中，本地网管中心软件主要提供了本地光缆的光功率监测和本地机房智能化 ODF 设备的管理。通过本地网管中心软件与智能化 ODF 设备的结合使用，可以有效地解决目前对光缆物理网的监测和维护的问题。本地网管中心软件可以直观地反映出智能化 ODF 的实际物理状态，并可上传和下载参数到智能化 ODF 设备，方便灵活地控制主路由器和备用路由器切换状态，以确保整个系统能正常运行，并及时对光缆故障做出反应，通过声光告警显示通知维护人员进行维护。

另外，智能化 ODF 中的本地网管中心软件，可以对各局（站）和缆段进行信息管理，对传输系统进行路由管理，并对本地机房的设备资源进行详细的统计。这些都为光缆故障的排除和以后设备的维护提供了极大的方便。

该装置所具有的主要功能如下。

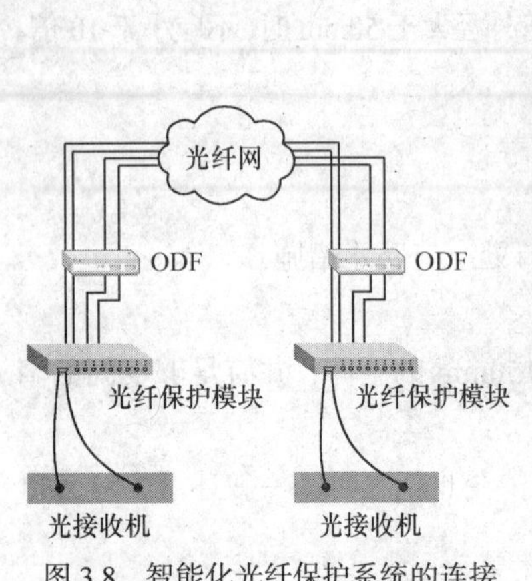


图 3.8　智能化光纤保护系统的连接

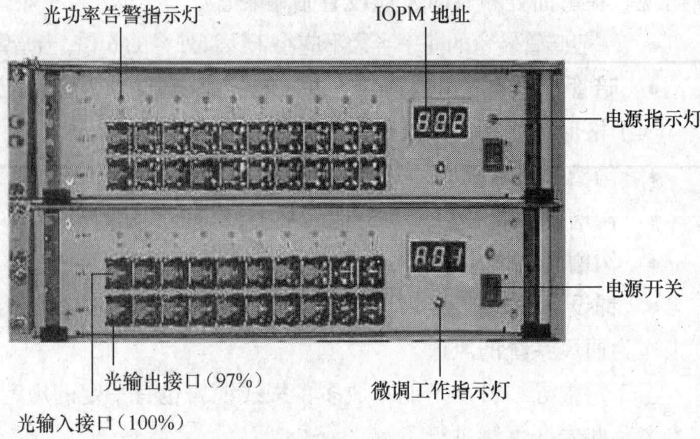


图 3.9　智能化 ODF

（1）完善的光功率管理功能。查看 ODF 机架上各监测端口接收光功率值和告警信息；修改各端口的告警限值及参考值；向 ICPM 下载数据和上传信息。

（2）强大的机房设备管理功能。提供了对整个机房内各连接设备和传输设备的管理；提供了 ODF 机架上各端子的使用状况管理。

（3）外部资源和传输路由的管理。提供了外部各局（站）上的线缆信息管理；提供了传输系统的路由管理。

图 3.10 所示为 CP GP01 型智能化光纤保护模块。

## 6. 光纤通信网络保护系统（OYTS）

光纤保护设备的类型很多，可以根据不同的应用场合进行选择。譬如说，当光纤深埋在地下或水中时，难免会受到外界的冲击和损伤，一旦事故发生后，如果不能及时地进行保护切换，将会使网络通信失效，进而使各通信单元瘫痪。下面介绍的例子就是为了解决上述的技术问题而由某公司提供的一种光纤通信网络保护系统（OYTS），这种光纤通信网络保护系统由主运行通道设备和保护通道设备构成，如图 3.11 所示。

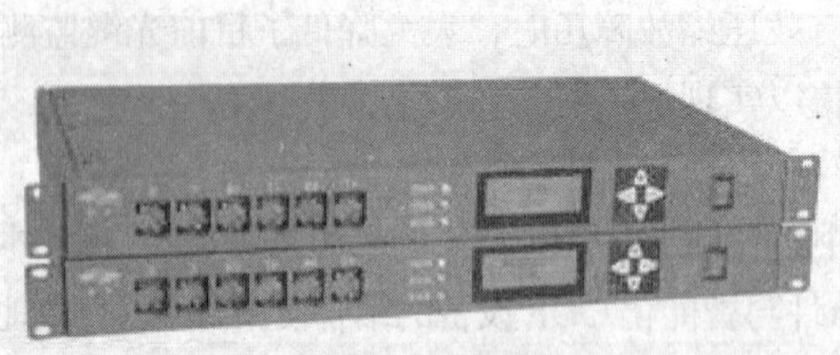

图 3.10　CP GP01 型智能化光纤保护模块

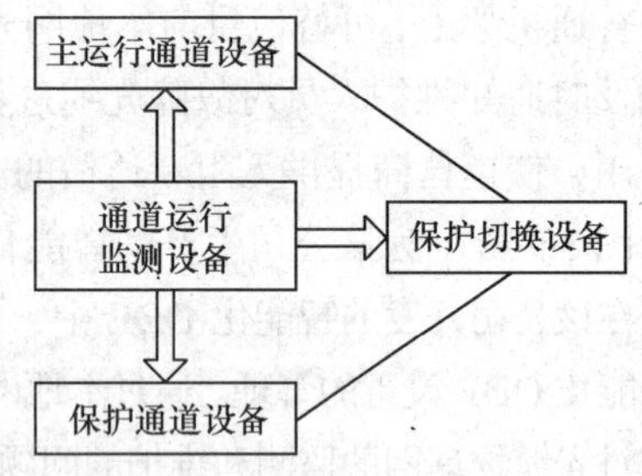


图 3.11　OYTS 设备组成

其特征在于当主运行通道设备工作时，通道运行监测设备监测主运行通道设备的工作，当主运行通道设备发生故障时，通道运行监测设备启动保护切换设备，由保护切换设备启动保护通道设备代替主运行通道设备进行工作。

OYTS 为通信网的重要通信、光纤路由的安全保护，提供了一套经济、实用的解决方案，可以组建一个无阻断、高可靠性、安全灵活、抗灾害能力强的光通信网。

OYTS 由自动切换站和网管中心组成，可以实现光纤自动切换保护、主/备纤光功率实时监测和光路应急调度 3 大主要功能。旗下的两大产品是 OYTS1U 和 OYTS4U。

OYTS1U 型设备的切换模块是集开关控制、光功率监测、稳定光源监测于一体的高集成度模块,该机型设备通称光纤自动保护器。它采用单板集成结构，自带网络通信模块，标准 1U 机箱，保护一对光纤，可从网口配置设备的特性参数。

OYTS4U 型设备为前插拔总线结构，该产品结构采用模块化设计，集成度高，扩展灵活，不同功能的模块可以混插，一个标准的 4U 机箱最大容量可插 8 块切换插盘，能切换保护 8 对传输系统（16 光纤）。采用主备供电系统，网络接口模块齐全，告警有指示灯和语音提示。

OYTS 设备的主要功能如下。

（1）主纤至备纤的自动切换保护功能。设备切换速度小于 20ms（切换等待时间设置为 0），达到了传输系统自愈业务的保护水平，切换性能配置参数有两个：切换门限和切换等待时间，可在网管中心任意设置，并下载安装到远端设备上。

- 切换门限：可依据传输设备收光灵敏度设置。
- 切换等待时间：收光功率值超过切换门限应执行切换动作前的等待时间，单位为毫秒。

（2）备纤至主纤的自动回切功能。

- 设备自动回切（主纤优先，适用 1＋1 光切换设备）
- 网管同步回切（主纤优先，适用 1：1 光切换设备）
- 备断回切（主备同等，两种切换设备都适用）
- 手动回切（主备同等，两种切换设备都适用）
- 回切等待时间：光开关置在备用路由时，待主用路由恢复正常后到自动回切动作发生时的等待时间，该时间可在网管中心任意设置，并下载安装到远端设备上。

（3）传输系统侧无光锁定。OYTS 具备自动识别是线路侧无光，还是传输设备无光的功能；当传输系统发生无光故障时，OYTS 可自动锁定在备用路由，防止来回切换。

（4）带稳定光源。在主用路由（通信光在主光纤）时，对备光纤进行实时监测。在备用路由（通信光在备光纤）时，对主光纤进行实时监测。

（5）远端设备测试光控制。可根据需要从网管中心打开或关闭远端切换设备的测试光源。

（6）具有两路收光功率值采集实时监测功能。能同时进行主光纤和备光纤监测，测量解析度为 0.1dB，达到仪表级精度。光纤故障告警分 4 级：无光告警、一级告警、二级告警、三级告警。由切换盘告警四色灯显示：绿色（正常或 3 级告警），黄色（二级告警），红色（一级或无光告警），无色（空闲或无设备）。

（7）远端告警音控制。自身具有声光告警功能，可从网管启动或消除远端设备的告警声。

（8）光功率分级告警。接收网管下装告警门限（4 级告警门限）、参考值参数、修正值，并同步更新；实时向网管系统上报切换状态、光功率监测值及告警状态。

（9）网管系统指令切换。可根据需要从网管中心下指令控制远端设备执行切换动作。

（10）手动开关切换。可根据需要在切换设备上拨动开关执行切换动作。

从光纤保护系统的系统结构、技术指标和产品功能、网管完善、界面友好等方面来看，随着技术的成熟和完善，国内已有部分厂家的光纤保护系统通过相关测试并交付使用，如中国普天等。但绝大部分都是作为路由器或三层交换机的一个功能模块加装在路由器或三层交换机上，单独的光纤保护系统很少。

### 3.1.3 连接器

#### 1. 双绞线连接器

连接器通常有两个互相结合的信息模块，它们的使用是一体化的，一般连接器的插头和插孔是形状对称的。只有正确使用线缆连接器，才能使网络互连设备派上用场，从而完成网络通信的工作。

在综合布线中，用于连接双绞线电缆的连接器主要有两种：RJ-11 连接器和 RJ-45 连接器。这两种连接器的结构和形状基本相同，都是由外面的塑料包着里面的金属指状触片组成的。在压接的过程中，这些触片被下推到双绞线电缆的单个导线上，但 RJ-45 连接器有更多的导向，因此要大一些。

RJ-11 连接器小巧、简单，常用于电话通信线路上，在它里面有两片金属指状触片，压接的是一对线缆绞合而成的双绞线。RJ-45 连接器里面有 8 片金属指状触片，能压接的导线比较多，故主要用于局域网中。本文主要叙述 RJ-45 连接器的连接技术。

RJ-45 信息模块的压接及双绞线的制作应按照 EIA/TIA568A 或 EIA/TIA568B 标准进行，由于 4 对（共 8 根）导线在 RJ-45 信息模块中只有 4 根导线起作用，故 EIA/TIA568A 和 EIA/TIA568B 标准又俗称为双绞线 1236 规则，其内容在表 3.2 中列出。

表 3.2　双绞线 1236 通信及排列规则

| RJ-45 连接头引脚 | 传输信号 | 568A 定义的色线位置 | 568B 定义的色线位置 |
|---|---|---|---|
| 第 1 引脚 | Tx+（传输） | 绿白（W-G） | 橙白（W-O） |
| 第 2 引脚 | Tx–（传输） | 绿（G） | 橙（O） |
| 第 3 引脚 | Rx+（接收） | 橙白（W-O） | 绿白（W-G） |
| 第 4 引脚 | No Singal | 蓝（BL） | 蓝（BL） |
| 第 5 引脚 | No Singal | 蓝白（W-BL） | 蓝白（W-BL） |
| 第 6 引脚 | Rx–（接收） | 橙（O） | 绿（G） |
| 第 7 引脚 | No Singal | 棕白（W-BR） | 棕白（W-BR） |
| 第 8 引脚 | No Singal | 棕（BR） | 棕（BR） |

从表中可以看到，在传输过程中真正起作用的是 1，2，3，6 引脚,分别是 Tx+，Tx–，Rx+和 Rx–，正规线缆采用 4 个绕对和 1 条抗拉线（也称剥皮拉绳），其色标分别为白橙、橙、白绿、绿、白蓝、蓝、白棕和棕,色线的位置按照 EIA/TIA568A 和 EIA/TIA568B 标准排列，按照这样的标准制作出来的 5 类或超 5 类双绞线电缆能够满足 100Mbit/s 和 155Mbit/s 的高速传输要求。

连接器的压接需要用到一些工具，如双绞线、连接器（俗称 RJ-45 水晶头）、剥线钳、压线钳以及电缆测试仪。

一根双绞线的制作可以按其使用的场合不同，分为平行双绞线（一端连计算机上的网卡，另一端连到集线器或交换机上），采用 EIA/TIA568A 或 EIA/TIA568B 标准；交叉双绞线（两端都连在计算机的网卡上或两端都连在集线器或交换机上），一端采用 EIA/TIA568A 标准，另一端采用 EIA/TIA568B 标准。

压接好的双绞线可以通过电缆测试仪进行连通测试，它可以测试双绞线是采用哪一种标准制作的。

采用双绞线布线一般都要用到配线架，这样能为双绞线及其他设备（如集线器、交换机）的连接提供接口，使综合布线系统变得更加易于管理，配线架上的接口应与所连的双绞线的类型一致，否则当设备不配套时，传输带宽将大打折扣。

配线架端口主要有 24 口、32 口、48 口等几种形式，前面板用于连接集线设备或其他配线架的 RJ-45 端口，后面板用于连接从信息插座或其他配线架延伸过来的双绞线。配线架如图 3.12 所示。

根据配线架所在位置的不同，配线架分为主配线架和中间配线架，前者用于建筑物或建筑群的配线，而后者用于楼层的配线。

图 3.12　配线架

信息插座采用模块化设计，作为水平布线的终结，为用户提供网络接口。根据环境不同，信息插座可分为墙上型、桌上型和地上型。它们均为内嵌式装置，分别根据各自所处环境的不同安装在墙壁上、桌面上和地面上。特别是地上型信息插座，采用内嵌式铜质金属面板可以起到防水作用，并可根据需要随时打开盖板接插双绞线。图 3.13 所示为墙上型信息插座和地上型信息插座。

信息插座所遵循的通信标准，决定了信息插座的适用范围，如 5 类模块、超 5 类模块、6 类模块，分别适用于 5 类双绞线、超 5 类双绞线和 6 类双绞线，而墙上型和地上型信息插座的区分，仅在于插座所使用的面板不同。

图 3.13　墙上型（左图）、地上型（右图）信息插座

## 2. 同轴电缆连接器

目前，同轴电缆的使用要比双绞线和光缆少得多，但因其结构简单，成本低，在有些小型局域网中仍再使用。

同轴电缆连接器的分类如下。

（1）F 型同轴电缆连接器。它是由一个压接在网线外面上的金属箍组成，中心导线从连接器中突出，成为插头的有效接触端，顶端有螺纹的圈可以拧进插座里，以建立牢固的连接。F 型同轴电缆连接器常用于家用的 RG-58、RG-59、RG-6 型同轴电缆的安装，连接监视摄像机、有线电视和其他图像设备。

（2）N 型同轴电缆连接器。它与 F 型同轴电缆连接器相似，只是在中心导线顶端接装了一根附加的金属插针，如果中心导线是多芯的话，就必须使用这种连接器。N 型同轴电缆连接器被使用在 RG-6、RG-8 等一些粗缆网络，用于数据和图像的传输处理。

（3）BNC 型同轴电缆连接器。它常被用于商用领域的数据传输，在用于连接 RG-58、RG-59、RG-62 同轴电缆时，BNC 型同轴电缆连接器利用像 N 型同轴电缆连接器一样的中心金属插针，来适应常用于数据传输的多芯导线同轴电缆。

BNC 型同轴电缆连接器既可以采取压接的形式，也可以采用螺纹拧接的形式固定在同轴电缆上。

连接器安装在电缆的两端后，用电缆测试仪测试电缆的连通性，检查是否符合网络通信的要求。

### 3. 光纤连接器

在当今高速发展的信息社会里，利用光纤光缆线路代替传统的金属传输线路已成为网络工程的一个方向，而且随着通信技术的进一步发展，光纤通信系统会朝着大容量、远距离、全光化和超小型方向发展，将会在未来的信息社会中占据越来越重要的位置。虽然光纤的端接口和跳线的制作都非常困难，但光纤网络的连接却可以轻松完成，只要连接设备（如集线器和网卡）具有光纤接口，就可使用一段已制作好的光纤软跳线进行连接，连接方法与双绞线、网卡、集线器的连接方法相同。不同的是，光纤连接器有多种不同的类型，而不同类型的连接器之间又无法直接进行连接。

在安装任何光纤系统时，都必须考虑以低损耗的方法把光纤或光缆相互连接起来，以实现光链路的连续。光纤链路的连接，又可以分为永久性和活动性两种。永久性的连接，大多采用熔接法、粘接法或固定连接器来实现；活动性的连接，一般采用活动连接器来实现，下面对活动连接器作一些介绍。

光纤活动连接器，俗称活接头，一般称为光纤连接器，它是用来连接两根光纤或光缆以形成连续光通路的一种可以重复使用的无源器件，已经广泛应用于光纤传输线路、光纤配线架和光纤测试仪器、仪表之中，是目前使用数量最多的光纤连接设备。

光纤连接器可以有很多种分类方法，一般以光纤连接器结构的不同来加以区分。多模光纤连接器接头类型有 FC、SC、ST、FDDI、SMA、LC、MT-RJ、MU、VF45 等，单模光纤连接器接头类型有 FC、SC、ST、FDDI、SMA、LC、MT-RJ 等。下面介绍几种比较典型的光纤连接器。

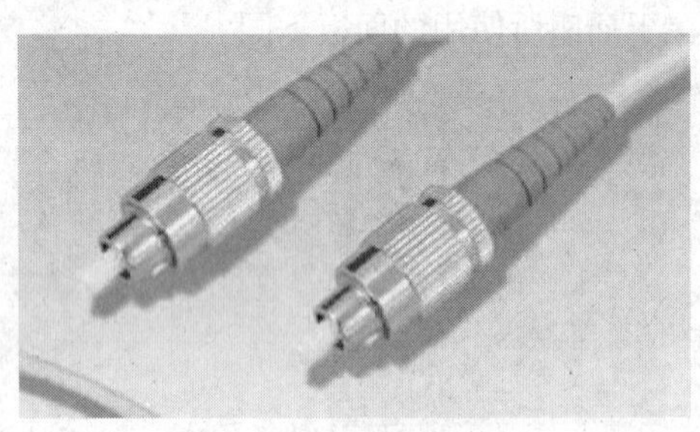

图 3.14　FC 型光纤连接器

（1）FC 型光纤连接器。FC 是 Ferrule Connector 的缩写，表明其外部采用的是金属套，紧固方式为螺丝扣，如图 3.14 所示。此类连接器结构简单、操作方便、制作容易，但光纤端面对微尘较为敏感，一般用于周围环境比较清洁的场合。

（2）SC 型光纤连接器。SC 型光纤连接器外壳呈矩形，所采用的插针与耦合套筒的结构尺寸与 FC 型光纤连接器完全相同，紧固方式采用的是插拔销闩式，不需旋转，如图 3.15 所示。此类连接器价格低廉、插拔操作方便，但与光纤的连接不是很好。

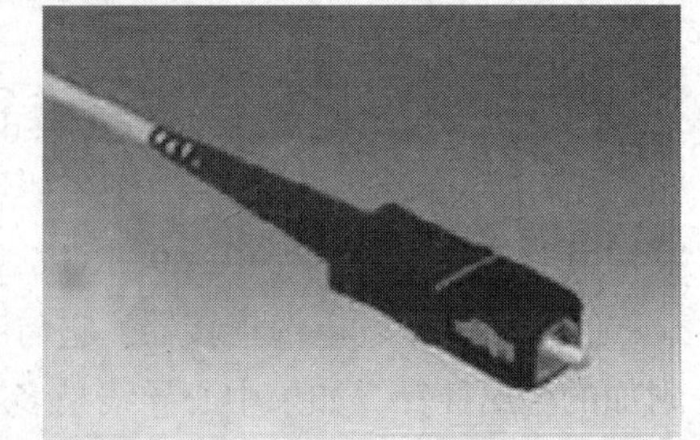

图 3.15　SC 型光纤连接器

（3）ST 型光纤连接器。ST 型光纤连接器外壳呈圆形，所采用的插针与耦合套筒的结构尺寸同 FC 型光纤连接器完全相同，其中插针的端面多采用 PC 型或 APC 型研磨方式，紧固方式为螺丝扣，如图 3.16 所示。此类连接器适用于各种光纤网络，操作简单且具有很好的互换性，已被列入 ANSI/EIA/TIA-568-A 标准。

光纤连接器的安装跟双绞线、同轴电缆连接器的安装相比，要复杂得多。首先，要准备所需的工具和设备，包括一些专用的光纤工具和一些耗材，如环氧树脂注射器、固化炉、光纤外皮剥线器、光纤磨光工具、光缆损失测试器和光纤、连接器、酒精、环氧树脂、打磨布等。然后，按步骤进行光纤连接器的制作和安装（截断光缆并剥去光缆外皮、剪下增强织物、剥离光纤缓冲层、用环氧树脂粘合连接器、将光纤插入连接器、使环氧树脂干燥、磨光并去除多余光纤、检查连接器等）。

光纤配线架是光传输系统中的一个重要配套设备，它主要用于光缆终端的光纤熔接、光纤连接器安装、光路的换接、多余尾纤的存储及光缆的保护等，它对于光纤通信网络安全运行和灵活使用有着重要的作用。

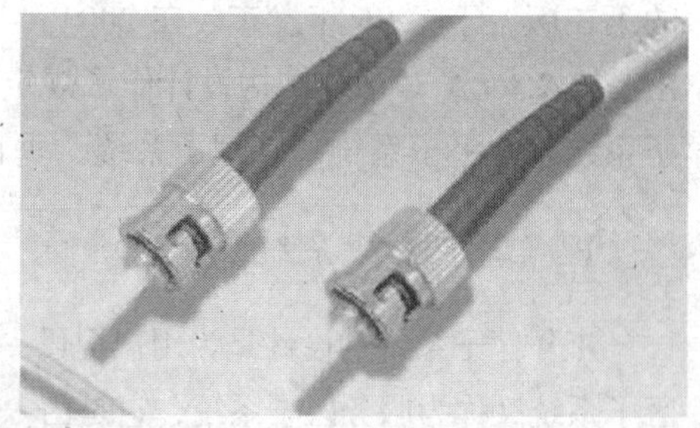

图3.16　ST型光纤连接器

所有的光纤配线架均可安装在19英寸或23英寸的标准框架上，也可直接挂在设备间或配线间的墙壁上，其尺寸大小可根据所安装光纤连接器的数量来确定。

壁挂式光纤配线架一般为箱体结构，适用于光缆条数和光纤芯数都较少的场合。框架式配线架又可分为两种，一种是固定配置的配线架，光纤耦合器被直接固定在框架上；另一种采用模块化设计，用户可根据光缆的数量和规格选择相对应的模块，便于网络的调整和扩展。

### 3.1.4　其他常用材料

在大多数情况下，一些常用的布线工具是必不可少的，如剥线钳、切线钳、压线钳、冲压工具、吊线带、线缆测试工具等。

另外，除了电缆、墙面板、模块化连接器和配线架等工具以外，还有一些必备的布线耗材，如电工胶布、管道胶带、塑料扎线带、导线钩、捆线带、电缆标签等，都是综合布线工作中常常需要用到的实用耗材，这些布线工具的使用非常简单，在此不再一一赘述。

## 3.2　综合布线工程的设计技术与安装技术

在进行综合布线工程设计之前，应确保相关人员和设备不受电击和火灾等危险。在施工安装中严格遵守规范，首先对照明电线、动力电线、通信线路、通风和暖气管道、电梯之间的距离、绝缘线、裸线以及接地与焊接等施工问题加以重视，其次才能考虑在线路的走向和美观上的设计。

### 3.2.1　综合布线系统方案设计

用户应该根据自己的实际需要来制定本单位或部门网络建设的招标书，在标书中应明确建网的目的和要求，网络的规模和布线点的距离和范围，网络操作系统和应用软件的选择，网络工程分几期完成及完成的期限要求，对投标单位的资质要求还有投标截止日及确定联系方式等。

投标单位在设计综合布线系统方案前，应根据招标单位网络建设方案招标书中的内容，通过若干次向招标方有关人员详细了解情况，对网络工程的需求进行分析：确定用户所需的服务器数量及安装的具体位置；确定网络操作系统及所用的网络数据库管理软件；了解网络布线的区域范围；了解用户现有设备及以后需添加设备的数量和类型；了解网络服务范围和通信类型，网络拓扑结构，网络工程的经费投资等。在与用户方有关人员的接触中，网络设计人员也可以提出网络建设中合理的建议，供用户方参考。

对布线系统来说，虽然材料和施工费用仅占整个网络工程建设投资费用的很少一部分，一般为1/4。但它是网络建设的基础，已越来越受到广泛的重视。

EIA/TIA 568A标准是由美国电子工业协会（EIA）/通信工业协会（TIA）制定的综合布线系

统国家标准，于1991年7月正式发布。商用建筑电信布线标准ANSI/EIA/TIA是EIA/TIA 568A的第二版，于1995年发布。在2001年3月TIA又正式通过了结构化布线标准EIA/TIA 568B。EIA/TIA 568A对系统结构设计作了规定，根据EIA/TIA 568标准，结构化布线系统可包括工作区子系统、水平子系统、管理子系统、垂直干线子系统、设备间子系统以及建筑群子系统。

## 1. 工作区子系统

工作区子系统的设计是为用户提供一个符合国际标准并满足高速数据传输的标准信息出口。工作区子系统又称为服务区子系统，它是由RJ-45插座和其所连接的设备（终端或工作站）组成的，如图3.17所示。

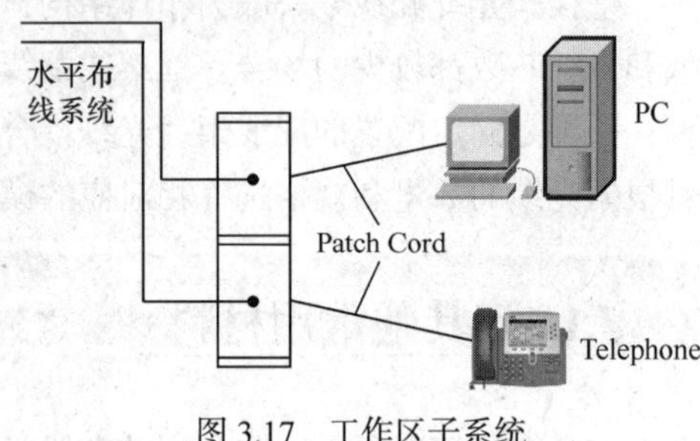


图3.17 工作区子系统

在进行终端设备或I/O连接时，可能需要某种传输电子装置，但这种装置并不是工作区子系统的一部分。例如调制解调器，它能为终端与其他设备之间的兼容性、传输距离的延长提供所需的转换信号，但不能说是工作区子系统的一部分。

工作区子系统中所使用的连接器必须具备符合国际标准的8位接口，这种接口能接受楼宇自动化系统所有低压信号以及高速数据网络和数码声频信号。

在设计与安装工作区服务子系统时要注意如下几点。

（1）从RJ-45插座到终端设备之间的连线用UTP双绞线，一般不要超过6m；

（2）RJ-45插座需安装在墙壁上或不易碰着的地方，插座区距离地面30cm以上；

（3）配线架上的信息模块与信息插座和插头的线缆的制作要采用同一标准，如568A或568B，不可接错；

（4）I/O插座分为嵌入式和表面安装式两种，可根据实际情况，采用不同的安装式样来满足不同的需要，通常新建筑物采用嵌入式I/O插座，而现有的建筑物采用表面安装式的I/O插座；

（5）一般给出两种平面图供用户选择，一种是每$9m^2$一个I/O插座的基本型平面图，另一种是每$9m^2$两个I/O插座的增强型或综合型平面图。

## 2. 水平布线子系统

水平布线子系统也称为水平子系统。水平布线子系统是整个布线系统的一部分，具有面广、点多等特点。它从RJ-45插座开始到管理子系统的配线柜，结构一般是星型。它与干线子系统的区别在于：水平布线子系统总是在一个楼层上，并与信息插座连接。在综合布线系统中，水平布线子系统由若干根4对UTP（非屏蔽双绞线）组成。能支持大多数现代化通信设备。如果需要某些宽带应用，可以采用光缆。

从用户工作区的信息插座开始，水平布线子系统在交叉连接处连接，或在小型通信系统中在以下任何一处进行互连：远程卫星配线间、干线配线间或设备间。在设备间，当设备终端位于同一层时，水平布线子系统将在干线配线间或远程卫星配线间的交叉连接处连接，如图3.18所示。

对于水平布线子系统，综合布线的设计人员必须具有全面通信介质方面的知识，能够向用户方提供完善而又经济的设计。

考虑用户的需求，设计与安装要注意以下几点。

（1）水平干线子系统用线一般为双绞线。

（2）长度一般不超过90m。

（3）用线必须走线槽或在天花板吊顶内布线，尽量不走地面线槽。

（4）用 5 类双绞线传输速率为 100Mbit/s。

（5）根据建筑物的结构、布局和用途，确定水平布线方案。

（6）确定距服务接线间距离最近和最远的 I/O 位置。

（7）确定线路走向和路径，使路径简短，施工最方便。

（8）确定信息插座的数量和类型，通常可按 $9m^2$ 来估算信息插座的数量。

（9）计算水平区所需线缆长度。

水平布线子系统是综合布线系统的分支部分，具有面广、点多等特点。它是由通信引出端（又称信息插座）至楼层配线架以及它们之间的缆线组成。水平布线子系统设计范围较分散，遍及整个智能化建筑的每一个楼层，且与房屋建筑和管槽系统有密切关系，在设计中应注意相互之间的配合。

水平布线系统施工是综合布线系统中工作量最大的阶段，在建筑物施工完成后，不易变更。因此要严格施工，保证链路性能。

综合布线的水平线缆可采用 5 类、超 5 类双绞线，也可采用屏蔽双绞线，甚至可以采用光纤。

水平布线根据 TIA/EIA 568B 定义的性能来确定，无论是电缆还是连接硬件（插孔和插头）都必须满足合乎用途的性能标准，而不能仅仅是满足 LAN 使用的最低标准要求。

### 3. 管理子系统

在对管理子系统的理解和定义上，各标准、厂商有所差异，单单从布线的角度上看，称之为楼层配线间或电信间是合理的，而且也形象化；但从综合布线系统最终应用——数据、语音网络的角度去理解，称之为管理子系统更合理。它是综合布线系统区别于传统布线系统的一个重要方面，更是综合布线系统灵活性、可管理性的集中体现。因此在综合布线系统中称之为管理子系统，如图 3.19 所示。

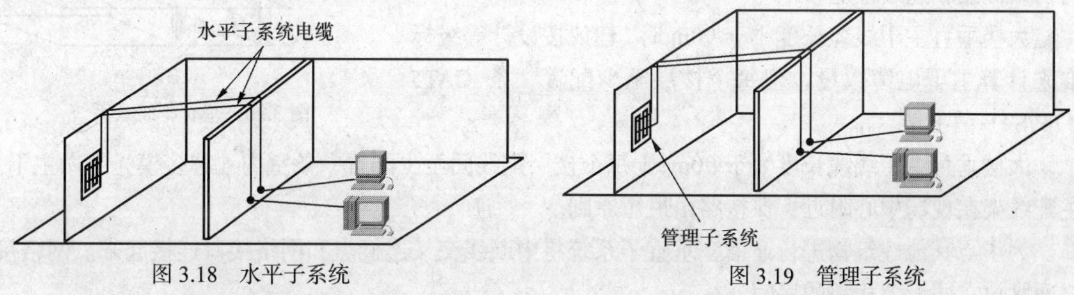


图 3.18　水平子系统　　图 3.19　管理子系统

管理子系统设置在楼层配线间，是水平系统电缆连接的场所，也是主干系统电缆连接的场所，由大楼主配线架、楼层分配线架、跳线、转换插座等组成。用户可以在管理子系统中更改、增加、交接和扩展线缆，用于改变线缆路由。建议采用合适的线缆路由和调整件组成管理子系统。

管理子系统提供了与其他子系统连接的手段，使整个布线系统与其连接的设备和器件构成一个有机的整体。调整管理子系统的交接则可安排或重新安排线路路由，从而传输线路能够延伸到建筑物内部各个工作区，是综合布线系统灵活性的集中体现。

管理子系统有 3 种应用：水平/干线连接；主干线系统互相连接；入楼设备的连接。线路的色标标记管理可在管理子系统中实现。

设计与安装时要注意如下几点。

（1）配线架的配线对数由可管理的信息点数决定；

（2）利用配线架的跳线功能，可使布线系统灵活，功能多样化；

（3）配线柜一般由配线模块、配线架和理线面板组成；

（4）管理子系统应有足够的空间放置配线柜和网络设备；

（5）网络设备需配有安全接地保护系统和功率匹配的净化电源或 UPS；

（6）保持一定的温度和湿度，保养好设备。

### 4. 垂直干线子系统

垂直干线子系统也称干线子系统，它是整个建筑物综合布线系统的一部分。它提供建筑物的干线电缆，负责连接管理子系统到设备间子系统，一般使用光缆或选用大对数的非屏蔽双绞线。它也提供了建筑物垂直干线电缆的路径。

垂直干线子系统由连接设备间至各楼层配线间之间的线缆构成。其功能主要是把各分层配线架与主配线架相连。用主干电缆提供楼层之间通信的通道，使整个布线系统组成一个有机的整体。垂直干线子系统 Topology 结构采用分层星型拓扑结构，每个楼层配线间均需采用垂直主干线缆连接到大楼主设备间。垂直主干采用 25 对大对数线缆时，每条 25 对大对数线缆对于某个楼层而言是不可再分的单位。垂直主干线缆和水平系统线缆之间的连接需要通过楼层管理间的跳线来实现。垂直干线子系统如图 3.20 所示。

- 垂直主干线缆安装原则：从大楼主设备间主配线架上至楼层分配线间各个管理分配线架的铜线缆安装路径，要避开高 EMI 电磁干扰源区域（如马达、变压器），并符合 ANSI/TIA/EIA-569 安装规定。
- 电缆安装性能原则：保证整个使用周期中电缆设施的初始性能和连续性能。

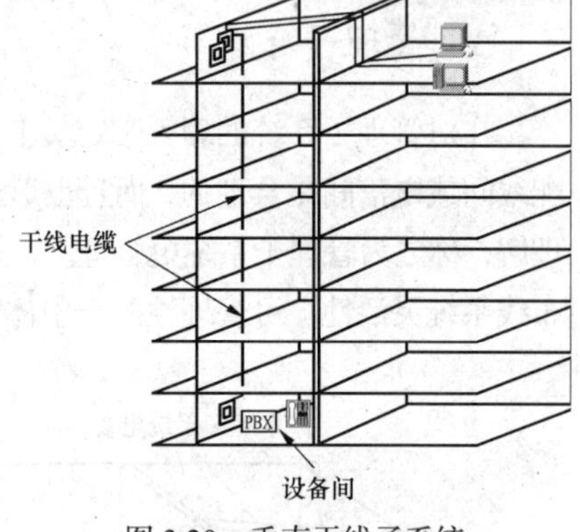


图 3.20　垂直干线子系统

大楼垂直主干线缆长度小于 90m 时，建议按设计等级标准来计算主干电缆数量，但每个楼层至少配置一条 CAT5 UTP/STP 做主干。

大楼垂直主干线缆长度大于 90m，则每个楼层配线间至少配置一条室内 6 芯多模光纤做主干。主配线架在现场中心附近，保持路由最短原则。

为了与其他建筑物进行通信，垂直子系统将中断线交叉连接点和网络接口连接起来。网络接口通常放在同设备相邻的房间。

垂直干线子系统还包括以下几个部分。

（1）垂直或远程通信接线间和设备间之间的竖向或横向电缆的通道；

（2）设备间和网络接口之间的连接电缆或设备与建筑群子系统各设施间的电缆；

（3）垂直接线间与各远程通信接线间之间的连接电缆；

（4）主垂直间和计算机主机房之间的垂直电缆。

垂直干线子系统设计要点如下。

（1）确定每层楼的干线类型和数量。

（2）确定整幢楼的干线类型和数量。

（3）确定各楼层配线间到设备间的干线电缆路径，应选择干线最短、施工最简单和最安全可靠的路径。

（4）确定干线电缆的长度。

（5）确定干线电缆的布线方法。

设计安装时要注意以下事项：

（1）垂直子系统一般选用超 5 类 UTP 电缆或多模光纤，以提高传输速率；

（2）垂直电缆的拐弯处不要直角拐弯，应有一定的弧弯，以防线缆受损；

（3）垂直电缆要安装在 PVC 管内或槽内，架空电缆要防止雷击；

（4）确定每层楼的垂直要求和防雷击的设施；

（5）综合整幢大楼的垂直要求和防雷击的设施。

### 5. 设备间子系统

设备间子系统是一个相对集中的设备安放区域，连接系统公共设备，如各种网络设备、服务器、楼宇自控设备主机和保安系统，并通过垂直干线子系统连接至管理子系统，图 3.21 所示的是设备间的机柜中几个交换机堆叠在一起的情形。

设备间子系统是建筑物中数据、语音垂直主干线缆终接的场所；也是建筑群的线缆进入建筑物终接的场所；更是各种数据语音主机设备及保护设施的安装场所。一般建筑物内各个楼层相同位置都可以安装用于与不同外部设备及线缆连接的设备间子系统，作为设备间的机房应与货运电梯相邻，连接各种设备和线缆的机架位置应尽量靠近外部通信设备和线缆引入口，以方便装运和连接。要求来自建筑群的线缆进入建筑物时应有相应的过流、过压保护设施。

图 3.21　设备间子系统

设备间子系统空间要按 ANSI/TIA/EIA 569 要求设计。设备间子系统空间用于安装电信设备、连接硬件、接头套管等，为接地和连接设施、保护装置提供控制环境，是系统进行管理、控制、维护的场所。设备间子系统所在的空间还有对门窗、天花板、电源、照明和接地的要求。

设备间位置及大小应根据设备的数量、规模、最佳网络中心位置等内容综合考虑确定。一般位置的选择准则如下。

（1）应尽量位于建筑物的中间位置，以使干线路径最短。

（2）应尽量靠近电梯，以便搬运大型设备。

（3）应尽量远离高强振动源、强噪声源、强电磁场干扰源和易燃易爆源。

设计与安装时还要注意以下几点。

（1）设备间要有足够的空间，以保障设备间的设备存放。

（2）设备间要有良好的工作环境。

（3）设备间的建设标准按机房建设标准设计，要有性能良好的接地保护系统。

（4）设备间内所有进出线装置或连接设备应有明显的色标区分各种用途。

### 6. 建筑群子系统

建筑群子系统提供外部建筑物与大楼内布线的连接点，EIA/TIA 569 标准规定了网络接口的物理规格，实现建筑群之间的连接。建筑群子系统由两个以上建筑物的电话、数据和监视系统组成一个建筑群综合布线系统，连接各建筑物之间的缆线和配线设备，组成建筑群子系统，如图 3.22 所示。

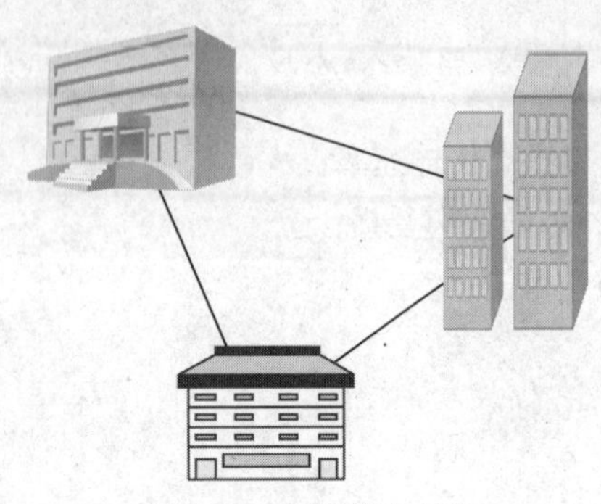

图 3.22 建筑群子系统

建筑群子系统是智能化建筑群体内的主干传输线路，也是综合布线系统的骨干部分。它支持楼宇之间的通信所需的硬件，其中包括导线电缆、光缆以及防止电缆上的脉冲电压进入建筑物的电气保护装置。

在建筑群子系统中，为了能进行远距离通信（大于 100m）以及防止雷击对网络设备造成损坏，一般采用多模或单模光缆。室外敷设光缆基本上有 3 种情况：架空、直埋或地下管道，或是这 3 种的组合，具体情况应根据现场的环境来决定。

在条件允许的情况下，建筑群子系统应采用地下管道敷设方式，管道内敷设的铜芯电缆或光缆应遵循管道和入孔的各项设计规定。此外，安装时至少应预留 1 ~ 2 个备用管孔，以供扩充之用。

建筑群子系统采用直埋沟内敷设时，如果在同一个沟内埋入了其他的电缆，应设立明显的共用标志。

对建筑群子系统工程设计的要求如下。

（1）建筑群子系统设计应注意所在地区的整体布局，由于智能化建筑群体所处的环境一般对美化程度要求较高，对于各种管线设施都有严格规定，因此，要根据小区建设规划和传输线路分布，尽量采用地下化和隐蔽化方式。

（2）建筑群子系统设计应根据建筑群体用户信息需求的数量、时间和具体地点，采取相应的技术措施和实施方案。在确定缆线的规格、容量、敷设的路由以及布线方式时，务必考虑使通信传输线路建成后保持相对稳定，并能满足今后一定时期信息业务的发展需要。为此，必须遵循以下要点：

- 线路路由应尽量距离短、平直，并在用户信息需求点密集的楼群经过，以便供线和节省工程投资。
- 线路路由应选择在较永久性的道路上敷设，并应符合有关标准规定并满足建（构）筑物之间的最小净距要求。除因地形或敷设条件的限制必须与其他管线合沟或合杆外，与电力线路必须分开敷设，并有一定的间距，以保证通信线路安全。
- 建筑群子系统的主干缆线分支到各幢建筑物的引入段落，其建筑方式应尽量采用地下敷设。如不得已而采用架空方式（包括墙壁电缆引入方式）时，应采取隐蔽引入，其引入位置宜选择在房屋建筑的后面等较隐蔽的地方。

### 3.2.2 制定安装日程

在确定综合布线系统设计之后，应该按照招标方要求的布线施工完成的日期制定出网络布线安装工程的安装进度日程表。如在一幢新建的建筑物中进行布线，最佳的时间就是在建筑物的螺栓仍然暴露在外时，也就是这栋新建筑物安装电气线路的同一时间，在建筑装潢之前完成整个布线系统的安装，这样，管线的敷设、电器接线盒的安装等就会非常容易；如在已有的建筑物中进行布线，就必须根据实际情况安排好具体的施工日程，避免与该建筑物中其他网络系统及用户或其他已有建筑设施相冲突。

### 3.2.3 主干线电缆连接技术

主干线缆是建筑物的主要线缆，它为从设备间到每层楼上的管理间之间的传输信号提供通路，它在

垂直主干线上还有竖井通道。在设计中应考虑线缆连接的网络结构，整个建筑物及建筑物内每层楼的干线要求，确定敷设附加的横向电缆的支撑结构，干线接线处的接合方法等，并选定干线的连接长度。

确定从管理间到设备间的干线路由，应选择线路最短、最安全和最经济的路由。一般在建筑物内有以下两种常用的电缆连接方法。

1. 电缆孔方法

用直径在 10cm 左右的刚性金属管制成的电缆孔镶嵌在混凝土地板上，露出地板表面大约在 2.5～10cm 范围内。电缆绑在有固定支座的钢绞线上，一般在上、下配线架对齐的情况下可考虑用此种方法连接。

2. 电缆井方法

在每层楼板上开出一些方孔，让电缆线可以穿过这些方孔并通向相邻的楼层。电缆井的大小根据从中穿过的电缆数量确定，而电缆也是绑在有固定支座的钢绞线上。

在电缆竖井中敷设主干缆一般有向下垂放电缆和向上牵引电缆两种方法。两种方法相比较，在安装上，向下垂放电缆要比向上牵引电缆容易。

### 3.2.4　建筑群间电缆线敷设技术

在建筑群中敷设线缆，一般采用架空式敷设和地下敷设两种方法。

1. 架空式敷设

架空式敷设电缆线可分为架空电缆、墙壁电缆两种。架空电缆敷设的一般步骤如下。

（1）线缆杆以 30～50m 的间隔距离为宜；

（2）根据线缆的具体规格要求来选择固定用钢绞线；

（3）先接好钢绞线；

（4）每隔 0.5m 架一挂钩；

（5）架设光缆，净空高度≥4.5m。

墙壁电缆一般敷设在较坚固整齐的建筑物间，且墙面较为平坦的区域。

2. 地下敷设

地下敷设电缆可分为管道电缆、直埋电缆、电缆沟道和隧道敷设电缆几种。敷设时应根据地下敷设线路的具体位置以及所敷设线缆的重量来决定用人力或用机器牵引线缆。

在进行敷设时需要避开动力线。注意光纤弯曲半径的施工要点：包括路由起点和终点，线缆长度、入口位置、媒介类型、所需劳动费用以及材料成本的计算。建筑群间所在的空间还有对门窗、天花板、电源、照明、接地等的要求。

### 3.2.5　建筑物内水平线敷设技术

建筑物内水平布线，可选用天花板、暗道、墙壁穿线等形式，在确定用哪一种形式进行敷设

前，应到施工现场实地观察，进行敷设方式的比较，从中选择一种最佳的施工方案。

### 1. 暗道布线

暗道布线是在浇筑混凝土时就已埋好的管道中进行布线，管道内有牵引电缆线用的钢丝，安装人员只需根据管道施工图来了解地板下的管道路线位置，就可进行实际的布线安装了。

管道一般从配线间开始一直埋到信息插座安装孔，安装人员只要将 4 对绞接的双绞线电缆插入信息插座的 RJ-45 插孔上并加注标识，从管道的另一端用钢丝索引电缆到达配线间。

对于新建筑物，布线施工可以与建筑物装修同步进行，这既有利于布线，又不影响建筑物的美观。

### 2. 天花板吊顶内布线

从天花板吊顶内进行布线，是水平布线最常用的一种方法。其布线的一般步骤如下。

（1）确定布线路线；

（2）在布线线路上，依次打开天花板，推开里面的每块镶板，可能安装的电缆线重量会加重吊顶的压力，故可使用 J 形钩、吊索及其他支撑物来支撑线缆；

（3）加注标识，以区分线缆的具体位置；

（4）从离管理间最远的一端开始，拉到管理间。

### 3. 墙壁线槽布线

（1）确定布线路线；

（2）沿着布线路径中已安装好的塑料或金属线槽内放线；

（3）线槽每隔 1～1.5m 处用螺钉固定；

（4）布线（以线槽容量的 70%为宜）；

（5）盖上塑料或金属槽盖。

## 3.2.6 光纤布线技术

由于每条光缆的两端都要经过磨光、电烧烤等工艺过程才能确保正常使用，而且这种工艺设备的价格十分昂贵，所以，光纤布线和光跳线的制作目前只能由一些专业公司来完成，一般非专业的小公司和计算机用户是无法完成光纤网络施工的。最终的计算机用户，可以根据有关标准化组织制作的标准和规范对布线施工的质量进行检验。

### 1. 光缆敷设的一般要求

（1）光缆布放前应核对规格、程式、数量与设计规定是否相符。

（2）光缆的布放应平直，不得产生扭绞、打圈等现象，不应受到外力挤压和损伤。

（3）光缆在布放前两端应贴有标签，以表明起始和终端位置。标签书写应清晰、端正、正确。

（4）光缆与建筑物内其他管线应保持一定的间距，与其他弱电线缆也应分管布放。各线缆间的最小净距应符合设计要求。

（5）光缆布放时应有冗余。光缆在设备端预留长度一般为 5m～10m。有特殊要求的应按设计要求预留长度。

（6）敷设光缆最好以直线方式。如有拐弯，光缆容许的最小曲率半径在施工时应当不小于光缆外径的 20 倍，施工完毕后应当不小于光径的 15 倍。

（7）光缆布放，在牵引过程中，吊挂光缆的支点相隔间距不应大于 1.5m。

（8）布放光缆的牵引力，应小于线缆允许张力的 80%。对光缆瞬间最大牵引力不应超过光缆允许的张力。在以牵引方式敷设光缆时，主要牵引力应加在光缆的加强芯上。涂有塑料涂覆层的光纤，由于细如毛发，而且光纤表面的微小伤痕，将使耐张力显著地恶化。另外，当光纤受到不均匀的侧面压力时，光纤损耗将明显增大。因此，敷设时应控制光缆的敷设张力，避免使光纤受到过度的外力（弯曲、侧压、牵拉、冲击等）。

建筑物光缆的最大安装张力及最小安装半径如表 3.3 所示。

表 3.3　建筑物光缆的最大安装张力及最小安装半径

| 光 纤 根 数 | 张力/kg | 半径/cm |
| --- | --- | --- |
| 4 | 45 | 5.08 |
| 6 | 56 | 7.60 |
| 12 | 67.5 | 7.62 |

当同时牵引几根光缆时，每根光缆承受的最大安装张力应降低 20%。

对于室内光缆的敷设，由于光缆的抗拉性能较差，因此，在牵引时应当格外小心。垂直主干线系统光缆用于连接设备间至各个楼层配线间，一般装在电缆竖井中。为了防止下垂或滑落，在每个楼层的槽道上、中、下端，必须用尼龙扎带或钢制卡子将光缆牢牢地固定住，然后用油麻封堵材料将建筑物内各个楼层光缆穿过的所有槽洞、管孔的空隙部分堵塞密封，并采取加堵防火材料等措施，以达到防潮和防火的效果。

室外光缆主要用于建筑物间的布线，在设计安装时应优先考虑用管道光缆敷设的方法，迫不得已才会选用直埋光缆或架空光缆进行敷设。

### 2. 管道光缆的敷设

（1）清洲并试通。敷设光缆前，应用定制的清洲工具对管孔逐段清洗，而后用试通棒作试通检查。

（2）布放塑料子管。应对管端作标记加以区分，塑料子管的布放长度不得超过 300m，并要求塑料子管不得在管道中间有接头，完成布放的塑料子管应当及时与水泥管固定在一起，以防止子管滑动。

（3）光缆牵引。光缆一次牵引长度一般应小于 1000m，超过该距离时，应采用分段牵引或在中间位置增加辅助牵引方式，以减少光缆张力并提高施工效率。

（4）预留余量。光缆敷设后，应逐个在人孔或手孔中将光缆放置在规定的支撑板上，并留有适当余量，以防止光缆过于绷紧。在人孔或手孔中的光缆需要续接时，其预留长度应符合表 3.4 中规定的最小值。

表 3.4　光缆敷设的预留长度

| 光缆敷设方式 | 自然弯曲增加长度（m/km） | 人（手）孔内弯曲增加长度（m/人） | 接续每侧预留长度（m） | 设备每侧预留长度（m） | 备　注 |
| --- | --- | --- | --- | --- | --- |
| 管道 | 5 | 0.5～1.0 | 6～8 | 10～20 | 管道或直埋光缆需引上架空时，其引上地面部分每处增加 6～8m |
| 直埋 | 7 |  |  |  |  |

（5）接头处理。光缆在管道中间的管孔内原则上不得有接头，但当光缆的长度太长需要有接头时，应采用蛇形软管或软塑料管等管材加以保护，并放在支撑托板上予以固定绑扎。

（6）封堵与标识。光缆穿放的管孔出口端应封堵严密，以防止水份或杂物进入管内。光缆及其接续应有标识，并标明编号、光缆型号、规格等。在严寒地区还应有防冻措施，以防光缆受冻损坏。有可能的话最好在光缆的周围加置绝缘隔离板材，以防止光缆被异物划伤或碰断。

### 3. 直埋光缆的敷设

（1）埋入深度。光缆埋入地下的深度，应保证埋入的光缆与地面、其他地下管线设施保持一定的距离，以免受到干涉。表3.5和表3.6分别表示直埋光缆在不同地面环境下的埋入深度，以及直埋光缆与其他管线及建筑物间的最小净距要求。

表3.5　直埋光缆的埋入深度

| 光缆敷设的地段或土质 | 埋设深度（m） | 备　注 |
|---|---|---|
| 市区、村镇的一般场合 | ≥1.2 | 不包括车行道 |
| 街坊内、人行道下 | ≥1.0 | 包括绿化地带 |
| 穿越铁路、道路 | ≥1.2 | 距道渣底或距路面 |
| 普通土质（硬土等） | ≥1.2 | |
| 砂砾土质（半石质土等） | ≥1.0 | |

表3.6　直埋光缆与其他管线及建筑物间的最小净距

| 其他管线、建筑物名称及状况 | | 最小净距（m） | | 备　注 |
|---|---|---|---|---|
| | | 平　行 | 交　叉 | |
| 非同沟敷设的直埋通信电缆 | | 0.75 | 0.25 | 当光缆采用钢管保护时，交叉时最小净距可降为0.15m |
| 直埋电力电缆 | <35kV | 0.50 | 0.50 | |
| | >35kV | 2.00 | 0.50 | |
| 给水管 | 管径<30cm | 0.50 | 0.50 | |
| | 管径30～50cm | 1.00 | 0.50 | |
| | 管径>50cm | 1.50 | 0.50 | |
| 煤气管 | 压力<3kg/cm² | 1.00 | 0.50 | |
| | 压力3～8kg/cm² | 2.00 | 0.50 | |
| 树木 | 灌木 | 0.75 | - | |
| | 乔木 | 2.00 | - | |
| 高压石油、天然气管 | 10.00 | 0.50 | | |
| 热力管或下水管 | 1.00 | 0.50 | | |
| 排水沟 | 0.80 | 0.50 | | |
| 建筑红线或基础 | 1.00 | - | | |

（2）光缆沟的清理和回填。沟底应平整，无碎石和硬土块等有碍于光缆敷设的杂物。光缆敷设后，应先回填30cm厚的细土或沙土作为保护层，严禁将碎石、砖块、硬土块等混入保护土层。保护层可用人工方法轻轻踏平。

（3）光缆敷设。同沟敷设光缆，应同时分别布放，在沟底不得交叉或重叠放置。光缆应平放于沟底或自然弯曲以释放光缆应力，不能有人为的弯曲或拱起，也不能把光缆放在地面上拖曳，

更不得超过所允许曲率半径的规定。

（4）添加标识。直埋光缆的接头处、转弯点、预留长度处或与其他管线的交汇处应设置标识，以方便日后的维护检修。

## 4. 架空光缆的敷设

（1）架设并检查钢绞线。对于非自承重的架空光缆来说，应当先行架设承重钢绞线，并对钢绞线进行全面检查。钢绞线应无伤痕和锈蚀等缺陷，绞合应紧密、均匀、无跳股。吊线的原始垂度和和跨度应符合设计要求，固定吊线的铁杆安装位置正确、牢固，周围环境中应无施工障碍。

（2）光缆敷设。光缆敷设时应借助于滑轮牵引，下垂弯度不得超过光缆所允许的曲率半径。牵引力不得大于光缆所允许的最大拉力。光缆在架设过程中和架设完成后的伸长率应小于 0.2%。当采用挂钩吊挂非自承重光缆时，吊钩的间距一般为 50m，误差不大于 3m。与电力线交汇时，应当在钢绞线和光缆外采用塑料管、胶管或其他绝缘物包裹捆扎，确保绝缘。

（3）预留光缆。架设在电杆上的架空光缆一般应预留一定长度的光缆。光缆与电杆、建筑、树木的接触部位应穿放长度约 90cm 的聚乙烯管加以保护。另外，由于光缆本身具有一定的自然弯曲，因此，在计算施工使用的光缆长度时，也应适当增加光缆的长度。经过十字型吊线连接或丁字型吊线连接处时，光缆的弯曲应平滑圆顺，并符合最小曲率半径的要求。弯曲部分应穿放长度约 30cm 的聚乙烯管加以保护。架空光缆的接头点应放在电杆上或邻近电杆 1m 左右的地方，以利于施工和维修。接头处应留有一定长度的光缆，以便光缆的接续和补充消耗之用。具体要求如表 3.7 所示。

表 3.7　　架空光缆与其他建筑物、树木的最小间距

| 名　称 | 与架空光缆线路平行时的垂直净距（m） | 备　注 | 与架空光缆线路交越时的垂直净距（m） | 备　注 |
|---|---|---|---|---|
| 市区街道 | 4.5 | 最低缆线到地面 | 5.5 | 最低缆线到地面 |
| 胡同 | 4.0 | 同上 | 5.0 | 最低缆线到地面 |
| 铁路 | 3.0 | 同上 | 7.0 | 最低缆线到轨面 |
| 公路 | 3.0 | 同上 | 5.5 | 最低缆线到地面 |
| 土路 | 3.0 | 同上 | 4.5 | 最低缆线到地面 |
| 房屋建筑 | | | 0.6（距脊） | 最低缆线到屋脊 |
| | | | 1.0（距顶） | 最低缆线到平顶 |
| 河流 | | | 1.0 | 最低缆线距最高水位时的最高桅杆顶 |
| 市区树木 | | | 1.0 | 最低缆线到树枝顶 |
| 郊区树木 | | | 1.0 | 最低缆线到树枝顶 |
| 架空通信线路 | | | 0.6 | 一方最低缆线与另一方最高缆线的间距 |

目前有一种新光纤布线方法就是吹光纤技术，基其本思想是：用微管（空的塑料管）建造一个低成本的网络布线结构，当需要时，将光纤吹入微管，这样来减少资金的投入，同时也减少了对数据网络的干扰。

吹光纤系统由微管和微管组、吹光纤、附件和安装设备组成。

每根微管可吹入 8 根光纤，如果光纤被损坏，可以简单地吹出，换装新光纤用微管重新吹入。当光纤通过压缩空气吹入微管后，再与已端接好的尾纤咬接，然后放入专门设计的地面接线盒或

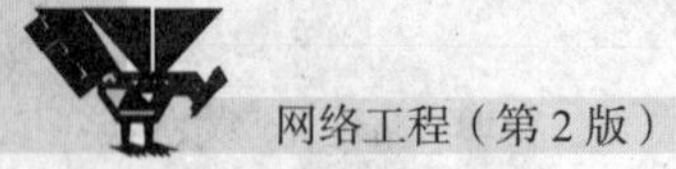


配线架上的端接盒，随用随做，非常方便。

## 3.3 布线系统的测试

从网络的后期结果来看，有近 50%的故障是来自作为网络龙骨的电缆，而这些故障大部分是潜存于电缆安装的初期。面对令人眼花缭乱的众多选择和产品质量良莠不齐的市场现状，面对着形形色色的施工和新技术的应用，应该如何去选择？这就需要工程技术人员在整个布线过程中对电缆安装进行测试。

本节主要讲述在有线网络中布线线缆的测试标准和要求，几种测试工具，以及布线系统的验收与鉴定方面的内容。

### 3.3.1 测试标准和要求

在很多情况下，5 类网络布线用来支持 10Mbit/s 的以太网。这种网络在 3 类布线中也能良好地运行，5 类线缆布线的性能远没有反映出来。未来的高速网需要支持 100Mbit/s 的 5 类布线性能，怎样才能保证今天的布线能支持未来的高速网络呢？

TIA/EIA-568A 的 TSB-67 作为 UTP 布线性能现场测试规范，在 1995 年秋季被正式通过，它全面地定义了电缆布线的现场测试内容、方法以及对测试仪器的要求。ISO/IEC 11801 标准修订版也已在 1999 年春季推出，它同样对网络布线的测试制订了相应的标准。

TSB-67 中首先定义了两种测试模式，基本链路（Basic Link）和信道（Channel）。这两者最大的区别就是 Basic Link 不包括用户端使用的电缆（这些电缆包括连接用户 PC 与信息插座或配线架与集线器的连接线），而 Channel 是作为一个完整的端到端链路定义的，它包括了连接网络站点和集线器的全部链路，其中用户的末端电缆必须是链路的一部分，必须与测试仪相连。

布线公司可能希望向用户提出一个 Basic Link 的报告，而用户可能希望得到一个 Channel 的报告。无论哪种报告都是为了证明该布线是否可以通过 5 类的要求，只是测试的范围和定义不一样，Basic Link 未包括 Channel 中定义的用户端电缆，所以它要严格一点，从而为整条链路或者说对 Channel 留有余地。在测试中选用什么样的测试模式一定要根据用户的实际需要来进行。

下面以一份 5 类布线测试报告为例，简要说明布线的认证至少包括哪些内容。

（注意，样本是使用 Fluke 公司的数字式电缆测试仪 DSP-100，采用 TIA 5 类 Channel 方式测试的）

TSB-67 中规定了必要测试参数：接线图、长度、衰减和近端串扰（双向）。

TSB-67 中的必要测试参数虽然只定义了这 4 项，但是电缆布线的其他参数都可以在这 4 项参数中表现出来，如电阻和特性阻抗。布线的现场测试报告应越简洁越好，所以在使用测试仪器时能测多少参数并不重要。

最常见的影响电缆性能的因素就是近端串扰 NEXT。当两对相邻的线对电场互相产生假信号时，近端串扰就会发生。简而言之，近端串扰就是从一个线对到另一线对的信号泄漏。

外部信号干扰一般来自于照明灯（特别是荧光灯）、电机、机械、无线电以及其他干扰源。电缆中所传输的信号受到这些外部信号的干扰，并且当网络信号传输速度增加时，NEXT 和外部信号的负作用也会增加。所以，为了支持高速局域网，用户应采用 5 类 UTP 和光缆布线，并在布线设计时考虑好布线的走向问题。

衰减就是信号在沿电缆传输时的能量损失，布线的设计要规定从配线间到工作站最大的电缆

长度（Basic Link 94m，Channel 100m）。

电路对电流的阻碍被称作特性阻抗，它是以Ω为单位计量的。电缆的特性阻抗一定要与其他网络设备和电缆连接部件相匹配。

这些电气特性上的电缆故障一般不会导致整个网络的崩溃，但会削弱信号的传输，导致数据的丢失或网络性能的下降。测试中可选择某条典型链路测出其衰减与近端串扰对频率的特性图以作参考。

如果一个布线系统通过了 TSB-67 要求的测试，技术人员就可以确信，无论该布线系统将来用于什么样的具体网络和应用都可以保证提供 100Mbit/s 的能力。

超 5 类、6 类线是近两年才兴起的具有比 5 类线更高传输速率的一种新型电缆，对于它们的测试标准，国际标准化组织于 2002 年 6 月已公布，对超 5 类、6 类线的测试参数主要有以下内容。

（1）接线图；

（2）连接长度；

（3）衰减量；

（4）近端串扰（NEXT）；

（5）综合近端串扰；

（6）远端串扰（FEXT）；

（7）SRL（Structural Return Loss）；

（8）等效式远端串扰（ELFEXT Equal Level Fext）；

（9）综合远端串扰（Power Sum ELFEXT）；

（10）回波损耗（Returnloss）；

（11）特性阻抗（Characteristie Impedance）；

（12）衰减串扰比（Attenuation-to-crosstalkRatio，ACR）；

（13）直流环路电阻；

（14）传输时延。

光纤传输通道的测试内容主要是光纤的衰减性能，由于制作光纤的材料不同，其衰减性能也有所区别。目前，绝大多数光纤系统都采用标准类型的光纤、发射器和接收器，这样可以减少测量中的不确定性，对不同厂家来说，其生产出来的测试设备，也容易将光纤与仪器连接起来，测试的准确性比较高。

光缆传输的连续性是对光纤的基本要求。进行连续性测量时，通常是把红色激光、发光二极管（LED）或者其他可见光注入光纤，并在光纤的末端监视光的输出。如果在光纤中有断点或其他的不连续点，在光纤输出端的光功率就会下降或者根本就没有光输出。

对光纤传输通道还包括光纤的波长、带宽、反射损耗和传输延迟的测试要求。

对整个光纤布线系统的测试是工程验收的必要步骤，也是工程承包商向用户兑现合同的最后工序，只有通过了系统测试，才能表示布线系统的完成。

布线系统的测试一般分成以下 3 步。

（1）布线施工的人员随装随测，此时只测试电缆的通断、电缆的打线方法、长度以及电缆的走向。可以使用 Fluke 公司的 F620 进行这种测试。通常这是给布线施工的人员使用的一般性电缆检测工具。

（2）当电缆布线施工完毕后，需要对全部电缆系统进行认证测试，此时要根据某种国际标准，例如 TSB 67、ISO 11801 等，对电缆系统进行全面的测试以保证所安装的电缆系统符合标准。此时需要测试各种电气参数，最后要出具每一条链路的测试报告。测试报告中包括了测试的时间、地点、操作人员姓名、使用的标准、测试的结果等。当然，测试报告最好应有中英文对照。Fluke 公司的 DSP

100/2000/4000 系列都可以进行不同级别电缆的认证测试。多模光缆使用 FTK 附件，LED 光源测 850nm、1300nm 两种波长。单模光纤使用 LD 1310/1550 激光光源测量 1310nm、1550nm 两种波长。

（3）最后，施工完毕，需要有第三方对电缆系统进行抽测。抽测是代表公正以及对施工的验收。电缆系统抽测的比例通常为 10%～20%。

## 3.3.2 测试工具

对综合布线工程缆线的电气性能测试和光纤特性测试仪器的选择，首先要满足国家标准（GB 50312-2007）和国际标准（TSB-67）对测试仪精度最低性能的要求；其次考虑测试仪器能否满足所要测试缆线的标准；再次考虑测试仪器的智能化程度、测试速度、仪器的内存及数据处理和数据格式等，特别要强调测试速度是选择测试仪器的重要因素，因为综合布线工程是现场测量，环境较差，工程少则近百个结点，多则数千个结点，测试仪器的测试速度就成了提高工作效率的决定因素。Fluke 公司生产的 DSP 4000 系列数字式电缆分析仪符合上述要求，该仪器如与 Fluke 公司生产的光缆测试套件和激光光源配套使用，就能开展对单、多模光纤电缆的光纤特性测试。

随着计算机网络带宽的提高和线缆的升级，测试工具的精度等级和测量范围也在不断扩大，市场上出现了多种类型的测试工具以及多系列、多型号的测试仪。仅 Fluke 公司就生产了 200 多种测试仪及 1300 多种附件和选件，使线缆的测试技术有了极大的提升。下面简要介绍 Fluke 公司的几大产品。

### 1. DSP-100 数字式电缆测试仪

如图 3.23 所示，DSP-100 基于 Fluke 的超级数字测试技术，完全满足当前所有标准的要求。使用专利的“时域串扰分析”技术可以迅速找出不良连接、恶劣的施工或不正确电缆类型等问题的位置。

DSP-100 数字式电缆测试仪的特点如下。

- 经过 UL 认证，同时满足 TIA TSB-67 基本链路和通道二级精度的要求；
- 自动诊断链路故障，并通过图形和文字显示结果；
- NEXT 测试频率达 155MHz；
- 在测试 NEXT 时可检测和排除噪声；
- 测试速度快：完整的 4 对 5 类线链路测试只需 17s；
- 可存储 1150 个 TIA TSB-67 测试结果和 600 个 ISO 测试结果；
- 监测 10BASE-T 网络以确定电缆链路是否是故障源；
- 支持多种局域网电缆链路系统的测试：UTP、STP、同轴电缆等；
- 随仪器带有免费 DSP LINK 软件，可帮助技术人员将测试仪中的结果快速下载至 PC；
- 提供背景灯照明。

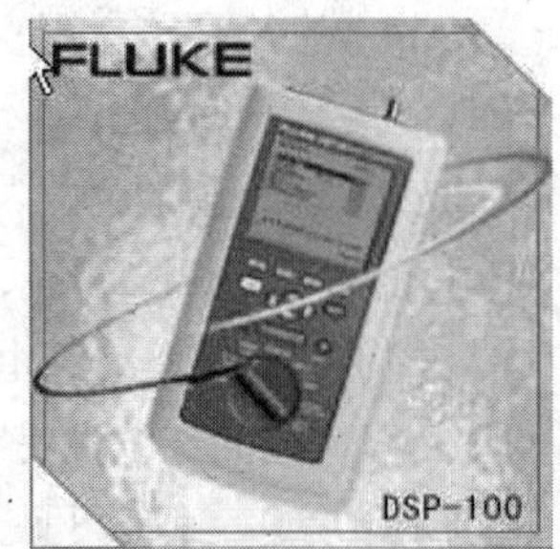


图 3.23 Fluke 的 DSP-100

DSP-100 直观的用户界面，使技术人员不会陷入复杂的操作菜单迷宫。其可充电电池能够持续供电 12h，使技术人员轻松完成一整天的工作。内部电池寿命长达 5 年，可用于保存重要测试结果。DSP-100 可存储 1150 个 TIA TSB-67 的测试结果或 600 个 ISO 的测试结果，并且能在 2min 之内下载到 PC 中。

如果与 Fluke 公司的光缆测试选件 DSP FTK 配套使用，DSP-100 还能够检测光缆的不良连接与抽头，光缆破损或由于光缆过度弯曲和不同类型光缆混用造成的光功率衰减。该选件不但以数字精度精确测试光缆中的功率损耗，用 dB 为单位显示结果，而且还能够用 dBm 或 uW 为单位测量光功率。光

缆测试选件包括光功率计（DSP-FOM），波长为 850/1300nm 的组合光源，测试光缆和一个耦合器。

## 2. DSP-4000 数字式电缆测试仪

图 3.24 所示为 DSP-4000 数字式电缆测试仪，是 Fluke 公司数字测试工具中最新的一位成员，是专门为布线商和网络使用者用于认证当前的业界标准和将来更高标准而设计的。DSP-4000 比 DSP-100 有着更多的功能和更高的精度。无论是认证布线系统、进行故障诊断、向高速网升级，或者对链路增加、删除和改变进行重新认证，DSP-4000 都是很好的选择。

图 3.24　Fluke 的 DSP-4000

DSP 4000 数字电缆分析仪的性能特点如下。

- 全面超越 Cat 5、Cat 5e 和 Cat 6 的规范要求；
- 采用新的厂商专用 6 类连接器；
- 可测直至 350MHz 的高性能电缆；
- 非常快的测试速度：完整的双向测试只需要大约 10s；
- 自动诊断线缆故障，以图形和文本的方式显示测试结果；
- 能够监测 10Base-T 和 100Base-Tx 以太网系统的网络流量；
- 显示直至 350MHz 的 NEXT、ELFEXT、PSNEXT、衰减、ACR、回波损耗等参数的详细结果；
- 在主机和远端之间提供内置对讲模式用于进行双向语音通信；
- 在局域网安装时通过音频探测器（Fluke 140）产生音频信号来追踪。

为了使 DSP-4000 能灵活地适应不同厂商的专用连接系统，Fluke 提供可选的、厂家专用的连接器。这些连接器不仅使 DSP-4000 与专用设施相匹配，还给予不同的通道精度。

DSP-4000 的选件光纤测试适配器 DSP-FTA410S 可以便捷地连接在 DSP-4000 上，能够在 850nm 和 1300nm 两个波长上对多模光缆进行双向测试。同时还测量光功率、损耗、长度和传输时延，提供基于常用光缆标准的通过或失败的测试结果。

使用独立的光源，如 FlukeLS 1310/1550 激光光源，可以在 1310nm 和 1550nm 的波长上测试单模光源的光功率和功率损耗。

支持 DSP-4000 的语音模式，使技术人员可以很容易地与同伴通话。

## 3. DSP-FTK 光缆测试套件

图 3.25 所示为 DSP-FTK 光缆测试套件，这种光缆测试仪器可以和 DSP 系列电缆测试仪、OneTouch 网络助手、LANMeter 68X 网络测试仪配套使用。通过检测光功率或光功率损耗来验证楼宇间和局域网中所用光缆链路的性能。

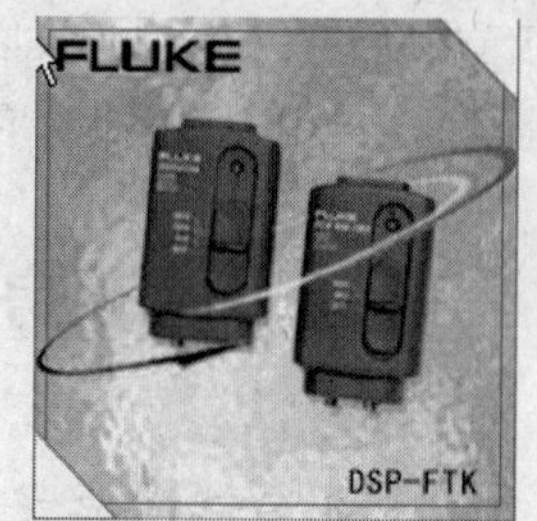


图 3.25　Fluke 的 DSP-FTK

光功率计（DSP-FOM）与这些电缆测试仪的连接是通过一条两头带有 RJ-45 插头、短的屏蔽电缆。测量时，通过光功率计上的滑动开关选择与光源相应的测试波长，即可由测试仪完成数据的输入、显示和存储。

通过 DSP 系列电缆测试仪可以存储任何铜缆或光缆的自动测试报告。每个报告都可以由用户自己定义一个唯一的标识，下载至 PC 或将电缆测试仪接串行打印机直接打印输出。测试报告包括波长、光功率损耗值、极限值、测量方向和参考值。

### 3.3.3 布线系统的验收与鉴定

综合布线系统工程具有前瞻性的特点，用户为了保证布线系统15～20年不落伍，要求综合布线系统工程带宽、速率上超前网络设备的发展。而有些综合布线工程商为了追求利润最大化，施工中以次充好、以劣充优，工程完工后由于网络设备的制约，网络开通的带宽、速率远没达到综合布线的设计要求，若质量问题不能及时暴露。随着时间的推移，即使发现了问题也不易解决，布线系统穿越在钢筋水泥之间，二次施工难度非常大。为了规范综合布线系统工程市场，《综合布线系统工程设计规范》（GB 50311-2007）和《综合布线系统工程验收规范》（GB 50312-2007）两个国家标准，已于2007年10月1日开始实施。这两个新的国家标准的修订（2000版的标准已废止），对布线系统的验收与鉴定的规范起到了指导作用。

验收是用户对网络工程施工工作是否符合设计要求及技术规范的一种确认，包括要确认与用户的网络工程招标书上内容的一致性。而鉴定是对网络工程的设计方案和施工质量作一个正确的评价。可邀请专业权威人士组成鉴定小组，用户只需要向鉴定小组如实反映使用情况，鉴定小组组织人员对新系统进行全面考察后，由鉴定小组写出鉴定书，报上级有关部门备案。

验收可分为现场验收和文档验收两部分。鉴定工作可由鉴定小组牵头，当事人双方共同参与完成。

## 3.4 网络机房建设

本节讲述对网络机房建设的一些基本要求，包括对建筑、电气、防火防雷、环境等方面的要求，还介绍了机房内电源线、网络线的布设方法。

### 3.4.1 网络机房建设的重要性

随着计算机技术的发展和广泛应用，怎样确保计算机设备的正常运行，怎样给从事计算机操作的工作人员创造良好的工作环境，这些问题越来越为人们所重视。计算机设备不同于其他机器设备，不同的计算机系统对运行环境有不同的要求。一般的大、中、小型计算机都要求安装在一个专用的机房里。机房环境除必须满足计算机设备对温度、湿度和空气洁净度、供电电源的质量（电压、频率和稳定性等）、接地地线、电磁场和振动等项的技术要求外，还必须满足在机房中工作的人员对照明度、空气的新鲜度和流动速度以及噪声的要求。计算机属于贵重精密设备，它用于重要部门时，又属于关键和脆弱的中心。因此，它又常常是安全保卫的重点。机房对消防和安全保密也有较高的要求。

### 3.4.2 网络机房的设计施工要求

1. 机房环境要求

（1）避免安装在阳光直射、太冷太热或潮湿的地方（温度范围：0℃～40℃；湿度范围：60%以下）；

（2）避免安装在经常振动、灰尘多或会接触水、油的地方；

（3）避免接近高频机器或电子焊接器及收音机或手机天线（包括短波）；

（4）提供弱电专用地线系统，对地阻抗必须小于3Ω；

（5）北方城市尽量安装防静电地板。

### 2. 机房的装修

先要按照有关标准和技术规范，根据具体选用设备及安装的要求进行设计和规划，其次要尽量满足在采光、防尘、隔音的条件下，营造合理的工作环境，其中要考虑的是：吊顶和墙面装修材料和构架应符合消防防火要求，使用阻燃型装修材料，表面阻燃涂覆处理，达到阻燃、防火的要求。机房地板优先使用耐磨防静电贴面的防静电地板，抗静电性能较好，长期使用无变形、褪色等现象；地板净空高度通常为10～50cm。房间要综合考虑照明灯具、空调和湿度设备的配置为隔音、防尘，需装设双层合金玻璃窗，配遮光窗帘等。

### 3. 机房的设计高度和空间

机房的高度和空间，应考虑敷设地板及吊顶装修后净高。由于机房多采用下进线方式，地板下要敷设走线槽和通风设备，地板净高一般为10～50cm；而房顶吊顶一般要取齐过梁下部，并留足灯具和消防设备暗埋高度，通常占用一定高度，这样房间的净高累计减少了近 1m，普通楼房的高度在机房装修后会显得较低，也不利于设备的安装。房屋净高应在 3.2～3.3m 的范围（机房设走线架或槽道）。目前，大型机房地板下应设送风孔道，因此，在建筑设施设计时应整体设计机房大楼或特定楼层、机房。对中心型的机房，随着新技术新设备的发展，业务会不断扩大，应按中、远期发展的趋势，预留的设备空间应该大一些。机房设备一般按机柜间与操作间隔离的原则安装，特别是交换机、光传输设备、集群设备等自动化程度高，网管系统可完成设备大部分调控监测及系统操作，无需频繁进入机柜间，这样可减少人为因素对设备的影响。

### 4. 信号电缆与供电电缆的交叉

应按照有关规范，注意土建预留要遵循平行线缆相互隔离的距离不小于50～60cm，竖井通过楼层时要尤其注意，尽量保持间距，避免电力线干扰通信传输。在机房、站区通信、电力线密集区域及电缆房中，更要注意各自的盘绕和路径的最优布设。

### 5. 机房的消防措施

要考虑机房的消防灭火设计，根据防火级别设置确定机房的设计方案，建筑内首先要求具备常规的消防栓、消防通道等，按机房面积和设备分布装设烟雾/温度检测装置、自动报警警铃和指示灯、自动/手动灭火设备和器材。机房火灾报警要求有监控点进行监控。

需要注意，对于机房消防设计，国家已颁布相应的规范和要求，在制定方案后应主动及时申报消防部门审批，同时注意机房的装修与消防的协调适配，否则验收时整改工作量较大，也容易造成建设损失。

### 6. 机房建筑的防雷

由于机房通信和供电电缆多从室外引入机房，易遭受雷电的侵袭，机房的建筑防雷设计尤其重要，而在通常的站区建筑设计中往往忽视了这一点，机房的建筑防雷除应有效地保护建筑自身的安全之外，也应为设备的防雷及工作接地打下良好的基础，机电工程多采用联合接地方式，系统设备接地都是与建筑接地连接在一起的。建筑防雷设计施工完成后应提供准确的系统接地网或接地环带的位置和布设图，避免设备接地网与建筑接地网冲突。由于联合接地的特殊要求，机电

工程中禁止直接使用建筑接地线和电源接地线作为系统设备的地线。

在满足设计选址、设计高度的情况下，土建设计中如果能利用机房建筑设计在楼顶建立防雷铁塔，是一种经济实惠的方案。

机房内配线架安放的位置也要注意避免雷击，配线必须与主机一起接地。若有某一排连接有室外架空的电缆线，还必须安装避雷器。

### 7. 机房内电源线的布设方法

目前，不少学校机房内的 220V 交流电源线的布设，都是采用若干个多孔插座相互串接的方法，这种连接非常简单，但其弊端很多：以每个多孔插座连接 4 台电脑计，连续串接 5 个多孔插座就连接了 20 台电脑，这 20 台电脑如果同时开机，则瞬间产生的巨大冲击电流很容易将第一个多孔插座的交流保险丝烧毁。也许有人会说，20 台主机同时开机的几率很小，可是如果这 20 台电脑的显示器在上次使用后没有关闭电源（因为需手动关闭），那么总电源接通瞬间仅这 20 台显示器产生的冲击电流也足以引发同样的故障。

正确的电源线布设方法是：分组点接。使用标准电源护套线，每隔 1.5m 左右接入一只 20A3 芯国标插座（即墙上嵌入的独立插座）作为一个点，再将上述多孔插座接入这个点。按上例，增加 5 只这样的 3 芯插座就可解决问题。还有就是每一组（可视实际情况分 10 台或 16 台为一组）由一个空气开关控制，整个网络机房可分为 4～6 组。目前有些学校的电源线施工比这还要严格，不但每一个多孔插座都单独拉线，而且显示器电源也分组控制。

### 8. 机房内网络线的布设方法

网络线的布设首先要考虑的是对集线器、交换机采用何种方法管理。不少机房为了节省网线，采取集线器串接的方法布线，例如在教师讲台下放置第 1 台，在第 15 号学生机下放置第 2 台，以此类推。这有点儿像上面电源插座的串接型，虽省下了网线，但带来的缺陷却很多：不便于集中管理，容易出现故障。而且串接越多，网络信号衰减越厉害。所以现在的电脑机房一般都将集线器、交换机集中摆放在教师机或服务器旁边（专门做一个机柜），大大方便了管理，同样也降低了网络故障率。

需要提醒的是，每一根网线两端的 RJ-45 插头一定要按照标准制作，尤其是现在很方便就能实现的 100Mbit/s 网络环境的机房。不少新安装的电脑教室（包括电子阅览室等），由于 RJ-45bit/s 头做得不标准而影响通信质量。

以上电源线和网络线的布设应该在整个网络机房安装的第一步实施，它是保障日后机房安全稳定运行的基础，必须引起足够的重视（有不少单位的机房是在安装了电脑后才布线）。按照上述优选方案，即主机电源线分组单独型、显示器电源线分组单独型、交换机集中管理型（有条件地选购堆叠式交换机），初步估算，一个拥有 60 台 PC 的机房，电源线（包括多孔插座、墙上多组空气开关）、网络线（不包括交换机的）大概只需要投资 4000 余元，这样的投入将得到高效率的回报。

### 9. 机房建设步骤

（1）实地勘察；

（2）与客户交流并提供意见；

（3）制定机房规划；

（4）与客户交流修改并确认；

（5）开始实施；

（6）出具机房验收报告；

（7）提供正确线路配线资料；

（8）与客户共同确认。

机房施工完成后，施工方应向客户方提供一套完整的机房规划示意图、装修材料清单、电源分布、地线分布、线路走向及配线资料等。

# 3.5 校园网布线系统

本节主要以实例介绍校园网布线的具体操作，并进行了具体的分析讲解，实用性较强。本节不仅图文结合地介绍了校园网的建构规则和要求、布线产品、网络拓扑结构，而且介绍了施工布线的程序和步骤。

## 3.5.1 校园网布线系统简介

### 1. 校园网布线系统概况

随着信息技术的迅猛发展，校园网已经成为现代教育背景下的必要基础设施，成为学校提高教学、科研和管理水平的重要途径。

中国教育和科研计算机网 CERNET 始建于 1994 年，是中国第一个采用 IPv4 技术的全国性互联网，对中国互联网发展具有重大示范意义。在教育部的领导下，CERNET 从 1998 年开始进行下一代互联网研究与试验，建成 IPv6 试验床 CERNET-IPv6。2000 年在北京地区建成中国第一个下一代互联网 NSFCNET 和中国下一代互联网交换中心 DRAGONTAP，并代表中国参加国际下一代互联网组织，实现了与国际下一代互联网的互连。2001 年，CERNET 提出建设全国性下一代互联网 CERNET2 计划。2003 年 8 月，CERNET2 计划被纳入由国家发改委等八部委联合领导的中国下一代互联网示范工程 CNGI。

第二代中国教育和科研计算机网 CERNET2 是“中国下一代互联网示范工程 CNGI”中最大的核心网和唯一学术网，它以 2.5Gbit/s～10Gbit/s 速率连接全国 20 个主要城市的 CERNET2 主干网的核心结点，为全国几百所高校和科研单位提供 1～10Gbit/s 的高速 IPv6 接入服务，并通过中国下一代互联网交换中心 CNGI-6IX，高速连接国内外下一代互联网，将成为我国研究下一代互联网技术、开发重大应用、推动下一代互联网产业发展的重要基础设施。

2003 年 10 月，连接北京、上海和广州三个核心结点的 CERNET2 试验网率先开通，并投入试运行。2004 年 1 月 15 日，包括美国 Internet2、欧盟 GEANT 和中国 CERNET 在内的全球最大的学术互联网，在布鲁塞尔欧盟总部向全世界宣布，同时开通全球 IPv6 下一代互联网服务。

2004 年 3 月，CERNET2 试验网正式向用户提供 IPv6 下一代互联网服务。

随着互联网技术的高速发展，校园网的布线系统如何能够更好地战略性统筹规划？如何有步骤、有计划、分阶段地进行合理规划，然后避免短期、低水平的网络建设？如何从布线的角度协调局域网络飞速发展和实际应用需求之间的矛盾？这些都是网络公司和布线专家应该长期思考、认真探索的问题。

就校园网而言，其主要的应用包括：Internet 接入、远程教育、视频点播、多媒体教学、学校办公自动化、校园一卡通、校园 IP 电话、图书资料查询、科研高速网络等，校园网络主干所承担的信息流量非常大。其目标为把学校所有的局域网和单机用户连接起来，组成一个网络系统，为教师、

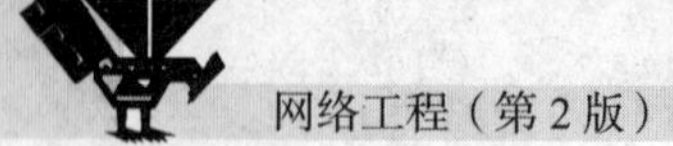


学生、科研人员和管理干部提供一个先进的计算机网络环境，使学校的教学、科研和管理达到一个更高的水平和层次，增强竞争力；同时通过校园网与 CERENT 和 Internet 的连接，使得广大师生、科研人员和管理干部都能分享国内、国际计算机资源，教育和科研等信息资源。

2. 指导思想

校园计算机网络布线系统的实施，应以以下原则作为指导思想。

（1）实用性与先进性。实施后的布线系统，应该能够满足广大师生、科研人员和管理干部的需要，并选购先进技术水平的计算机系统和网络设备，应符合业界的发展趋势，并有相当长时间的可用性。

（2）灵活性与标准化。系统中的任一部分连接都是灵活的，即从物理连接到设备的接入都不受或者尽量不受地理位置和设备类型的限制，并且应该严格按照国际和国内相关标准进行。

（3）经济性与模块化。在满足学校需求的基础上，尽可能压低系统造价，从几个方案中选出一个最佳方案，在布线系统中，所有的接插件尽量采用积木式的标准件，使系统具备良好的可扩充性，以方便管理、使用和扩充，充分利用学校的投资。

### 3.5.2 校园网布线系统实施

下面以某大学校园网建设为例，来说明布线系统的实施。

1. 用户需求

（1）主要信息点分布。主要信息点集中在院系办公楼、图书馆、校办公楼、网络中心、实验楼、学生宿舍、家属楼、食堂、教学楼等。信息点统计如表 3.8 所示。

表 3.8 信息点统计

| 地点 | 接点数 | 与中心距离 | 现有 PC | 备注 |
|---|---|---|---|---|
| 院系办公室 | 23 | 300 | 较多 | 考虑稳定与安全 |
| 图书馆 | 10 | 150 | 54 | 考虑流量和速度 |
| 校办公楼 | 30 | 450 | 较多 | 考虑稳定与安全 |
| 网络中心 | 5 | 0 | 50 | |
| 教学楼 | 35 | 300 | 42 | |
| 实验楼 | 12 | 400 | 180 | 考虑流量和速度 |
| 学生宿舍 | | 560 | 较多 | 考虑流量和速度 |
| 家属楼 | | 700 | 较多 | |
| 食堂 | 5 | | 20 | |

（2）提供的网络服务。基础网络主要提供校内各单位的信息共享与通信以及 WWW、FTP、Telnet、E-mail、BBS 等服务，并建立该校网站。二期服务提供：多媒体教学、各部门和个人主页、VOD 和数字图书馆。

2. 网络系统总体方案

（1）网络系统拓扑结构图。主干网是整个网络的信息传输主干线，为了保证网络的连通，在

主干网中采用全连接的网状拓扑结构，接入网的用户采用星型拓扑结构。

全连接的网状拓扑结构主要优点就是网络的可靠性高，当主干网上的一条链路发生故障时，网络信息可以自动路由到另一条冗余链路上传输。

用户接入端采用星型拓扑结构相对于其他拓扑结构来说具有如下优点。

- 网络结构简单明了，易于管理和维护；
- 易实现结构化布线；
- 星型结构易扩充、易升级；
- 特别适合于交换机、集线器等设备的连接；
- 容易通过增加主干设备端口连接数，实现扩展主干线的带宽；
- 星型结构的设备技术成熟，种类多，选择余地大；

（2）连网技术。主干网采用交换式 1000Mbit/s 以太网连接技术。在该方案中，网络中心、教学楼结点和图书馆结点之间采用多模光纤以全连接拓扑结构，通过 1000Mbit/s 交换机进行连接。既保证了主干线的 1000Mbit/s 带宽，又保证了主干线的冗余。

局域网采用快速交换式以太网，通过超 5 类双绞线按照星型拓扑结构进行连接。

### 3. 校园网总体结构

（1）主干网及其组成。在该方案中，主干网由 3 台主干 1000Mbit/s 交换机和多模光纤线路组成。在网络中心机房有 1 台型号为 Cisco 3508G 的 8 口吉比特交换机。网络中心、教学楼和图书馆的 3 台交换机以全连接网状拓扑结构连接。

（2）网络中心的网络组成。在网络中心实验楼 4 楼的中心机房内，负责整个网络的运行、管理和维护工作。中心机房通过光缆分别与子网相连，主干交换机通过路由器与 ISDN 或微波通信线路相连，构成 Internet 出口。中心机房内的主要设备如下。

- 主交换机：Cisco 3508G 吉比特以太网交换机 1 台。
- 二级交换机：Cisco 1948G-3L 交换机 1 台。
- 路由器：Cisco 1720 路由器 1 台。
- 主服务器：HPLH 3 数据库服务器 1 台。
- Web/DNS 服务器：SUNE 250 服务器 1 台。
- 教学服务器：现有教学服务器。
- HP 工作站：3 台 1GB 内存、250GB 硬盘的工作站。
- ISDN 专线接入设备。
- 微波接入设备。
- 网站辅助设备：扫描仪、打印机、工作站、传真机等。

（3）实验楼的接入。实验楼网段原有 180 个信息点，已成网。新增 30 个 100Mbit/s 信息点。新增的信息点与原有的信息点通过水平双绞线直接连接到中心机房主配架线并跳接到 100Mbit/s 交换机上。为了保证网络运行流量和速度，该交换机通过 2 对光纤的 1000Mbit/s 链路连到主干交换机上。

（4）教学楼网络。教学楼新增 26 个信息点，原有 16 个信息点。为了接入新增和原有信息点，需要配一台 Cisco 2950C-24 交换机。一个吉比特口通过光缆与本楼的主干交换机相连，百兆口连接信息点。教学楼网络拓扑结构如图 3.26 所示。

（5）图书馆布线系统。图书馆共有 54 个信息点。鉴于本图书馆的网络布线系统比较典型，所以下面对图书馆布线系统进行详细介绍。

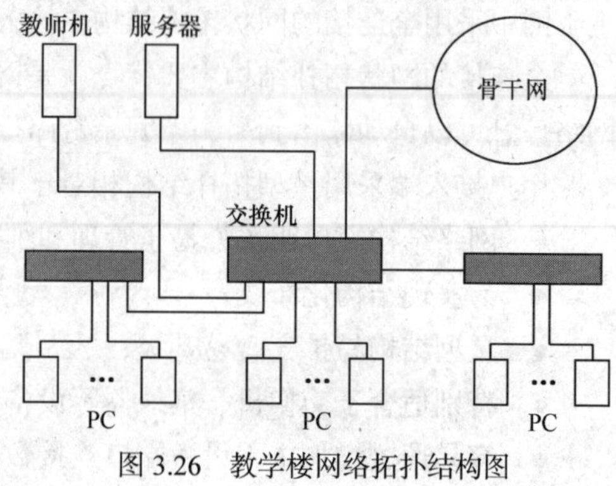

图 3.26 教学楼网络拓扑结构图

机柜位置分布：鉴于图书馆的建筑为 6 层楼结构，每层面积较大，而且信息点主要集中在 1 层～3 层，所以建议设立 3 个 19 英寸的标准机柜，分别安装在 1 层的主机房（A）、2 层大厅 5 号房（B）和 3 层的参考阅览室藏书房（C），辐射到全馆的所有信息点。

信息点分布：信息点分布如表 3.9 所示。

表 3.9 图书馆信息点分布

| 一层信息点分布（共计 22 个信息点） | | |
|---|---|---|
| 地点 | 信息点数 | 联接机柜 |
| 馆长室 | 3 | A |
| 馆助室 | 2 | A |
| 馆办 | 1 | A |
| 总机室 | 1 | A |
| 技术部 | 1 | A |
| 行政办 | 1 | A |
| 财务室 | 1 | A |
| 会议室 | 1 | A |
| 培训中心 | 1 | A |
| 辅导部 | 1 | A |
| 研究室 | 1 | A |
| 档案室 | 1 | A |
| 馆藏主任室 | 3 | A |
| 图书采购室 | 1 | A |
| 报刊采购室 | 1 | A |
| 教室 | 1 | A |
| 仓库 | 1 | A |
| 二层信息点分布（共计 14 个信息点） | | |
| 地点 | 信息点数 | 联接机柜 |
| 采编中心 | 1 | B |
| 问询台 | 1 | B |
| 读者事务组 | 1 | B |
| 电工班 | 2 | B |
| 数据组（1） | 1 | B |
| 数据组（2） | 1 | B |
| 参考研究室 | 1 | B |
| 人保部 | 1 | B |
| 读者工作部 | 1 | B |

续表

| 保卫组 | 1 | B |
|---|---|---|
| 剪报室 | 1 | B |
| 时装馆 | 1 | B |
| 大厅 2 号室 | 1 | B |
| 三层信息点分布（共计 18 个信息点） | | |
| 地点 | 信息点数 | 联接机柜 |
| 综合书库 | 1 | C |
| 外文书刊库 | 1 | C |
| 中文书刊库 | 1 | C |
| 文艺阅览室 | 2 | C |
| 自科阅览室 | 1 | C |
| 经管阅览室 | 2 | C |
| 参考阅览室 | 1 | C |
| 港台阅览室 | 2 | C |
| 外文阅览室 | 2 | C |
| 社科阅览室 | 2 | C |
| 报刊阅览室 | 2 | C |
| 特文阅览室 | 1 | C |

总计：54 个信息点。

其中：

A 机柜连接 22 个信息点。

B 机柜连接 14 个信息点。

C 机柜连接 18 个信息点。

其网络拓扑结构如图 3.27 所示。

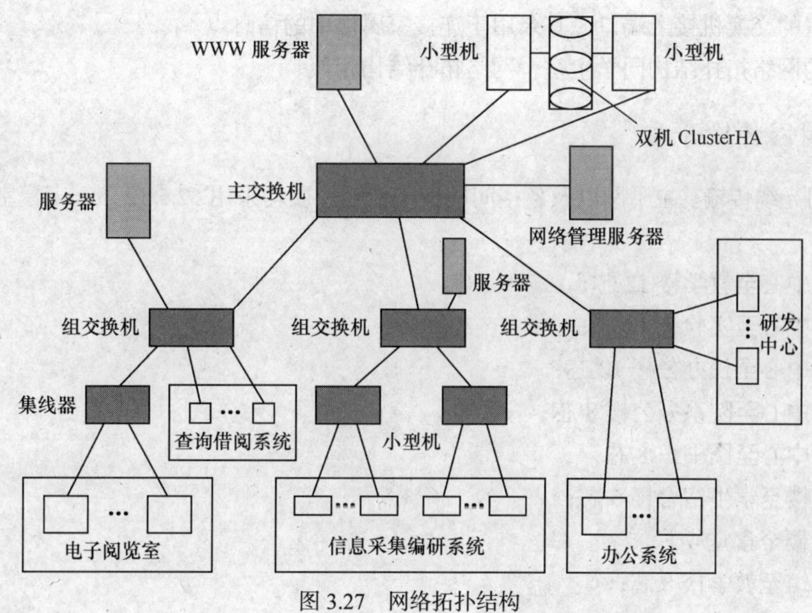


图 3.27　网络拓扑结构

在图书馆安装一台 Cisco 3508G 8 口主干交换机，一个 1000Mbit/s 以太网通过光纤与网络中

心相连，另一个 1000Mbit/s 以太网口通过光纤与教学楼的主交换机相连，形成全连接的主干网状拓扑结构，其余的 100Mbit/s 以太网口连接到该楼的信息点。

（6）校办公楼网络。校办公楼安装一台 Cisco 2948G 交换机，该交换机的一个 1000Mbit/s 以太网接口连接到网络中心主干网上，另一个 1000Mbit/s 以太网口连接到实验楼的主干交换机上，其余 100Mbit/s 以太网口用于连接信息点。

校办公楼网络拓扑结构如图 3.28 所示。

（7）院系办公楼网络。院系办公楼安装一台 Cisco 3548 交换机，该交换机的一个 1000Mbit/s 以太网接口通过光纤与网络中心相连，其余 100Mbit/s 以太网口用于连接信息点。

院系办公楼网络拓扑结构同校办公楼网络拓扑结构相似。

（8）学生宿舍楼网络。学生宿舍楼通过光纤连接到实验楼，在学生宿舍配备 100Mbit/s 交换机，各学生宿舍楼的一个端口连接到实验楼的交换机的接入端口，其余用于连接学生宿舍内的 PC。

学生宿舍楼网络拓扑结构如图 3.29 所示。

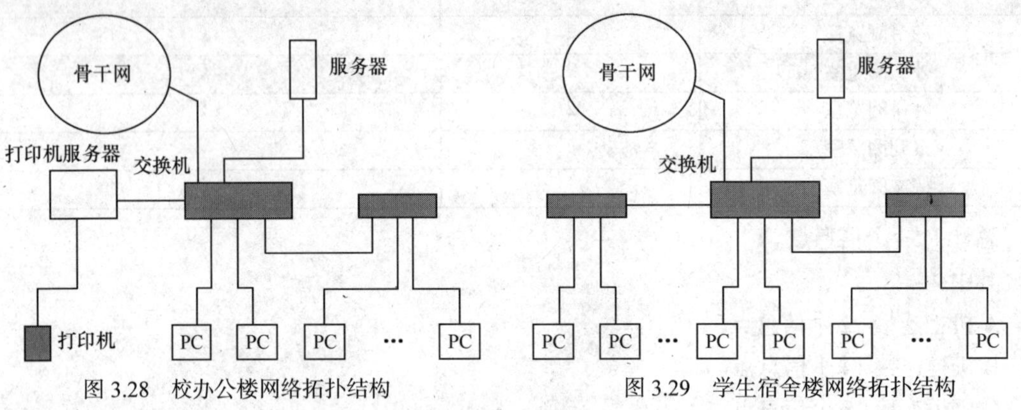


图 3.28　校办公楼网络拓扑结构　　　图 3.29　学生宿舍楼网络拓扑结构

（9）家属楼网络。各家属楼通过光纤连接到校办公室，配备 100Mbit/s 交换机，一个端口连接到校办公室的交换机接入端口，其余用于连接家属楼中的信息点。

家属楼的网络拓扑结构同学生宿舍网络拓扑结构相似。

### 4. 校园网传输介质

（1）楼间光缆传输。主干网以及各楼间的网络传输介质均采用 62.5/125μm 多模室外光缆，具体分布如下。

- 网络中心至教学楼 12 芯；
- 网络中心至实验楼 12 芯；
- 网络中心至校办公楼 12 芯；
- 网络中心至院系办公楼 8 芯；
- 网络中心至图书馆 8 芯；
- 实验楼至学生宿舍楼 6 芯；
- 实验楼至食堂 6 芯；
- 图书馆至教学楼 8 芯；
- 教学楼至教学楼 6 芯；
- 校办公楼至家属楼 6 芯。

（2）楼内双绞线传输介质。各子网内的布线系统采用 ANSI/EIA 568 设计，采用超 5 类非屏蔽双绞线和连接件，按星型拓扑布线。

（3）远程传输介质。

- 微波接入。可以在本网络中心安装微波设备和天线，在某 CERNET 地点也安装同样的无限微波接收装置，便可以实现网络与 CERNET 的连接，施工比较容易，但造价高。同时，如果使用微波无线接入需注意以下问题：在下雨较多、气候潮湿的地区，需注意天线的防水问题，否则容易对二进制数据传输造成严重误码；选择安装位置和高度，高于天线的建筑会对其产生阻断作用，甚至一些高大的树木也会对传输的可靠性造成严重破坏，并且还要考虑该学校所在地区在以后数年内的发展。
- 光缆接入。通过使用该市信息光缆连入 CERNET，除了需要基本的施工费用，还要每年交纳光缆租用费用，其优点为；线路稳定、可靠，接入也比较简单。
- 双绞线接入系统。双绞线接入技术依赖于电信部门的公共电信网络，主要有以下几种。

DDN（数据专线）接入：应用最广的一种接入技术，接入速率从 64kbit/s、128kbit/s 至 E1（2Mbit/s）和 E3（34Mbit/s）。

ISDN（综合业务数据网）接入：另一种应用较广的接入技术，其两条 B 通道合并使用可提供 128Kbit/s 的接入速率，更多的（30）B 通道合并使用速率可达 2Mbit/s。

单线（普通话线路）接入技术：普通用户上网浏览，一般是利用公用电话电路，采用 PPP 方式上网，理论上可获得 33.6kbit/s～56kbit/s 的接入速率，而实际上远达不到这个速率；最近发展的几项新技术采用了离散多音调整、自适应滤波等数字处理技术之后，如 ADSL（非对称数字用户线）、SDSL（单线对数字用户线）、VDSL（超高数据速率数字用户线）等，可以获得 1.544kbit/s ~ 6.312kbit/s 的传输速率，同时仍能保留一个语音通道。

综合比较这几种接入技术，本校园网采用光缆接入方式连入 CERNET。

### 5. 校园网布线系统遵守的规则

根据用户需求以及按照一贯严格遵守的建网原则和设计标准，并严格遵守国际、国家和行业有关部门制定的各项标准和规范，主要的标准规范如下。

（1）商用建筑电信布线系统（TIA/EIA 568B）;

（2）用户办公场地通用布线标准（ISO/IEC 11801）;

（3）商用建筑电信通道和空间标准（EIA/TIA 569A）;

（4）商用建筑通信管理标准（EIA/TIA 606）;

（5）商用建筑通信设施接地与屏蔽要求（EIA/TIA 607）;

（6）综合布线系统工程设计规范;（GB 50311-2007）

（7）综合布线系统工程验收规范（GB 50312-2007）;

（8）民用建筑电器设计规则（JGJ/T16-92）;

（9）中国电器装置安装工程施工与验收标准（GBJ232-82）;

（10）市内电话线路工程设计规范（YDJ8-85）;

（11）市内电信网光纤数字传输系统工程设计技术规范（YDJ14-88）;

（12）城市住宅区和办公楼电话通信设施设计规范（YD/T 2008-93）。

将该结构化布线系统划分为 6 个子系统，它们分别是：设备间子系统、管理区子系统、水平布线子系统、垂直布线子系统、工作区子系统和建筑群子系统。

（1）设备间子系统。设备间子系统位于实验楼 4 层中心机房内，该子系统包括网络系统中的服务器、主交换机、网络系统的 UPS、机房内的工作站，打印机等设备可直接连接到交换机或者集线器上。实验楼的信息点均由水平干线线缆连接到主机房的配线架上，通过跳线与交换机相连。配线架、交换器等安装在标准机柜内。另外，连接各楼的光缆也连接在主机房机柜内的光纤连接器上。

前面的章节已对配线架、跳线、机柜和光纤连接器的使用情况做过详细的介绍，在这里就不再叙述。

（2）管理区子系统。本综合布线系统包括：图书馆管理区子系统、教学楼管理区子系统、实验楼管理区子系统、校办公楼管理区子系统、院系办公楼管理区子系统、学生宿舍管理区子系统和家属楼管理区子系统。这些管理区子系统位于各自所在楼层的网络间内。各网络间内配置标准机柜，柜内安装配线架、光纤连接器以及交换机等设备。各信息点通过水平干线线缆连接到相应网络间机柜的配线架上，通过跳线与交换机相连，连接网络间与主机房的光缆也连接在本网络间机柜里的光纤连接器上。

（3）水平布线子系统。水平布线子系统主要包括本校园网的主干网以及各楼楼层间的布线，主要干线采用 62.5/125 标准，室外采用 12/8/6 芯多模光纤，这种光纤带宽可以达到 1000Mbit/s 以上，这种选择可以顺利地运行主干 1000Mbit/s、100Mbit/s 到桌面的以太网，并保证可以容易地升级现有网络，以保护学校的投资。

此外，光缆作为主干线有如下显著的优点。

- 干扰性好、可靠性高。主要是因为光缆传输的是光信号，不受电磁干扰。这是铜缆无法相比的。
- 保密性好，可防止窃听。如果网络信息在铜缆中传输时会产生电磁辐射，因此，别有用心者可以在距离铜缆几十米以外的地方通过微型雷达接收机，在屏幕上观察到网络信息。但光缆在传授中不产生任何辐射，故无法窃听。

主干线光缆铺设如图 3.30 所示。

（4）垂直布线子系统。垂直布线子系统采用超 5 类 4 对非屏蔽双绞线电缆，垂直布线从网络中心主机房和各楼网络间的配线架引出，通过楼道上的桥架连接到各房间的超 5 类 RJ-45 信息插座上。进入房间的线缆封装在固定在墙壁上的 PVC 槽内，并接在信息插座上。

（5）工作区子系统。工作区子系统包括固定于室内适当位置的超 5 类 RJ-45 信息插座、网卡以及用于连接入网终端设备（PC、工作站等）的两端装有 RJ-45 信息插头的超 5 类非屏蔽双绞线。信息插座一般应明装在墙壁上，距地面 30cm 以上。

本工程信息插座的连接严格按照 EIA/TIA 568 标准，引脚顺序与 UTP 线缆各芯对应。

图 3.31 所示为信息插座/插头接口图。

（6）建筑群子系统。校园内的建筑群子系统主要由连接网络中心和各管理区子系统的室外光缆组成。所有室外光缆埋在地下，放在地下管道里。光缆的两端用热固定方法与 ST 头相连，各 ST 头端接在光线连接器的耦合器上。

#### 6. 布线工程施工

（1）工程开工前的准备工作。网络工程经过调研，确定方案后，下一步就是工程的实施，准备工作需要做到以下几点。

- 确定综合布线图，确定布线的走向位置。供施工人员、督导人员和主管人员使用。
- 备料。在开工前，网络工程需要的施工材料有些必须准备好，有些可以在开工过程中备料。主要材料有以下几种：光缆、双绞线、插座、信息模板、服务器、稳定电源、集线器、交换机等设备；不同规格的塑料槽板、PVC 防火管、蛇皮管、螺丝等布线用料；供电导线，但供电线

路必须按民用建筑标准规范制定施工进度表。

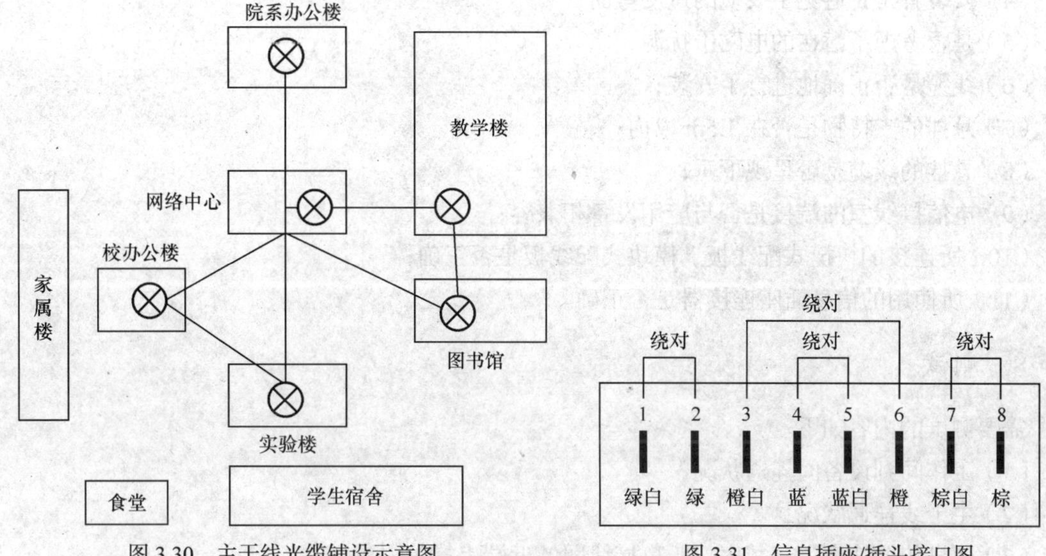


图 3.30　主干线光缆铺设示意图

图 3.31　信息插座/插头接口图

（2）施工工程中注意的事项。

- 一旦现场出现不可预料的问题时，马上向工程单位汇报，并提出解决方案供施工单位当场研究解决，以免影响施工进度。
- 对工程单位计划不妥的地方，及时妥善解决。
- 对工程单位新增加的信息点要在施工图中反映出来。
- 对部分场地或工段及时进行阶段性检查验收，确保工程质量。
- 制定工程进度表。

表 3.10 为工作间施工表。

表 3.10　工作间施工表

| 楼号 | 楼层 | 房号 | 联系人 | 电话 | 备注 | 施工测试日期 |
|---|---|---|---|---|---|---|
| | | | | | | |
| | | | | | | |
| | | | | | | |

表 3.11 为督导指派任务表。

表 3.11　督导指派任务表

| 施工名称 | 质量与要求 | 施工人员 | 难度 | 验收人 | 完工日期 | 是否返工处理 |
|---|---|---|---|---|---|---|
| | | | | | | |
| | | | | | | |
| | | | | | | |

## 7. 审查

在某些情况下，用户在接收前要对所有合同中的要求进行检验，检验要点如下。

（1）设计文档是否安全；

（2）对所有端接的线缆是否作过连续性和短路测试；

（3）线缆；
（4）安装者是否避免了线缆的过度弯曲；
（5）是否考虑了潜在的电磁干扰源；
（6）线缆是否正确地进行了安装；
（7）悬挂的支持物是否在1.5m以内；
（8）悬挂的线缆是否呈现下垂；
（9）电信接线室的端接是否与应用设备相兼容；
（10）所连接的快捷式配线板、模块式配线板是否正确；
（11）所使用的信息插座连接器是否正确。

### 8. 测试

需要测试的内容如下。
（1）工作间到设备间连通状况；
（2）主干线连通状况；
（3）信息传输速率、衰减率、距离接线图、近端串扰等因素。

### 9. 工程施工结束时注意事项

工程施工结束时的注意事项如下。
（1）清理现场，保持现场清洁、美观；
（2）对墙洞、竖井等交接处要进行修补；
（3）各种剩余材料汇总，并把剩余材料集中放置一处，并登记其还可使用的数量；
（4）做总结报告。

### 10. 总结报告

（1）开工报告；
（2）布线工程图；
（3）施工过程报告；
（4）测试报告；
（5）使用报告；
（6）工程验收所需的验收报告。

## 本章小结

本章内容主要包括以下5大部分。

1. 布线系统的组件（包括线缆、导线管槽、线缆架及光纤保护系统、连接器、其他常用材料），分类复杂，品种繁多，需要认真辨别并在实践中区分使用。

2. 综合布线工程设计技术与安装技术。包括综合布线系统方案设计、制定安装日程、主干线电缆连接技术、建筑群间电缆线敷设技术、建筑物内水平线敷设技术、光纤布线技术。

3. 布线系统的测试。主要讲述了布线系统的测试标准和要求，常用的测试工具以及布线系统的验收与鉴定。

4. 网络机房建设。讲述了网络机房建设的重要性以及具体要求。

5. 校园网布线系统。通过实例介绍了校园网布线系统的实施过程。

## 习题 3

### 一、填空题

1. 物理网络设计是整个网络工程的________。
2. 目前在网络工程中普遍采用________和________两种布线方式，可以根据实际需要选择。
3. 目前，双绞线可分为________和________两种。
4. 计算机网络一般选用________和________，其他型号用于一些专用网络。
5. 光纤传输根据光芯与屏蔽层的直径大小不同而产生不同的传输模式，常用的光纤主要可分为________和________两种。折射率分布类光纤可分为________和________。
6. 在数据通信的安装中，用于连接双绞线电缆的连接器主要有两种：________和________。RJ-45 信息模块的压接及双绞线的制作应按照________或________制定的标准进行。
7. 配线架端口主要有________、________、________等几种形式，前面板用于________或________，后面板用于________或________。
8. 信息插座采用模块化设计，作为水平布线的终结，为用户提供网络接口。根据环境不同，信息插座可分为________、________和________。
9. 从功能上看，综合布线系统包括________、________、________、________、________和________。
10. 在建筑群中敷设线缆，一般采用________和________两种方法。
11. TSB-67 中首先定义了两种测试模式：________和________。TSB-67 中规定了必要测试参数：________、________、________和________。
12. 验收可分为________和________两部分。
13. 就校园网而言，其主要的应用包括________、________、________、________、________、________、________、________、________等，校园网络主干所承担的信息流量非常大。

### 二、选择题

1. 单模光纤的光芯直径很小，大约在（　　）。

A. 2～4μm　　B. 4～6μm　　C. 6～8μm　　D. 8～10μm

2. 一般暗管转弯的曲率半径不应小于该管外径的（　　）倍，当暗管外径大于50mm时，不应小于（　）倍。

A. 4　8　　B. 6　10　　C. 8　12　　D. 10　14

3. 水平布线子系统用线一般为（　　）。

A. UTP双绞线　　B. STP双绞线　　C. 同轴电缆　　D. 光纤

4. 要求布放光缆的牵引力应不超过光缆允许张力的（　　），瞬时最大牵引力不得大于光缆允许的张力。

A. 60%　　B. 70%　　C. 80%　　D. 90%

5. 在校园网选择远程传输介质的时候，（　　）线路稳定、可靠、接入也比较简单。

A. 微波接入

B. DDN数据专线接入

C. 光缆接入

D. 单线接入新技术

**三、简答题**

1. 何谓综合布线系统？
2. 单模光纤和多模光纤的区别在哪里？
3. 线缆在导线管、槽和导线架中的铺设方法有几种？
4. 光纤保护系统的基本原理是什么？
5. 双绞线连接器的类型是什么？简述双绞线的1236规则。
6. 综合布线系统包括哪些子系统？工作区子系统设计时要注意哪几个方面？
7. 建筑物内电缆连接方法是什么？
8. 光纤布线技术中对光缆敷设的一般要求是什么？
9. 布线系统的测试步骤是什么？
10. 简述DSP-4000数字电缆分析仪的性能特点。
11. 对网络机房的环境要求是什么？
12. 一个校园网布线系统实施的原则是什么？

# 第4章 网络管理

随着网络技术和 Internet 的发展，网络的规模不断扩大，设备的复杂性不断增加，对计算机网络的管理与维护越来越困难，以往网络维护采用的“网管员自身经验+手工配置+免费软件+随设备提供的软件”的模式已经不能满足现代网络管理需求，因此需要更有效的措施来解决。

## 4.1 网络管理概述

### 4.1.1 网络管理概念

网络管理是指对网络进行监测和控制，使网络能够正常、高效地运行，并在网络运行出现故障时能够及时报告和处理。网络管理包含两个基本任务：一个是对网络的运行状态进行检测，另一个是对网络运行状态进行控制。通过监测了解当前网络状态是否正常，是否存在瓶颈和潜在的危机，通过控制对网络状态进行合理调节，提高性能，保证服务。

### 4.1.2 网络管理基本功能

国际标准化组织 ISO 在 ISO/IEC 7498-4 文档中定义的网络管理有 5 大功能：配置管理、性能管理、故障管理、安全管理和计费管理。这 5 个功能覆盖了网络管理所需的主要功能，为网络管理系统功能分析、设计和实现提供了基本概念。

1. 配置管理（Configuration Management）

配置管理是最基本的网络管理功能，主要用于配置和优化网络。配置管理负责建立配置管理信息库（MIB），利用管理信息模型对网络资源的状况进行描述，定义配置管理信息。MIB 不仅为配置管理服务，也为其他管理功能服务。配置管理功能主要包括资源清单管理、资源开通、业务开通及网络拓扑结构服务等功能。资源清单管理功能提供各种网络资源的数据，包括网络中的设备、软件、服务、客户、厂商等信息。资源开通功能保证根据需求提供开发和配置所需的资源，包括提供接入、交换、传输和 MIB 等功能的硬件和软件网络要素（NE）。业务开通功能包含网络中装载和管理所需要的过程，从用户要求业务时开始，到网络实际提供业务时结束。网络拓扑服务功能提供网络及其构成的各个层次布局的显示功能，其显示的网络布局有物理布局、逻辑布局及电气布局 3 种形式。

2. 故障管理（Fault Management）

故障管理的功能是当网络发生故障时能够迅速监测和纠正故障，使系统和所提供的服务具有高可用性。网络故障管理功能包括告警监测、故障定位、故障隔离、故障恢复及维护故障日志。其中告警监测分网络状态监督及故障监测两个任务，一旦收到告警信息则进一步收集有关信息，确认是否发生了故障。一旦确定系统中发生故障，故障定位功能能够确定设备中故障的位置。故障隔离用于确定包含故障的特定的光纤、线对及可更换模块。故障隔离后，用故障恢复功能使网络服务恢复正常，继续提供业务。

3. 网络性能管理（Performance Management）

性能管理用于评估系统资源的运行状况及通信效率等系统性能，维护网络服务质量（QoS）和网络运营效率。性能管理收集分析有关被管理网络当前状况的数据信息，提供性能监测、性能分析、性能管理控制等功能。性能监测功能监测网络性能数据，报告网络状态信息。性能分析功能对收到的监测性能数据进行统计分析，分析的结果可能会触发某个诊断测试过程或重新配置网络以维持网络性能。性能管理控制功能监测网络业务流量，进行业务量控制，并可采取非常情况下的业务量控制、路由选择等措施。

4. 计费管理（Accounting Management）

计费管理是在计算机网络系统中的信息资源是有偿使用的情况下，计算出用户使用网络资源需要的费用。计费管理的基础是网络测试，收集计费数据，网络管理员还可规定用户可使用的最大费用，从而控制用户过多占用和使用网络资源。计费管理主要分为服务事件监控、资费管理、服务管理和计费控制 4 个模块。服务事件监控模块主要负责捕捉用户使用网络服务的事件，将其存入用户账目日志以供用户查询，同时将信息发送给资费管理模块进行计费。资费管理模块负责按照资费政策计算为用户提供网络服务应收取的费用。服务管理模块根据资费管理模块和计费控制模块的控制信息对用户使用的业务进行相关限制。计费控制模块负责用户账号管理、资费调整以及服务规则管理等。

5. 安全管理（Security Management）

计算机网络系统的特点决定了安全问题不容忽视。安全管理采用信息安全措施保护网络中的服务、数据及系统免受侵扰和破坏。网络安全管理应包括对授权机制、访问机制、控制机制、加密和加密关键字的管理，另外还要维护和检查安全日志。一般来说，安全管理与其他管理功能紧密协作，如调用配置管理中的系统服务进行网络安全设施的控制和管理，向故障管理报告安全故障事件以进行故障诊断和恢复，同时对计费管理发来的与访问权限有关的计费数据和访问事件进行处理。对网络的安全管理问题，将在第 5 章中详细介绍。

### 4.1.3　网络管理模型

一般来说，网络管理采用管理者-代理模型，如图 4.1 所示。

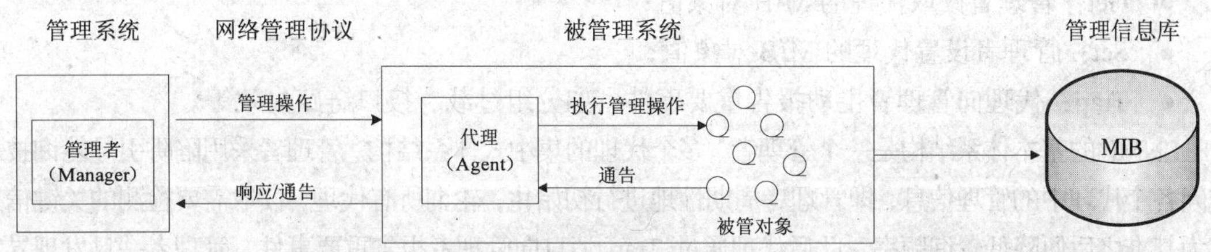


图 4.1　网络管理基本模型

网络管理系统由网络管理者（Manager）、代理（Agent）、管理信息库（Managenment Information Base，MIB）和网络管理协议（Network Management Protocol）4 部分组成。

管理者集中了网络管理的智能，通常位于管理工作站中，用于向被管系统中的管理信息发出访问请求。管理工作站一般由专用设备构成，提供网络管理员与网络管理系统的接口，并提供网络的配置、性能、故障、安全、计费等管理功能。

代理是一个软件模块，位于被管理的设备内部。代理将来自管理者的命令或信息请求转换为配备了 Agent 的各类设备（如主机、路由器、集线器、网关等）特有的指令，对系统中各类资源的被管对象进行访问，或返回设备信息，也可以向管理者转发被管对象发出的通报。

网络资源被抽象为被管对象用于进行管理，被管对象对外提供一个管理接口，通过这个接口，可以对被管对象进行操作。被管对象的集合被组织为管理信息库（MIB）。管理站和代理之间共享的管理信息由代理系统中的 MIB 给出，管理者通过读取 MIB 对象的值来监视和控制网络资源，并通过设置对象值使代理产生动作或通过改变变量值来修改代理的配置。

网络管理协议是管理者与代理之间传递管理信息的传输协议。目前常见的网络管理技术有简单网络管理协议（SNMP）、远程监控（RMON）、公共管理信息协议（CMIP）、电信管理网（TMN）、基于 Web 的网络管理技术等。

## 4.2　网络管理协议

### 4.2.1　简单网络管理协议

简单网络管理协议（SNMP）是目前 TCP/IP 网络中应用最广泛的协议，其前身是 1987 年发布的简单网关监控协议（SGMP）。SNMP 最大的优点是其简单性，因而比较容易在网络中实现。由于 SNMP 的功能不够强且缺乏安全性，不适合大型或重要网络的管理，因此 1993 年发布了 SNMP 的改进版 SNMPv2，此后原来的 SNMP 便被称为 SNMPv1。SNMPv2 在管理信息结构和功能上对 SNMP 进行了补充，并增加了安全性，但由于厂商对其安全性不支持及其自身的安全缺陷没有得到及时修正等原因，在 1996 年的 SNMPv2 正式版中取消了安全特性。目前最新的版本是 SNMPv3。SNMPv3 对安全特性进行了改进，因此在安全方面相对于 SNMP 的前两个版本有了很大的改进。

### 1. SNMP体系结构

SNMP的网络管理模型包括4个重要元素：管理者、代理、管理信息库和网络管理协议。其中管理者和代理之间通过SNMP网络管理协议通信。SNMP通信协议主要包括以下功能。

- Get：管理者读取代理的MIB对象值；
- Set：管理者设置代理的MIB对象值；
- Trap：代理向管理者主动报告重要事件，如分组过载、接口链路失效等。

SNMP的基本体系结构是一个管理者、多个代理的集中式体系结构。管理者采用陷阱引导轮询技术访问各个代理中的管理信息，即管理者周期性地进行初始化，轮询所有代理，读取需要检测的关键信息作为基准之后便降低轮询频率，此后代理通过Trap消息向管理者报告重要事件。管理者一旦发现异常情况可以直接轮询报告时间的代理或它的相邻代理，对事件进行诊断或获取关于异常情况的更多信息。

### 2. SNMP管理信息结构和安全控制

SNMP的网络管理由MIB、管理信息结构（SMI）及SNMP本身3部分构成。SMI是SNMP为了规范管理信息模型而公布的，它规定了MIB中被管对象的数据类型及其表示和命名方法，为定义和构造MIB提供了一个通用的框架。

SNMP为应用层协议，是TCP/IP协议族的一部分。为了简单化和降低通信代价，SNMP一般通过用户数据报协议（UDP）来操作，但SNMP也能适用于其他协议。

在SNMP的管理中，管理者和代理之间可以是一对多、多对一和多对多等不同的关系，因此一个代理也可以收到来自不同管理者的对被管对象的操作命令。每个代理控制着自己的本地MIB，为了能够控制多个管理者对这个本地MIB的访问，要解决以下3个方面的问题。

- 认证服务：将对MIB的访问限定在授权的管理者范围内；
- 访问策略：对不同的管理者给予不同的访问权限；
- 代管服务：在代管系统中实现为托管站服务的认证服务和访问权限。

SNMP通过共同体（Community）的概念来定义一个代理和一组管理者之间的认证、访问控制和代管的关系。共同体是一个在被管系统中定义的本地概念。代理为每组可选的认证、访问控制和代管特性建立一个共同体，每个共同体被赋予一个在被管系统内部唯一的共同体名，该共同体名要提供给共同体内的所有管理者，以便它们在Get和Set操作中应用。一个代理可以与多个管理者建立多个共同体，同一个管理者也可以出现在不同的共同体中。由于共同体是在代理本地定义的，因此不同的代理可能会定义相同的共同体名。共同体名相同并不意味着共同体有什么相似之处，因此，管理者必须将共同体名与代理联系起来加以应用。

### 3. SNMPv2与SNMPv3

如前所述，最初的SNMPv2最大的特色是增加了安全性，但在后来的正式版中把此特性给删除了，因此，相对于SNMPv1的改进程度受到了很大的削弱。总的来说，SNMPv2的改进主要有以下几个方面。

- 支持分布式管理。SNMPv1采用的是集中式管理，管理者的负担太重，且来自各个代理的报告也加重了网络的负担。而SNMPv2不仅可以采用集中式的模式，也可以采用分布式模式，分散了管理者的处理负担，减少了网络的业务量。
- 改进管理信息结构。SNMPv2的SMI对SNMPv1的SMI进行了扩充，定义对象的宏中包

含了一些新的数据类型，并提供了对表中的行进行删除或建立操作的规范。

- 增强管理信息通信协议的能力。在通信协议操作方面，增加了两个命令，一个是 get-bulk-request 命令，可一次读取多行信息；一个是 inform 命令，可以使管理者能够向其他管理者发送有关的事件信息而不需经过请求。

SNMPv2 由于在安全方面的设计难于实现，因此没有被市场接受。

SNMPv3 对安全特性进行了改进，具有鉴别、保密和存取控制 3 种安全功能，在安全方面相对于 SNMP 的前两个版本有了很大的改进。SNMPv3 提出了全新的体系结构，不仅解决了安全问题，而且将各个版本的 SNMP 标准集成到了一起，使 SNMPv1 的实体和 SNMPv2 的实体可以与 SNMPv3 的实体互通。

### 4.2.2　远程监控协议

网络操作中心（NOC）利用 SNMP 可以方便地进行配置管理和故障管理，但不能方便地进行网络性能管理。因为虽然 MIB 计数器将统计数据记录下来了，但利用 SNMP 轮询无法直接获得有关全网的流量信息。为了对网络流量进行监测，人们将一些专用设备配置在各个结点，并将这些设备称为网络监测器（Network Monitor 或 Probe），由此产生了远程监控（RMON）的概念。1991 年 IETF 公布了 RMON MIB 来解决 SNMP 在日益扩大的分布式网络中所面临的局限性。ROMN 虽然只是一个 MIB 规范，并未对 SNMP 进行任何修改，但却显著提高扩展了 SNMP 的功能，使 SNMP 更为有效地监控远程设备。

RMON 监视器和 RMON 客户机软件结合在一起，就可以在网络环境中实施 RMON。RMON 监视器可以是一个专门的硬件，也可以放置在工作站、服务器或路由器上，一些网络设备常常已经包括了 RMON 代理。监视器遍布在不同的 LAN 网段之中，监视网络流量并根据用户定义的参数来获取特定类型的数据。监视器对本地网络进行监测和分析，既可主动也可被动向网络管理系统传递信息，分析结果可靠，这样就不需要管理程序不停地轮询，才能生成一个有关网络运行状况的趋势图，降低了 SNMP 的流量。

RMON MIB 由一组统计数据、分析数据和诊断数据构成。利用许多供应商开发的标准工具可显示出这些数据，因而它具有远程网络分析功能。RMON 监视下两层（即数据链路和物理层）的信息，可以有效监视每个网段，但不能分析网络全局的通信状况，如站点和远程服务器之间应用层的通信瓶颈，因此产生了 RMON2 标准。RMON1 MIB 由 10 个 MIB 组组成，RMON2 MIB 由 RMON1 上附加的组组成，所有 RMON 组都是选项，即符合 RMON 标准的产品不必支持所有的组。RMON2 标准使得对网络的监控层次提高到网络协议栈的应用层。因而，.除了能监控网络通信与容量外，RMON2 还提供有关各应用所使用的网络带宽量的信息。

与普通的 MIB 相比，RMON MIB 在进行远程网络监控时更为出色，它的缺点是表管理复杂和对代理的需求较高，通常需要用专门设备来处理问题。

### 4.2.3　公共管理信息协议

公共管理信息协议（CMIP）是 OSI 提供用来代替 SNMP 的一个重要标准，用于支持管理者与代理之间的通信。作为国际标准，CMIP 主要针对 OSI 网络参考模型的传输而设计，采用报告机制，具有许多特殊的设施和能力，功能远强于 SNMP，但由于它太复杂，且需要能力强的处理机和大容量的存储器，开销较大，因此虽然有很多公司和厂商都表示支持，却迟迟不能占领市场。

公共管理信息服务（CMIS）定义了 OSI 的网络管理服务，而 CMIP 是定义如何实现 CMIS 的协议。

CMIP 采用面向对象技术，用被管对象的概念描述被管资源。被管对象向外提供一个管理接口，通过这个接口，可以对被管对象进行操作，也可以将系统中的随机事件以通报的形式向外发出。

CMIS/CMIP 的整体结构是建立在 ISO 网络参考模型的基础上的，CMIP 位于 OSI 参考模型中的应用层，直接为管理者和代理提供服务。CMIP 支持 7 种 CMIS，提供 CMIS 原语给管理者和代理调用，然后 CMIP 实体将服务原语转变为协议数据单元（PDU），并按照确定的规则与远程的对等实体进行 PDU 的交换。

CMIP 与 SNMP 各有所长。SNMP 实现简单，但安全性差。CMIP 管理更为有效，并建立了安全管理机制，提供授权、访问控制以及安全日志等功能，但实现复杂，成本较高。

### 4.2.4 电信管理网

电信管理网（TMN）是国际电信联盟电信标准化部门（ITU-T）根据 OSI 系统管理框架提出的具有标准协议、接口和体系结构的管理网络，是在运营支持系统（OSS）的基础上建立起来的。TMN 为电信网和业务提供管理功能并提供与电信网和业务进行通信的能力，它的基本思想是提供一个组织结构，实现各种运营系统（OS）以及电信设备之间的互连，利用标准接口所支持的体系结构交换管理信息，从而为管理部门和厂商在开发设备以及设计管理电信网络和业务的基础结构提供参考。

开发 TMN 标准的基本目的是管理异构网络、业务和设备，通过丰富的管理功能跨越多厂商和多技术进行操作。在 ITU-T 的 M.3000 系列建议书中可以找到 TMN 的规范。

### 4.2.5 基于 Web 的网络管理

基于 Web 的网络管理的 WBM 模型是将网络管理和 Internet 技术结合，通过 Web 浏览器进行网络管理，为网络管理人员提供更有分布性和实时性、操作更方便、能力更强的网络管理方法。

WBM 有两种实现方式：一种是代理方式，用户通过浏览器与代理（运行 Web 服务器的内部工作站）通信，同时代理与端点设备之间通信；另一种方式是嵌入式，将 Web 功能嵌入到网络设备中，管理员通过浏览器可直接访问并管理该设备。在未来的网络中，WBM 的两种实现方式都将被采用，大型的网络可采用代理方式对整个网络进行监测与管理，小型网络使用嵌入方式更具有优势。

## 4.3 网络管理系统

由于网络的规模在不断扩大，网络管理工作越来越繁重，使用网络管理系统可加强网络管理，优化现有网络性能，因此如何选购合适的网络管理系统来管理网络变得非常重要。

最初的网络管理系统（简称网管系统）是使用单独的网络管理工具结合简单的网络检测工具。这种网管系统的特点是灵活性好，但对用户要求高，还要了解不同网络设备的配置方法，不具有图形化界面。如使用连通性测试程序 Ping 测试端到端的连通性，对数据分组到达性进行分析；用路由跟踪程序 Traceroute 检测端到端之间有多少个网段组成，中间经过多少个路由器，对路径可达性分析等。使用这些小的测试程序可以很高效地检测网络故障，进行网络分析，但需要管理员具有丰富的网络管理经验。网络测试与调试工具有很多，在 TCP/IP Internet 和互连设备监测与调试工具（RFC 1470）中的工具就超过了 100 个。网络测试工具包括各种测试设备和协议分析仪，

如各种电缆测试仪、网络万用表、各种协议分析仪及协议分析软件等。

现在的网管系统都有着良好的图形化界面，具有对网络设备的监测、配置和故障诊断及计费等功能，一般具有自动发现网络拓扑结构、对网络故障进行报告和处理、采集性能数据及计费数据、提供可视化分析工具和基本安全管理工具等基本功能。目前比较流行的网管系统基本上可分为通用网络管理平台、专用网络管理系统、综合网络管理系统和专业网络管理软件 4 大类。

## 4.3.1　通用网络管理平台

通用网络管理平台包括 HP OpenView、IBM Tivoli NetView、SUN NetManager 等，对各个厂商的网络设备都可进行管理，但一般都需要进行二次开发，对管理人员的技术要求很高。

HP OpenView 集成了网络管理和系统管理的优点，是一个兼容的、跨平台的企业级网络管理系统，市场应用广泛。OpenView 提供了基本的网络管理功能需求，可根据用户的需求来构造管理，可采用集中式和分布式管理模式，具有管理多厂商网络的灵活性。与其他网络管理系统相比，它的最大优点在于拥有更多的第三方开发厂商，因此更像一个工业标准的网络管理系统。HP OpenView 最大的弱点是不能理解所有网络对象在网络中的相互关系，不能处理因为某一网络对象故障而导致的其他对象的故障。因此当一个网络对象发生故障，从而导致其他正常的网络对象停止响应网络管理系统时，OpenView 会把正常网络对象当作故障对象对待，从而扩大了故障范围。同时，它也不能区分服务的故障与设备的故障，例如是服务器上的进程出了问题还是该服务器本身出了问题。目前该产品主要应用在金融、电信、交通、政府、公共事业及制造业等领域。

IBM Tivoli NetView 是面向企业和服务供应商的、具有兼容性的网络管理系统，它既是一个开发平台，也是一个可以直接使用的最终系统，是在最初的 HP OpenView 基础上发展起来的。NetView 在 OpenView 基础上进行了很多改进，提供更全面的网络管理功能，且价格更便宜、灵活性更好。它的缺点与 HP OpenView 类似，缺乏相关性的处理，不能对故障事件进行归并，它不能找出相关故障卡片的内在关系，不具备在掌握整个网络结构情况下管理分散对象的能力，使运行自动管理困难。不过 NetView 提供了强大的信息过滤能力，并通过使用设置阈值来减少部分冗余警告。目前该产品主要应用在金融、电信、保险、食品、医疗、旅游、政府、能源、制造业等领域。

SUN Net Manager（SNM）是基于 UNIX 的网络管理系统，只能运行在 Sun 平台上。SNM 主要作为开发平台，提供很有限的应用功能。因此如果用户希望直接使用，则必须购买第三方开发的针对具体硬件平台的网络管理系统。SNM 是第一个提供基于分布式的管理结构，将网络管理负载分散到整个网络中，从而使得管理负载最小化，而网络性能和效率最大化，因此可实现大型复杂网络的协同管理，能管理所有支持 SNMP、TCP/IP 和 ONC RPC 的设备。SNM 目前在市场上的占有率在逐步减少，但仍具有很多第三方的开发应用，该产品目前主要应用在政府、教育科研、金融、互联网、制造业等领域。

## 4.3.2　专用网络管理系统

专用网络管理系统也称为网元管理系统，包括 CiscoWorks、华为、D-LINK 等，是设备厂商为自己产品设计的专用网络管理系统，这种系统对自己产品的监测和配置功能非常全面，可监测一些通用网管系统无法监测的重要性能指标，还有一些独特配置功能，但不能管理其他公司生产的设备。

CiscoWorks 是 Cisco 公司提供的面向广域网和局域网的全面网络管理解决方案，是 Cisco 设备专用的

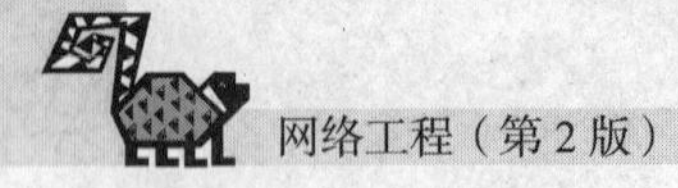


网络管理系统，能集成到前面几种流行的网络管理平台上，如Sun工作站(Sun OS和Solaris)上的Sun Net Manager、Sun或HP系统上的HP OpenView、以及IBM NetView for AIX。该产品系列有4个主要解决方案：LAN管理方案、Routed WAN管理方案、服务管理方案和VPN管理方案。Cisco通过开发基于Internet的体系结构，向用户提供更高的可访问性，并可以简化网络管理任务和进程。使用CiscoWorks不需要安装网络管理系统，可直接加到网络中去。该方案符合Internet标准，并支持Cisco的端对端网络管理模型。

与Cisco类似，华为、D-LINK等厂商都有管理自己产品的网络管理系统，可以单独对网络中的相关设备进行很好的管理，也可以配合综合管理系统对网络进行更有效的管理。

### 4.3.3 综合网络管理系统

综合网络管理系统包括Cabletron的Spectrum、东信冠群IPNet SureWorks、华信亿码Netwin2000、北大青鸟NetSureXpert 、游龙科技Siteview、永达SecView、网强、北塔BTNM等，可对中小型网络进行管理。其特点是功能较全面，价格适中。

Cabletron的Spectrum是一个性能强大同时非常灵活的网络管理系统，采用面向对象的方法和Client/Server体系结构，从而使网络可以进行无限制扩充，并且它还是前面几种网络中唯一具备处理网络对象相关性能力的系统。Spectrum使用归纳模型化技术（Inductive Modeling Technology，IMT），采用人工智能的思想，能够理解网络设备之间的依赖关系。因此，当网络中某个设备发生故障时，其他停止对轮询应答的设备将不被认为发生故障，避免了以往在其他不具备相关性处理的网络管理系统中出现的，即使只有一个设备发生故障时也可能会出现许多告警的现象，从而减少了故障卡片的数量，也减少了网络的开销。但是与前面几种网络管理系统相比，Spectrum的灵活性也带来了它的复杂性，只得到少数第三方开发厂商的支持。因此虽然它是一个优秀的网络管理系统，但市场占有率还比较低。该产品主要应用在政府、能源、金融、印刷业、零售业及军工等领域。

东信冠群IPNet SureWorks 、华信亿码Netwin2000、北大青鸟NetSureXpert 、游龙科技-Siteview、永达SecView、网强、北塔BTNM等国产网络管理软件的总体特点是可以对网络集中进行管理，能够很好地集成现有的网络产品，功能较齐全，使用方便，对管理人员技术要求不是很高，适用于不需要进行很多二次开发的政府、教育、食品、制造、零售业等领域。

### 4.3.4 专业网络管理系统

专业网络管理系统是专门针对网络某方面的需求，如配置管理、故障管理、性能管理、记账管理和服务管理等进行管理的系统，包括Netscout、Micromuse等。

Netscout是目前市面上具备最完整网络性能管理方案的厂家，其产品包含全系列的硬件探针（Probes）和管理软件（nGenius Performance Manager）。其中硬件网络探针以“被动侦听”的形式在线路上捕获数据包，为用户提供丰富可靠的数据。nGenius Performance Manager（简称nGenius PM）本身是NetScout作为数据收集、分析和综合的网络监控及性能管理系统，但同时它也可以和Cisco Works或HP OpenView第三方网络管理平台整合形成一体化的综合性网络体系。PM从路由器、交换机、服务器、nGenius网络探针等各种RMON数据源收集统计的数据，实现包括实时流量监控、数据包捕捉及解码、VoIP监控、自动化报表生成、网络时延、流量异常告警等功能，并可支持Windows NT/2000、HP-UX、Solaris或IBM AIX等多种操作系统。nGenius产品适合各种需要对网络性能进行监控和管理的大中型网

络，如政府、电信、制造业、电力行业等。

美国 Micromuse 是网络管理系统的领先提供商，其旗舰产品 Micromuse Netcool 是一个电信运营级的服务与业务保障系统，能够帮助用户管理用于支持基于 IP 网络不断增加的语音、数据和视频流量的日益复杂的 IT 系统。在 Netcool 网络管理套件的支持下，服务供应商和企业级用户的网络管理系统能够通过单一的数据库监视和分析网络的运行，整合和管理成千上万个网络运行事件、网络设备和实时的网络运行进程。Micromuse 用户涵盖了全球著名的电信、银行、电力行业业务提供商，如电信行业包括 AT&T、英国电信、法国电信、德国电信、中国电信、中国移动、中国网通；银行包括中国银行、中国建设银行，以及电力行业的浙江电力、电信服务提供商华为技术有限公司等。2006 年 2 月，Micromuse 被 IBM 收购，作为一个业务部门并入 IBM Tivoli 软件部门，继续保留 Netcool 品牌，但 Netcool 会集成到 Tivoli 软件当中，其业务模式、生态环境以及开发/合作伙伴等都会保留下来。

## 4.3.5　网络管理系统的选择

用户在选择网管系统时，首先应明确选择网络管理系统的目的以及要达到的目标。其次对网络目前信息化程度和系统复杂度进行分析，对网络目前的 IT 服务方式进行分析，如是否有外包？如何值班？最后结合预算进行网络管理系统的选择。

在选择网管系统时具体应考虑到以下几个方面的内容。

- 是否需要 B/S?
- 是否只关心网络设备和网络系统？
- 是否对服务器/OS/中间件有要求？
- 是否关注网络流量？
- 是否关注网络性能？
- 是否有多级管理要求？
- 是否关心业务的管理？
- 是否需要 IT 服务部门的业务支持？
- 开放性和扩展性程度如何？

一般来说，选择网管软件可以遵循以下原则。

（1）以企业应用为中心，结合企业网络规模，考虑企业自身的技术能力，包括网管的素质和工作负荷，从而决定选择什么类型的网管系统。

（2）网管软件应该具有可扩展性，包括具有通用接口供企业内部进行二次开发，并支持 SNMP、RMON 等网络管理协议及网络管理标准。

（3）提供 TCP/IP、IPX、AppleTalk、SNA 等各种网络协议的监控和管理，并支持和第三方工具交换数据。

（4）使用说明详细，使用方便。可以快速进行参数配置和设置数据视图。考察厂商否能给企业提供长期支持。

（5）部署网络管理不能指望一步到位。随着网络环境的快速发展，网管软件也面临着不断地调整和二次开发，所以不能期望网管软件永远适用不断变化的网络环境。

从网络管理系统性能上来看，国外软件的优势在于作为平台软件，可根据企业情况进行具有进行针对性的二次开发，功能强大，售后服务好，更新快，适合管理大型而复杂、要求非常高的

网络系统，如电信、金融等行业网络。而国产软件的优势在于本地化，用户对界面的可操作感强，但功能较弱，大部分软件只相当于国外网管系统中的某个子系统功能，网络的监控功能比较强，但缺乏自动解决问题和管理用户资源的能力，而且软件更新和售后服务连贯性不强。因此，目前国内网管软件比较适用于中等规模企业或作为大型网管系统的辅助工具。

从企业管理需求来看，中小企业比较倾向集中式的网络管理，选择网管系统除了以上考虑点外，还要考虑管理成本低廉、维护便捷等因素；大型企业的网管系统应更具专业化和智能化，能自动分析数据、评价配置、网络模拟和资源预测等。无论何种规模的企业，不能认为只要安装了网管系统就万事大吉，必须从网络管理的角度来认识和维护网络，网管系统只是网络管理的一个方面，还要结合人员专业水平、管理制度和其他辅助网络工具等。

举例来说，对于校园网络管理应根据校园网的特点进行网络管理系统的选择。校园网一般为高速的局域网，使用网络的用户众多，包含大量的多媒体信息，因此，如何保证大容量、高速率的稳定数据传输是网络管理的重点工作。因此，校园网的网络管理以保障网络的通畅为主要目的，结合测试工具、分析仪及网络控制台软件来实现。如对网络中多媒体教学所需的CATV/CCTV电缆测试，用光纤模块对光纤主要性能的测试，用广域网测试模块对广域网进行测试，用分析仪或分析软件帮助管理人员进行趋势分析，判断网络性能，用控制台软件实现管理过程等。另外，校园网中还有大量的关于教学和管理的重要数据如何保证安全，如何建造经济实用的管理网络都是网络管理要考虑的问题。

对于网络构成简单的企业网络来说，也常常采用功能性管理软件进行网络管理，如网络分析软件 Sniffpro，日志分析软件 Webspy，服务器控制的远程遥控软件 PCanywhere，网络防毒软件 Symantec 的 AntiVirus 企业版等，将这些功能性软件和一些测试分析设备相结合可有效地管理中小型、结构不复杂的企业网络。但对于大型的、复杂的、性能要求高的异构网络而言，则一定要选择高级的网络管理系统以应付网络中可能出现的各种复杂情况。

总的来说，小型的网络或同构的网络不必选择大型的网管系统，使用初级的网管系统就能收到较好的效果。大型的网络系统应根据需要选择相应的更具专业化和智能化的网管系统。无论选择哪一种网管系统，都要对网管系统的扩展性、协议的支持性、使用的方便性和灵活性以及是否具有较高的性价比等方面进行综合考虑。

## 4.4 校园网网络管理实例

### 4.4.1 网络管理的需求分析

校园网作为承载学校各项业务系统的IT基础设施，需要对图书馆系统、多媒体教学管理系统、教务管理系统、财务管理系统、人事管理系统等各种业务信息系统提供持续可靠的网络访问服务。同时，校园网是面向内部师生的网络，设备品种多，终端应用情况复杂，管理工作十分繁重，在这样的环境下如何保障网络的畅通无误，如何及早发现并排除潜在的故障隐患，有效地管理好网络，保障网络的安全稳定运行，是网络管理人员必须面对的难题。

最初某校园网管理基本上是以厂商提供的管理软件为主，配合其他简单的网络管理工具对整个网络进行管理，但是随着网络规模的不断扩大，使用师生人数的增加，以及不断增加的故障隐患和安全威胁（包括蠕虫、病毒和黑客），网络平台的稳定运行正在面对巨大的冲击，再依靠以往的网络管理方式已经远远不能满足现在的网络管理需求，因此急需一个合适的综合网络管理系统

对网络进行高效安全的管理，能够及时发现网络中的潜在问题和安全隐患，以便提前制止可能的攻击行为和异常事件，消除病毒和蠕虫所带来的系统漏洞和潜在风险。

由于校园网使用人数多，设备种类多，应用服务多，不需要对外提供大量的商业服务，不需要较多的二次开发功能，因此只需要采购一款能够支持众多网络设备厂商、高效实用的网管工具以协助管理员进行网络管理即可，并不需要大型的、复杂的、电信级的综合网络管理平台。从易用性和集中管理性上看，国产的网络管理软件更适合校园网管理。

## 4.4.2　网络管理系统的选择

北塔网络运维管理系统 BTNM 是定位于"信息基础设施"、"运行维护管理"的管理产品，注重分析运维的特点，注重分析使用者的特点，是一套"事前"管理系统，基于网络平台，面向应用。BTNM 除关心设备本身的管理外，还关注流经设备的数据流，关注网络应用对设备造成的压力以及压力分布、变化情况，并且 BTNM 可以根据运行维护的需要进行数据整理，主动告诉用户其需要的某些数据。除此之外，BTNM 的网络资源综合管理解决方案为用户提供了跨厂商、跨平台的统一管理，提供了面向企业信息系统架构（EIA）的综合网络资源管理，支持跨地域的分层网络管理，具备基于事前管理（BTNM——Before Trouble Network Manage）的数据综合能力，并能配合安全管理，提供全网 IP 定位、MAC 定位，捕捉地址盗用及非法设备移动，具备数据流分析等功能。

目前在市场上，北塔 BTNM 在教育和政府行业中占据了较大的份额。北塔 BTNM 还提供免费试用版本给网管人员，以便其使用后根据实际使用效果来决定是否选择该软件，具有良好的服务。

从校园网的需求分析及北塔 BTNM 的特点可以看出，选择 BTNM 完全可以实现对校园网进行有效、安全的管理。

## 4.4.3　BTNM 在校园网中的应用

BTNM 主要是通过 SNMP 来实现的，由管理者、代理和被管对象 3 部分组成。其中管理者实际上就是安装了 BTNM 网管系统的网管主机，由网络管理员通过这台网管主机对网络进行日常维护。代理主要是所需管理的网络设备，如路由器、交换机、服务器等，配置后就能在管理者那里进行统一管理。被管对象主要是一些路由器、交换机的网络端口，比如说网络管理员想知道某一交换机上端口的数据流量，就可以通过 BTNM 查询。

### 1. 物理拓扑管理

某校园网网络拓扑结构采用的是 Cisco 网络设计三层分层模型：接入层、汇聚层与核心层。其中网络中心接入层设备采用 Star 2024 交换机，通过 Telnet、SNMP、Web 和本地管理等多种方式对设备进行管理。网络中心汇聚设备采用 Extreme 3804 三层交换机，网络中心核心层是以两台 Extreme 6808 交换机为核心的吉比特智能三层交换园区网络构成环，网管部署在核心的图文中心的 Extreme 6808A 和 B，两台 6808 上的吉比特端口各连接一个端口到网管机上。同时支持 SNMP。

系统的自动搜索网络功能可以生成网络连接拓扑图。一般来说，拓扑图是和实际的物理拓扑图可能存在一些差别，如有些物理设备在生成的拓扑图中找不到，这时就需要人工对其进行配置，可通过添加主机的办法将设备的 IP 地址及其他信息写入。经过调整以后，即可生成正确清晰的校园网拓扑图，如图4.2所示。

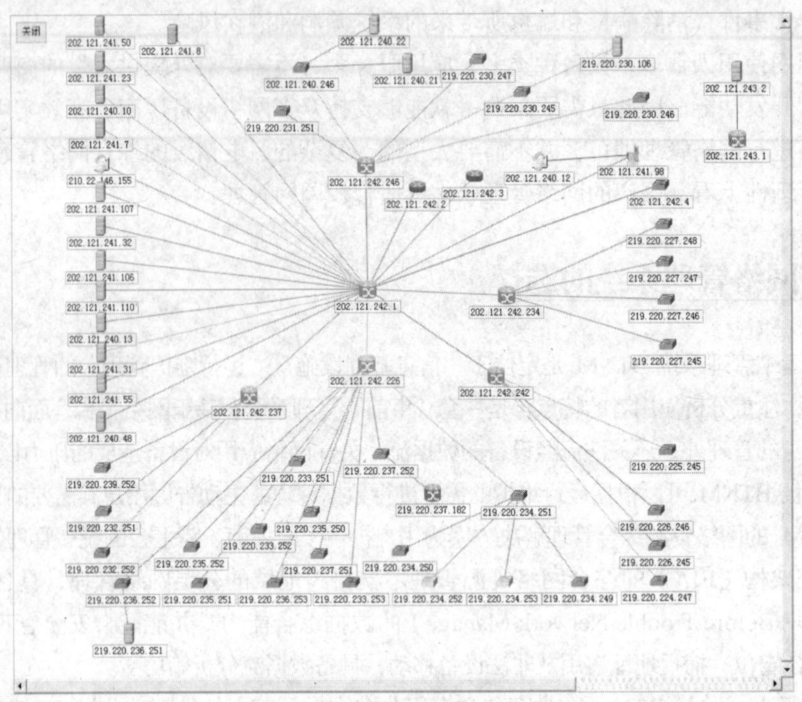


图4.2　校园网拓扑图

管理员可在原来的拓扑图基础上增加新设备，只要在所有参数设置好后，选择“拓扑生成”或“拓扑添加”即可开始，也可以在拓扑图中手工添加删除设备及连接以避免重构拓扑图的麻烦。图4.3所示为添加设备图，图4.4所示为添加已经存在的两个设备之间的线路图。

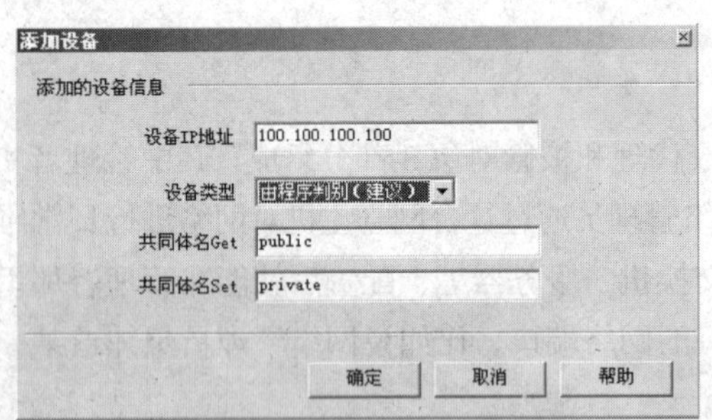


图4.3　添加设备图

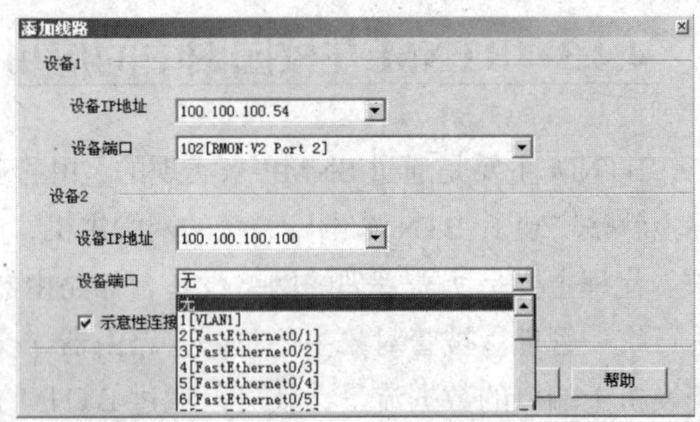


图4.4　添加线路图

## 2. 实时监视与分析

BTNM可以对校园网进行实时监控与分析，一旦出现网络异常情况，网管人员可借助BTNM进行网络故障查找和排除。如网络出现网速突然变慢，连接不稳定，无法正常访问网站的问题可能是线路超载引起的，这时可根据BTNM的网络拓扑图对锁定几条流量比较大的线路进行观察并对其进行流量分析。

线路的负载大小可根据拓扑图中显示的当前线路的颜色进行判断。不同的颜色代表不同的流量值，管理员通过网络通常的流量状况设置不同的阈值，如设置当线路流量>1000Mbit/s 时显示红色，流量在100～1000Mbit/s之间线路显示为蓝色，流量<102Mbit/s时显示为黄色，无数据时显示为灰色。

BTNM提供的线路流量分析图能以曲线图方式来显示各线路的流量变化，并且可以同时记录

多条线路，方便对比分析。当根据拓扑图中线路流量显示颜色确定流量大的线路以后，就可以使用 BTNM 对所选线路的流量进行实时分析，图 4.5 所示为所选线路的线路流量分析图。

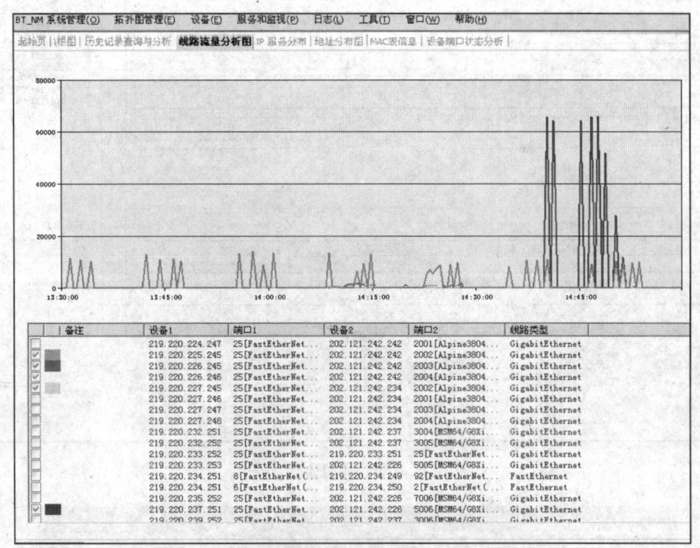


图 4.5　线路流量分析

通过几条线路的流量分析图可以看到紫色曲线的异常，而从下方的曲线颜色与设备对应表可看到该紫色曲线代表的是实达的交换机设备（219.220.237.251）与实达的交换机设备（202.121.242.226）。管理员也可以通过 BTNM 检查当前线路的总流量、总帧流量、总错包、带宽占用比等信息。

接下来对连接线路的设备进行分析。通过 BTNM 的历史记录查找与分析功能可以对交换机设备（STAR 2024）进行实时分析，BTNM 可以提供该设备的基本信息，如设备 IP 地址、名称、当前状态、内存占用比等，图 4.6 所示为系统对交换机设备不同端口的数据流量进行实时分析。

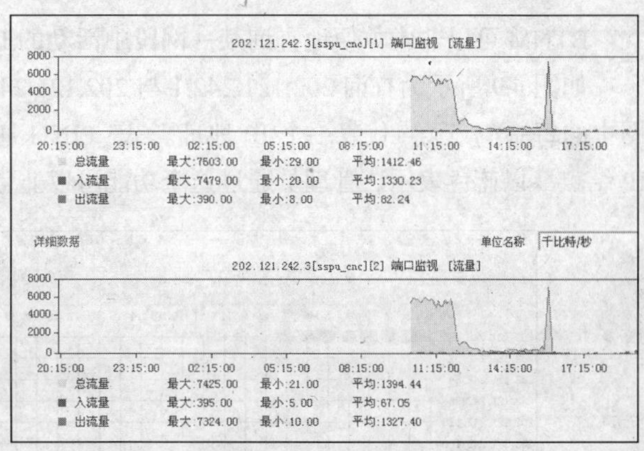


图 4.6　数据流量图

通过 BNTM 的 CPU-MEN 分析功能可以查看该设备(STAR 2024)的 CPU 负载和内存使用率的变化，判断该设备的 CPU 和 MEM 是否有负载或其他异常情况，如图 4.7 所示。

通过对各交换设备的端口流量分析和 CPU – MEN 分析，可以发现是实达交换机出现问题，接下来对连接在这个设备上的 PC 进行检查，发现是连接在该设备上的一个 PC 用户每秒发出上千次的 Telnet 包从而导致网速变慢。利用 BTNM 关闭此用户的端口，校园网络马上恢复了正常。

### 3. 端口显示

BTNM 提供非常直观的端口显示界面，当确定了要关闭的用户的端口位置后，只需双击其所在设备图标，即可显示该设备的面板图。如果设备流量显示设备超载，可以通过设备面板图直接关闭出问题的 PC 所在的端口，如图 4.8 所示。

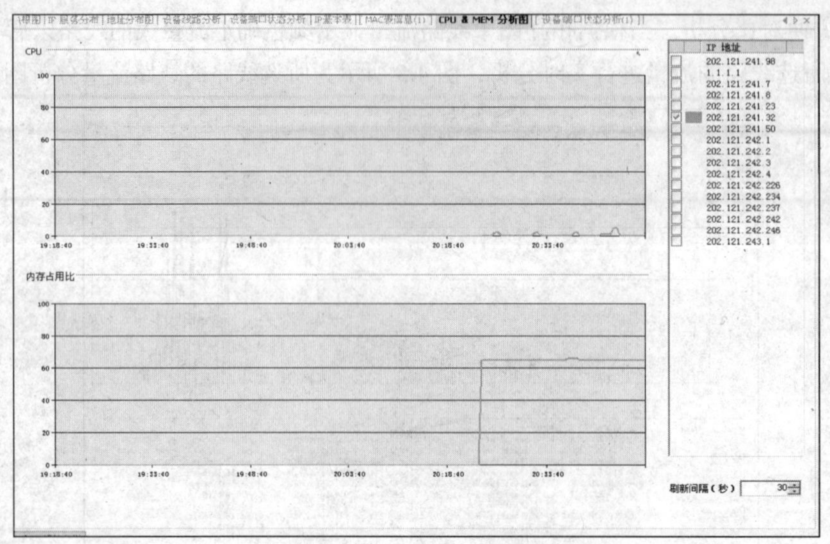

图 4.7 CPU-MEM 分析

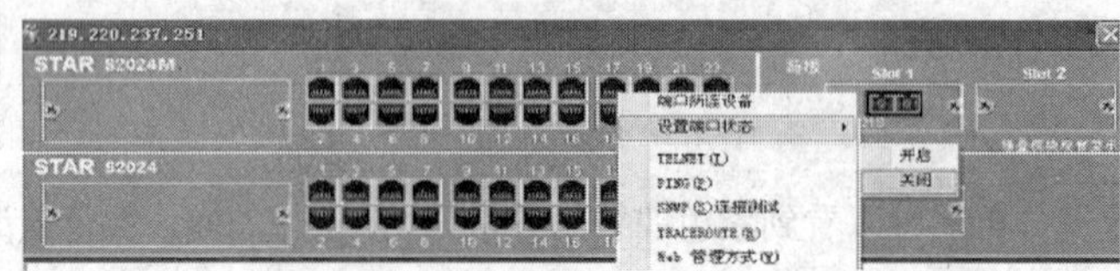

图 4.8 设备面板图

## 4. IP 地址资源查询

BTNM 可以非常方便地查询某一网段中活动的 IP 地址及其主机上开放的服务。

如图 4.9 所示为查询 202.121.242.1 与 202.121.242.242 IP 地址段中所有正活动着的 IP 地址。图中的每一个交叉点代表一个 IP 地址。“曾 PING 通的 IP 结点”以灰色表示，“本次 PING 通的 IP 结点”以蓝色表示。管理员通过这个功能可以非常清楚地了解网络中的 IP 结点的活动状态。

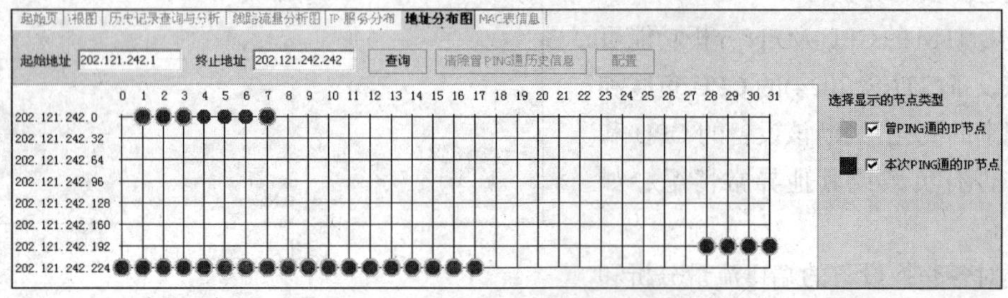

图 4.9 地址分布图

图 4.10 所示为查询 202.121.242.1 与 202.121.242.242 网段中所有活动结点中某些结点开放服务的分布情况。交叉点的不同颜色表示的意义和图表右侧的选择框有关，如黄色代表 TELNET 服务，绿色代表 FTP 服务，蓝色代表 POP3 服务，灰色代表仅 PING 通的 IP 结点，红色代表有多个打开的服务，要查看到底是哪些服务开放的方法可以单击交叉点的标记，查看所有开放的服务。

## 5. 实时监视及预警

通过 BTNM 可实时动态监视远方主机的活动进程，CPU、MEM 占用情况以及磁盘使用情况，

如图 4.11 所示。BTNM 也可以对主机的网络端口是否正常进行监测。

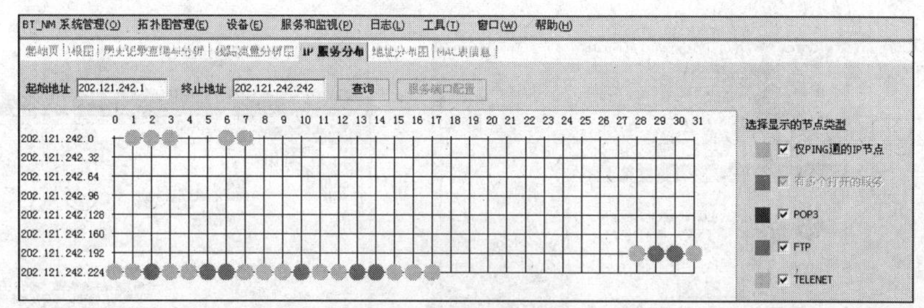


图 4.10　IP 服务分布图

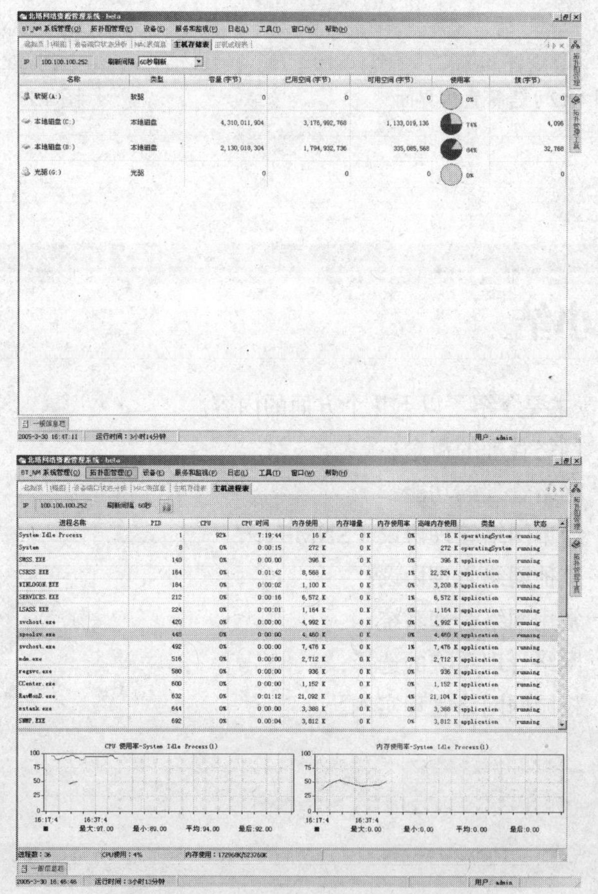

图 4.11　实时监测主机（硬盘及进程）

如果监测到某些资源使用异常情况，BTNM 将根据报警管理功能中预先对网络设备的端口、流量、负载（CPU、MEM）、甚至对任意 SNMP MIB 各项参数设置的阈值来发出多种方式的故障告警，通知相关的网管人员及时解决问题，有效地预防校园网络问题的发生。图 4.12 所示为告警管理界面。图 4.13 所示为 BTNM 的多种告警方式设置界面，包括对话框、语音、E-mail、手机短信等。

除以上基本功能以外，BTNM 还集成了服务器系统管理、数据库及中间件管理、PC 桌面系统管理、环境保障管理、电源保障管理等，还集成了一些安全功能，如用户授权、IP-MAC 地址绑定的监视、网络位置变动的监视等等，并通过捕捉网络上的一些异常行为，发现异常行为的根源，来判断是否中毒，从而能及时使其在物理上断绝与网络的联系，保证校园网网络安全运行。

总之，BTNM可以全面监控校园网络状况，使用简单，部署方便，并可灵活扩展，是管理校园网的有效工具。

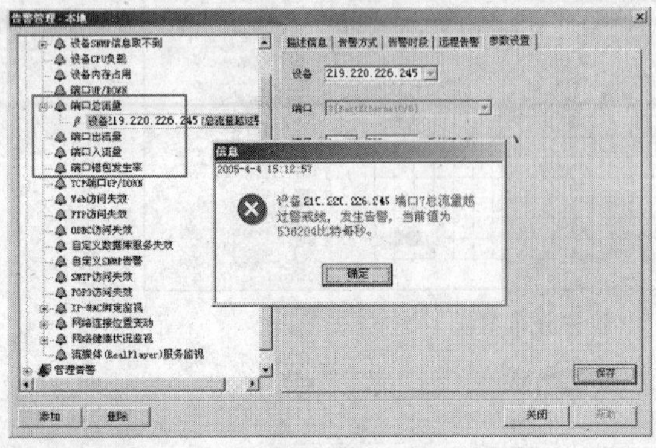

图4.12　告警管理界面

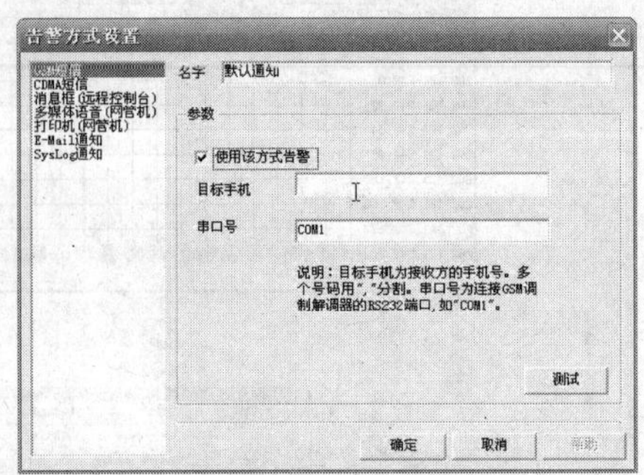

图4.13　告警方式

## 本章小结

本章主要介绍了以下几个方面的内容。

- 网络管理的概念；
- 网络管理的功能；
- 简单网络管理协议（SNMP）；
- 其他网络管理协议；
- 常用网络管理系统；
- 网络管理系统的选择；
- 校园网网络管理实例。

## 习题4

1. 什么是网络管理？
2. 网络管理的基本功能是什么？
3. 网络管理的模型是怎样的？
4. 什么是SNMP？它包含哪几个关键元素？
5. 常用的网络管理协议有哪些？它们的特点是什么？
6. 常用网管管理系统有哪些？
7. 试分析比较不同的网络管理系统的特点。

# 第5章 网络安全

随着计算机网络技术的不断发展，全球信息化已成为人类社会发展的大趋势。但由于计算机网络具有连接形式多样性、终端分布不均匀性和网络的开放性、互连性等特征，致使网络易受黑客、恶意软件等的攻击，所以网上信息的安全和保密是一个至关重要的问题。

## 5.1 网络安全设计过程

计算机网络安全从其本质上来讲就是网络上的信息安全。从广义上说，凡是涉及网络上信息的保密性、完整性、可用性、真实性和可控性的相关技术和理论，都是网络安全研究的内容。如何在网络上保证合法用户对资源的安全访问，防止并杜绝黑客的蓄意攻击与破坏，同时又不至于造成过多的网络使用限制和性能的下降，或因投入代价过高而造成实施安全性的延迟，最终影响用户的正常使用。这些都是当前网络安全技术所要着重研究的问题。

解决网络安全问题的一般设计步骤如下。

（1）确定网络资源；
（2）分析安全需求；
（3）评估网络风险；
（4）制定安全策略；
（5）决定所需安全服务种类；
（6）选择相应安全机制；
（7）安全系统集成；
（8）测试安全性，定期审查；
（9）培训用户、管理者和技术人员。

### 5.1.1 网络风险评估

风险评估是对信息及信息处理设施的威胁、影响、脆弱性及三者发生的可能性的评估。它是确认安全风险及其大小的过程，即利用定性或定量的方法，借助于风险评估工具，确定信息资产的风险等级和优先风险控制。

进行风险评估需要系统地考虑以下问题。

（1）企业对外开放的程度及对黑客的吸引力有多大；

（2）安全故障可能造成的业务损失，包含由于信息和其他资产的保密性、完整性或可用性损失可能造成的后果；

（3）企业的网络互联网服务是否是必须的，这些服务的风险有多大；

（4）当前主要的威胁和漏洞带来的现实安全问题，以及目前实施的控制措施。

评估的结果有助于指导用户确定适宜的管理手段，以及管理信息安全风险的优先顺序，并实施所选的控制措施来防范这些风险。必须多次重复执行评估风险和选择控制措施的过程，以涵盖组织的不同部分或各个独立的信息系统。

安全状态评估通常采用以下5种方式来了解安全漏洞。

（1）对现有安全策略和制度进行分析；

（2）参照一些通用的安全基线来考查系统安全状态；

（3）利用安全扫描工具来发现一些技术性的常见漏洞；

（4）允许一些有经验的人在监管之下对特定的机密信息和区域做模拟入侵，以确定特定区域和信息的安全等级；

（5）对该系统的安全管理人员和使用者进行访谈，以确定安全管理制度的执行情况和漏洞。

一般的风险评估可采用以下方法。

- 遵循有关规定。如国家的要害部门、部队以及某些特殊单位的网络安全问题已有相关的规定，则必须遵照执行。
- 类比的方法。在相类似的环境中，相类似的企业和单位、相类似的部门或相类似的数据，其所面临的风险也是相似的，因此做风险评估的时候，可依照相似情况进行。
- 量化分析方法。所谓量化分析方法是把感觉变成可以度量的数字，用数字来进行评估，属于精确算法。如将在进行风险评估时考虑的所有问题都变成数字，结合企业的实际情况，找出切合企业的相应事故结果的权值，从而计算出风险评估分数，得出企业面临的风险等级。在此基础上考虑投入多大的力度，采取怎样的态度，制定怎样的策略来维护网络的安全。
- 定性分析方法。与量化分析方法不同，定性分析方法在评估时对风险的影响值和概率值使用“高/中/低”的期望值或划分等级的办法，而不使用具体的数据来进行精确计算。这种方法一般注重威胁事件带来的损失而忽略事件发生的概率。

信息安全风险评估经历了很长的一段发展时期，风险评估的重点也从操作系统、网络环境发展到整个管理体系。最主要的是，风险评估的过程逐渐转向自动化和标准化。因此，应用于风险评估的工具也层出不穷。可根据实际需求采用响应的风险评估工具，主要有以下几种。

（1）基于国家或政府颁布的信息安全管理标准或指南而建立风险评估工具，如CRAMM，RA等；

（2）基于专家系统的风险评估工具，如COBRA、@RISK、BDSS等；

（3）基于定性或定量算法的风险分析工具，如 CONTROL-IT、Definitive Scenario、JANBER 都是定性的风险评估工具，而@RISK、The Buddy System、RiskCALC、CORA（Cost-of-Risk Analysis）是半定量（定性与定量方法相结合）的风险评估工具。

在实际运用中，除了采用上述的综合性的风险评估工具以外，还有一些基于漏洞检测和面向特定服务的扫描工具，包括基于主机的风险评估工具、面向应用层的风险评估工具以及密码和账户的检查工具等。

## 5.1.2　网络安全开发过程

### 1. 根据风险评估结果制定相应的安全策略

安全策略规定了用户、管理人员和技术人员保护技术和信息资源的义务，也指明了完成这些机制要通过的义务，是所有访问机构的技术人员和信息资源人员都必须遵守的规则。一般来说，安全策略包含两个部分：总体的策略和具体的规则。总体的策略用于阐明企业或单位对于网络安全的总体思想，而具体的规则用于说明网络上什么活动是被允许的，什么活动是被禁止的。计算机网络的安全策略一般包含物理安全策略、访问控制策略、信息加密策略、网络安全管理策略等几个方面。具体内容可以参照 RFC 2196 中安全策略的详细信息。

（1）安全策略的制定应当按照如下步骤。

- 确定清楚的目标防止策略偏移；
- 限定将会被网络安全策略保护的资产范围；
- 获取决策层支持，保证遵守安全策略；
- 制定安全策略之前进行彻底的危险评估；
- 依据评估报告确定安全策略，策略应将危险控制在危险评估报告中所陈述的范围内，失控危险应被注明。

（2）对策略的评估。策略制定后能否达到目标，一般指以下内容。

- 策略是否符合法律和对第三者的责任；
- 策略是否符合职员、组织或第三者的利益；
- 策略的实际可操作性如何；
- 策略针对不同形式的信息和记录如何；
- 策略是否被各方面接受与正确陈述。

（3）开发安全策略的过程实现。此过程定义了配置、登录、审计和维护的过程，指出了如何处理偶发事件，例如检测到非法入侵，应当做什么以及与何人联系等。

### 2. 安全服务种类

（1）安全服务的一般分类。安全服务一般包括以下几个方面。

- 机密性。机密性确保在一个计算机系统中的信息和被传输的信息仅能被授权读的各方得到。
- 鉴别。鉴别功能确保一个消息的来源或电子文档被正确地标志，同时确保该标志没有被伪造。
- 完整性。完整性确保仅有授权各方能够修改计算机系统有价值的信息和传输的信息。
- 认可。认可功能要求无论发送方还是接收方都必须认可所进行的传输。
- 访问控制。访问控制要求对信息源的访问可以由目标系统控制。

- 便利性。便利性要求计算机系统的有用资源当需要时就可为授权各方使用。

（2）安全服务在工程中的分类。在工程中，网络安全服务一般包含预警、评估、实现、支持和审计几个过程。

- 预警。预警（Alert）功能根据掌握的系统漏洞和安全审计结果，预测未来可能受到的攻击危害，并且全面提供安全组织和厂家的安全通告。
- 评估。评估（Assessment）根据当前用户的网络状况，深入地进行全面的网络安全风险评估与管理。主要包括威胁分析、脆弱性分析、资产评估、风险分析等技术手段。
- 实现。实现（Implement）根据预警和评估的成果，对不同的用户制定网络安全解决方案。主要包括系统加固、产品选型、工程实施、维护等全面的技术实现。
- 支持。支持（Support）对用户进行全面的安全培训和安全咨询，以及对突发事件进行快速响应支持。帮助用户建立良好的安全管理体制，培养用户安全意识。
- 审计。审计（Audit）针对用户的网络安全现状审查核定网络安全状态，帮助用户识别网络环境的漏洞和存在的风险，提供安全报告并且提出安全解决方案。

3. 安全系统集成

在对网络所面临的风险进行评估的基础上，在安全策略的指导下，可以决定所需要的安全服务类型，选择响应的安全机制，然后集成先进的安全技术，形成一个全方位的安全系统。

安全系统集成的步骤如下。

（1）明确面临的各种可能攻击和风险；

（2）明确安全策略；

（3）建立安全模型；

（4）选择并实现安全服务；

（5）将安全服务配置到具体协议里。

在安全系统集成之后，还应当建立有关安全的规章制度，并对安全系统进行审计、评估和维护。

## 5.2 网络安全机制设计

### 5.2.1 物理安全

物理安全的目的是保护计算机系统、网络服务器、打印机等硬件实体和通信链路免受自然灾害、人为破坏和搭线攻击；验证用户的身份和使用权限，防止用户越权操作；确保计算机系统有一个良好的电磁兼容工作环境；建立完备的安全管理制度，防止非法进入计算机控制室和各种偷窃、破坏活动的发生。物理安全一般包括如下 3 个方面。

（1）环境安全。环境安全即对系统所在环境的安全保护，如区域保护和灾难保护（参见国家标准 GB 50173-93《电子计算机机房设计规范》、GB 2887-89《计算站场地技术条件》和 GB 9361-88《计算站场地安全要求》）。

（2）设备安全。设备安全主要包括设备的防盗、防毁、防电磁辐射信息泄漏、防止线路截获、抗电磁干扰及电源保护等。

（3）媒体安全。媒体安全包括媒体数据的安全及媒体本身的安全。

显然，为保证网络系统的物理安全，除在网络规划和场地、环境等要求之外，还要防止系统信息在空间的扩散。计算机系统通过电磁辐射使信息被截获而失密的案例已经很多，在理论和技术支持下的验证工作也证实这种截取距离在几百甚至可达千米，复原显示这种信息泄漏给计算机系统信息的保密工作带来了极大的危害。为了防止系统中的信息在空间上的扩散，通常是在物理上采取一定的防护措施，来减少或干扰扩散出去的空间信号。重要的政府部门、军队和金融机构在兴建信息中心时都要首先设置物理安全。

正常的防范措施主要有以下几个方面。

- 对主机房及重要信息存储、收发部门进行屏蔽处理，即建设一个具有高效屏蔽效能的屏蔽室，用它来安装运行主要设备，以防止磁鼓、磁带、高辐射设备等的信号外泄。为提高屏蔽室的效能，在屏蔽室与外界的各项联系、连接中均要采取相应的隔离措施和设计方式，如信号线、电话线、空调和消防控制线，以及通风波导、门的关起等。
- 本地网、局域网传输线路传导辐射的抑制，由于电缆传输辐射信息的不可避免性，现均采用了光缆传输的方式，大多数均在 MODEM 引出的设备上采用光电转换接口，用光缆接出屏蔽室外进行传输。
- 对终端设备辐射的防范。

物理安全常用标准如下。

- GB 4943-1995：　信息技术设备（包括电气事务设备）的安全性；
- GB 9361-1988：　计算机场地安全要求；
- GB 2887-2000：　电子计算机场地通用规范；
- GB 50174-1993：　电子计算机机房设计规范；
- GB 9254-1998：　信息技术设备的无线电骚扰限值和测量方法；
- GGBB 1-1999：　信息设备电磁泄漏发射限值；
- BMB 2-1998：　使用现场的信息设备电磁泄漏发射检查测试方法和安全判断；
- BMB 3-1999：　处理涉密信息的电磁屏蔽室的技术要求和测试方法；
- BMB 4-2000：　电磁干扰器技术要求和测试方法；
- BMB 5-2000：　涉密信息设备使用现场的电磁泄漏发射防护要求；
- GB/T 50311-2000：　建筑与建筑物综合布线系统工程设计规范；
- TSB 72：　集中式光纤布线系统标准。

## 5.2.2　网络安全

### 1. 计算机系统安全

计算机系统安全一般从操作系统和应用系统的安全威胁进行分析。

随着计算机技术的发展，计算机系统的安全性越来越为人们所关注。非授权用户常常对计算机系统进行非法访问，这种非法访问使系统中存储信息的完整性受到威胁，导致信息被修改或破坏而不能继续使用，更为严重的是系统中有价值的信息泄密或者被非法篡改、伪造、窃取、删除而不留任何痕迹。

计算机系统安全管理主要有以下几个方面。

（1）防止未授权存取。这是计算机安全管理中最重要的问题，指的是防止未被允许使用系统的人进入系统。用户意识、良好的口令管理、登录活动记录和报告以及用户和网络活动的周期检查都是防止未授权存取的关键。

（2）防止泄密。这是防止已授权和未授权的用户相互存取重要信息、文件系统查账、登录和报告及用户意识。加密是防止泄密的关键。

（3）防止用户拒绝系统的管理。这方面的安全应由操作系统来完成。一个系统不应被一个有意试图使用过多资源的用户损害。系统管理员最好定期地检查系统，查出过多占用 CPU 的进程和大量占用磁盘的文件及其使用用户，并对它们进行管理。

（4）防止丢失系统的完整性和正确性。包括功能的完整性和数据的完整性。做好更新记录、定期备份等措施是必不可少的。

由于现代操作系统的规模庞大，从而在不同程度上都存在一些安全漏洞。一些广泛应用的操作系统，如 UNIX 和 Window NT/2000，其安全漏洞更是广为流传。另一方面，系统管理员或使用人员对复杂的操作系统和其自身的安全机制了解不够，配置不当也会造成安全隐患。操作系统自身的脆弱性将直接影响到其上所有应用系统的安全性。

2. 防火墙

防火墙（Firewall）是通过在网络边界上建立相应网络通信监控系统来隔离内部和外部网络，以阻挡外部网络的侵入，保护计算机网络安全。

目前的防火墙主要有以下几种类型。

（1）基本型防火墙。

- 包过滤防火墙。包过滤防火墙是通过在路由器上根据某些规则对数据包进行过滤来实现对网络的安全保护，其体系结构如图 5.1 所示。首先包过滤路由器以其收到的数据包头信息为基础建立一定数量的信息过滤表。数据包头信息含有数据包源 IP 地址、目的 IP 地址、传输协议类型（TCP、UDP、ICMP 等）、协议源端口号、协议目的端口号、连接请求方向、ICMP 报文类型等。当一个数据包满足过滤表中的规则时允许数据包通过，否则禁止通过。包过滤防火墙可以用于禁止外部不合法用户对内部的访问，也可以用来禁止访问某些服务类型，但包过滤技术不能识别有危险的信息包，无法实施对应用级协议的处理，也无法处理 UDP、RPC 或动态的协议。
- 代理防火墙。代理防火墙也称为双宿主主机防火墙或应用型防火墙，该防火墙用双宿主主机来执行安全控制功能。一台双宿主主机配有多个网卡，分别连接不同的网络。双宿主主机从一个网络收集数据，并且有选择地把它发送到另一个网络上。网络服务由双宿主主机上的服务代理来提供。内部网和外部网的用户可通过双宿主主机的共享数据区传递数据，从而保护了内部网络不被非法访问。代理防火墙的体系结构如图 5.2 所示。通常运行代理服务程序的主机又称为堡垒主机，当外部网络向内部网络申请某种网络服务时，代理服务程序接受申请，然后根据其服务类型、服务内容、被服务的对象、申请者的域名范围等来决定是否接受此项服务，如果接受，就向内部网络转发这项请求。现在较为流行的代理服务器软件是 WinGate 和 Proxy Server。

（2）复合型防火墙。

- 屏蔽主机防火墙。在该结构中，包过滤路由器或防火墙与 Internet 相连，同时一个堡垒主机安装在内部网络，通过对包过滤路由器或防火墙上过滤规则的设置，使堡垒机成为 Internet 上其他结点所能到达的唯一结点，这确保了内部网络不受未授权外部用户的攻击。屏蔽主机防火墙体系结构如图 5.3 所示。
- 屏蔽子网防火墙。屏蔽子网防火墙体系结构添加了额外的安全层到主机过滤体系结构中，更进一步地把内部网络与外部网络隔离开。子网过滤体系结构的最简单形式为两个过滤路由器，一个是连接外部网络的外部路由器，一个是连接内部网络的内部路由器。在两个路由器之间有一

个特殊的区域，称为非军事化区（DeMilitarised Zone，DMZ），堡垒主机、Web 服务器、FTP 服务器以及其他公用服务器放在该子网中，使其与内网完全分开，避免堡垒主机及公用服务器被攻击后威胁到内网安全。屏蔽子网防火墙体系结构如图 5.4 所示。

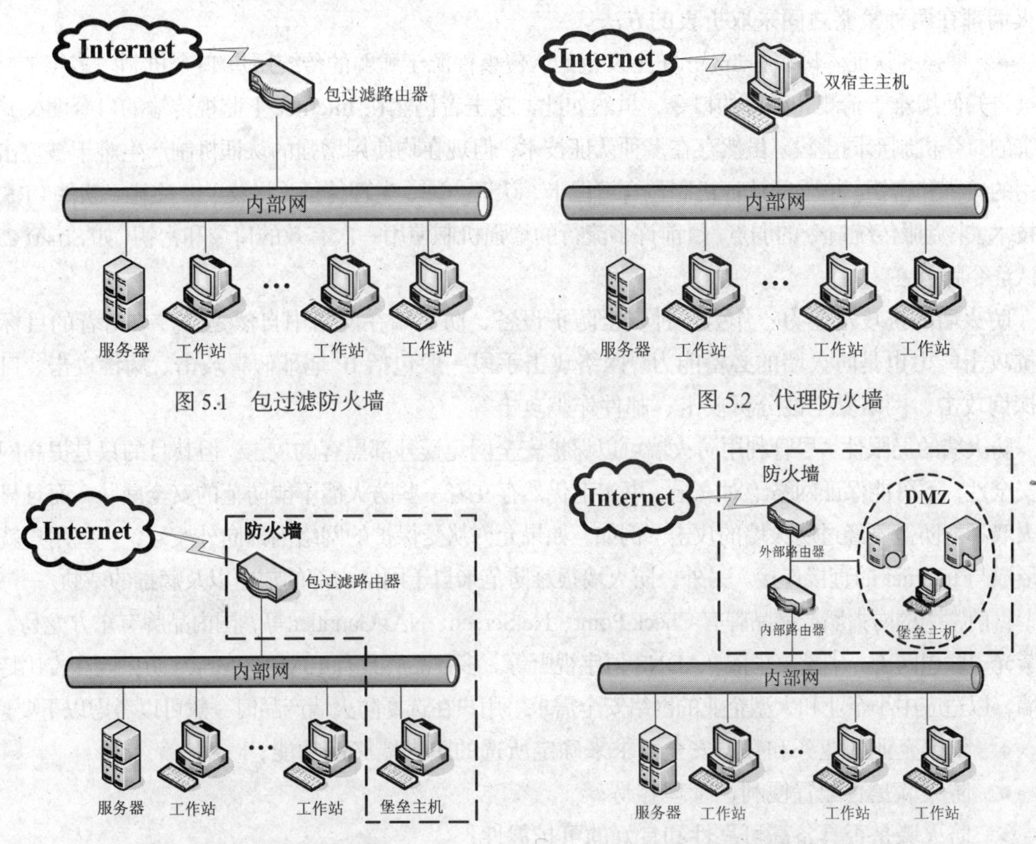


图 5.1　包过滤防火墙

图 5.2　代理防火墙

图 5.3　屏蔽主机防火墙

图 5.4　屏蔽子网防火墙

（3）分布式防火墙。传统的防火墙是设置在内、外网之间的网络边界上，所以也被称为“边界防火墙”。边界防火墙只能防范来自外界的安全威胁，对于来自内部的网络威胁不能提供有效的安全防范。分布式防火墙对所有来自内外网的信息进行过滤，能够对网络边界、子网以及内网中的各结点提供全面的安全防护。分布式防火墙一般由网络防火墙、主机防火墙和中心管理 3 部分组成。网络防火墙不仅保护内网不受外网的安全威胁，而且也能保护内网各子网之间的访问安全。主机防火墙用于保护网络服务器和客户端主机的安全，有软件和硬件两种类型的产品。中心管理负责总体安全策略的策划、管理、分发及日志的汇总，是一个防火墙管理软件。

设置防火墙的要素如下。

- 网络策略。影响 Firewall 系统设计、安装和使用的网络策略可分为两级，高级的网络策略定义允许和禁止的服务以及如何使用服务，低级的网络策略描述 Firewall 如何限制和过滤在高级策略中定义的服务。

- 服务访问策略。服务访问策略集中在 Internet 访问服务以及外部网络访问（如拨入策略、SLIP/PPP 连接等）。服务访问策略必须是可行的和合理的。可行的策略必须在阻止已知的网络风险和提供用户服务之间获得平衡。典型的服务访问策略是：允许通过增强认证的用户在必要的情况下从 Internet 访问某些内部主机和服务；允许内部用户访问指定的 Internet 主机和服务器。

- 防火墙设计策略。防火墙设计策略基于特定的 Firewall，定义完成服务访问策略的规则。通常有两种基本的设计策略：允许任何服务除非被明确禁止；禁止任何服务除非被明确允许。第一种的特点是安全但不好用，第二种是好用但不安全，通常采用第二种类型的设计策略。而多数防火墙都在两种策略之间采取折衷的方法。

- 增强的认证。许多在 Internet 上发生的入侵事件源于脆弱的传统用户/口令机制。多年来，用户被告知使用难于猜测和破译的口令，虽然如此，攻击者仍然在 Internet 上监视传输的口令明文，使传统的口令机制形同虚设。虽然存在多种认证技术，但现在均使用增强的认证机制产生难于被攻击者重用的口令和密钥。增强的认证机制包含智能卡、认证令牌、生理特征（指纹）以及基于软件（RSA）等技术，来克服传统口令的弱点。目前许多流行的增强机制使用一次有效的口令和密钥（如 Smart Card 和认证令牌）。

防火墙的抗攻击能力：作为一种安全防护设备，防火墙在网络中自然是众多攻击者的目标，故抗攻击能力也是防火墙的必备能力。网络攻击手段一般包括 IP 地址假冒攻击、病毒攻击、口令字探询攻击、网络安全性分析攻击、邮件诈骗攻击等。

防火墙的局限性：尽管利用防火墙可以保护安全网免受外部黑客的攻击，但其目的只是提高网络的安全性，不可能保证网络绝对安全。事实上仍然存在着一些防火墙不能防范的安全威胁，而且显然防火墙不能防范不经过防火墙的攻击。例如，如果允许从受保护的网络内部向外拨号，一些用户就可能形成与 Internet 的直接连接。另外，防火墙很难防范来自于网络内部的攻击以及病毒的威胁。

目前常用的防火墙产品品牌有 Check Point、NetScreen、NAI Gauntlet 等，国内品牌有东方龙马、清华紫光、联想网御、华堂、华依、ADNS 恒宇视野等。多数品牌具有 10M/100Mbit/s 防火墙和吉比特防火墙，以适应中小企业和大型企业的网络安全需求。用户在选择防火墙产品时一般可以考虑以下要素。

- 依据企业的业务和数据安全需求来确定所选的防火墙必备功能；
- 防火墙是否配置便利，管理容易；
- 防火墙是否具备高可靠性和良好的可扩展性；
- 防火墙本身是否具备安全性。

一般来说，对于需要在外部网络发布 Web、FTP 等服务，又要对内部数据和应用服务器进行保护的中小企业用户可选择吉比特级硬件防火墙以保证大流量的数据和快速、稳定的网络性能。对于只是内部用户访问服务的中小企业来说，只需要选择具有常用的代理功能的防火墙即可。对于大中型的企业、金融、保险等机构则可根据其具体对外的数据流量选择百兆或吉比特防火墙，并且能够对内网中的子网进行保护。用户在选择具体产品时可列出各产品的功能，根据具体的预算进行恰当的产品选择。

### 3. 入侵检测

入侵检测技术是一种主动保护自己免受攻击的网络安全技术。作为防火墙的合理补充，入侵检测技术能够帮助系统对付网络攻击，扩展系统管理员的安全管理能力（包括安全审计、监视、攻击识别和响应），提高信息安全基础结构的完整性。它从计算机网络系统中的若干关键点收集信息，并分析这些信息。入侵检测被认为是防火墙之后的第 2 道安全闸门，在不影响网络性能的情况下能对网络进行监测，可以防止或减少上述网络威胁。

入侵检测系统的主要功能如下。

- 监测并分析用户和系统的活动；
- 核查系统配置和漏洞；

- 评估系统关键资源和数据文件的完整性；
- 识别已知的攻击行为；
- 统计分析异常行为；
- 操作系统日志管理，并识别违反安全策略的用户行动。

常用的入侵检测系统除了知名的 ISS、Axent、NFR、Cisco、CA 等公司外，国内也有数家公司如中联绿盟、中科网威、启明星辰等推出了自己相应的产品。选购入侵检测系统可从以下几个方面考虑。

（1）入侵检测系统的价格。入侵检测系统本身的价格是必需考虑的要点，不过，性能价格比以及要保护系统的价值是更重要的因素。像反病毒软件一样，入侵检测的特征库需要不断更新才能检测出新出现的攻击方法。特征库升级与维护需要额外的费用。

（2）部署入侵检测系统的环境。在选购入侵检测系统之前，首先要分析产品所部署的网络环境，如果在 512kbit/s 或 2Mbit/s 专线上部署网络入侵检测系统，则只需要 100Mbit/s 的入侵检测引擎；而在负荷较高的环境中，则需要采用 1000Mbit/s 的入侵检测引擎。

（3）入侵检测系统的实际性能。产品的实际检测性能是否稳定，对于一些常见的针对入侵检测系统的攻击手法（如分片、TTL 欺骗、异常 TCP 分段、慢扫描和协同攻击）是否能清楚地识别。

（4）产品的可伸缩性。入侵检测系统所支持的传感器数目、最大数据库大小及传感器与控制台之间的通信带宽是否可以升级。

（5）产品的入侵响应方式。产品的入侵响应方式要从本地、远程等多个角度考虑，通常的一些响应方式有：短信、手机、传真、邮件、警报、SNMP 等。

（6）是否通过了国家权威机构的测评。考查产品是否获得了《计算机信息系统安全专用产品销售许可证》、《国家信息安全产品测评认证证书》、《军用信息安全产品认证证书》和《涉密网网络安全产品科技成果鉴定》。

### 4. 网络反病毒

网络反病毒技术包括预防、检测和杀毒 3 种技术。

- 预防病毒技术。它通过自身常驻系统内存，优先获得系统的控制权，监视和判断系统中是否有病毒存在，进而阻止计算机病毒进入计算机系统并对系统进行破坏。这类技术有加密可执行程序、引导区保护、系统监控与读写控制（如防病毒卡）等。
- 检测病毒技术。它是通过对计算机病毒的特征来进行判断的技术，如自身校验、关键字、文件长度的变化等。
- 杀毒技术。它通过对计算机病毒的分析，开发出具有删除病毒程序并恢复原文件的软件。

网络反病毒技术的具体实现方法包括对网络服务器中的文件进行频繁的扫描和监测；在工作站上用防病毒芯片和对网络目录及文件设置访问权限等。

（1）病毒防治软件安装位置。工作站是病毒进入网络的主要途径，所以应该在工作站上安装防病毒软件。这种做法是比较合理的。因为病毒扫描的任务是由网络上所有工作站共同承担的，这使得每台工作站承担的任务都很轻松，如果每台工作站都安装最新防毒软件，这样就可以在工作站的日常工作中加入病毒扫描的任务，性能可能会有少许下降，但无需增添新的设备。

邮件服务器是防病毒软件的第 2 个着眼点。邮件是重要的病毒来源，在发往其目的地前，首先进入邮件服务器并被存放在邮箱内，所以在这里安装防病毒软件是十分有效的。假设工作站与邮件服务器的数量比是 100：1，那么这种做法十分节省费用。

备份服务器是用来保存重要数据的。如果备份服务器崩溃了，那么整个系统也就彻底瘫痪了。备份服务器中受破坏的文件将不能被重新恢复使用，甚至会反过来感染系统。避免备份服务器被病毒感染是保护网络安全的重要组成部分，因此好的防病毒软件必须能够解决这个冲突，能与备份系统相配合，提供无病毒的实时备份和恢复。

网络中任何存放文件和数据库的地方都可能出问题，因此需要保护好这些地方。文件服务器中存放企业的重要数据。在 Internet 服务器上安装防病毒软件是头等重要的，上传和下载的文件不带有病毒，对本网和客户的网络都是非常重要的。

（2）部署防病毒软件的一般操作步骤如下。

- 制定计划：了解在所管理的网络上存放的是什么类型的数据和信息。
- 调查：选择一种能满足使用要求并且具备尽量多的各种功能的防病毒软件。
- 测试：在小范围内安装和测试所选择的防病毒软件，确保其工作正常并且与现有的网络系统和应用软件相兼容。
- 维护：管理和更新系统确保其能发挥预计的功能，并且可以利用现有的设备和人员进行管理；下载病毒特征码数据库更新文件，在测试范围内进行升级，彻底理解这种防病毒系统的重要特性。
- 系统安装：在测试得到满意结果后，就可以将此种防病毒软件安装在整个网络范围内。

（3）常用防病毒软件。目前常用的知名产品有 NAI、CA、Norton（诺顿）、Kaspersky（卡巴斯基），Symantec（赛门铁克）等。NAI 的防病毒软件占有国际市场上超过 60%的份额。它可以提供银行、电信、证券、税务、交通、能源等各类企业网络及个人台式机的全面的防病毒解决方案。CA Antivirus 是一种主要为中小型企业及 SOHO 用户提供解决方案的反病毒软件。这些都是用户熟知的杀毒软件，性能优越，查杀效果好，病毒库更新快。国产杀毒软件包括江民、金山、金辰、瑞星 4 大品牌，几乎占有了 80%以上的国内市场。从早先江民杀毒软件的一枝独秀，到今天的瑞星、金山、金辰、诺顿、卡巴斯基、赛门铁克及其他品牌的不断竞争，各产品的市场份额在不断变化，不过由于国产杀毒软件在价格、渠道、营销等方面具有国外软件无法比拟的优势，因此在国内市场上还是占据着较大的市场份额，但今后的竞争势必更加激烈。

### 5. 网络数据安全

随着各行业电子化建设的迅猛发展，计算机网络系统中保存的关键数据量越来越大，许多数据要保存应用数十年以上，甚至是永久性保存。关键业务数据是企业生存的命脉和宝贵的资源，一旦数据遭到破坏后果不堪设想，因此数据安全性问题愈来愈突出。

数据安全性可分为逻辑安全和物理安全两个方面。逻辑安全主要是避免数据由于遭受病毒破坏、黑客入侵而造成的丢失、泄漏以及失效，可通过系统安全保护的办法来保护数据逻辑安全。物理安全主要是避免人为的操作错误或不可抗拒的灾难，需要对系统和数据进行全面、可靠、安全和多层次的备份及恢复技术。

目前主要的备份介质主要有以下几种。

- 光盘（光盘库）。光盘备份技术发展不成熟，容量小、速度慢，仅适合做阶段性的文件备份或操作系统备份，不适合大数据量的备份。
- 磁带（磁带库）。在目前的中小企业中磁带（磁带库）存储仍然占据了重要的位置，它的优点是技术成熟、容量大、速度快、数据存储时间长、成本低，缺点是数据恢复速度慢，适合做大数据量文件近线备份及数据库的离线备份。

- RAID。RAID 系统使用许多小容量磁盘驱动器来存储大量数据，并且使可靠性和冗余度得到增强。对于计算机来说，这样一种阵列就如同由多个磁盘驱动器构成的一个逻辑单元。所有的 RAID 系统共同的特点是“热交换”能力：用户可以取出一个存在缺陷的驱动器，并插入一个新的予以更换。对大多数类型的 RAID 来说，不必中断服务器或系统，就可以自动重建某个出现故障的磁盘上的数据。

常用的数据存储备份/容灾技术主要有以下两种方式。

- 本地备份/容灾。本地备份/容灾是传统的数据备份方法，一般采取的仅是在本地进行数据备份及恢复，没有数据和资料送往外地。如通常在机房做好数据备份以后，存放备份数据的介质仍留在机房中。这种备份操作简单，管理容易，成本低，但是一旦发生物理灾难极有可能数据备份和设备一起损毁，因此并不是一个好的备份方案。
- 异地备份/容灾。异地备份/容灾是将数据在本地备份的同时在另一个地点进行数据备份，并且两个地方的备份存储器分隔足够远。这样无论本地发生什么情况，即使是火灾、地震，当其他保护数据的手段都不起作用时，异地备份也可以保证数据不受损坏，能够迅速恢复正常业务。因此，异地容灾是保护数据的最安全的方式。

异地容灾的方式有很多种，下面进行简要介绍。

- 磁盘阵列。基于磁盘阵列的异地备份技术是通过电子链接将磁带备份后，对更改的数据进行记录，并传到异地容灾中心。这种方法比传统地彩带备份更快地得到更新的数据，因此当灾难发生后，只有少量的数据需要恢复，恢复速度大大加快。如 IBM 软件的复制模块 PPRC，HP 的 EVA – Storage Works Continuous Access、NETAPP 等均可实现本地和异地之间的具有相同的磁盘阵列数据复制。
- 镜像。如果故障发生在异地分公司，可以使用镜像技术，进行不同卷的镜像或异地卷的远程镜像，或采用双机容错技术自动接管单点故障机，保证无单点故障和本地设备遇到不可恢复的硬件毁坏时，仍可以启动异地与此相同环境和内容的镜像设备，以保证服务不间断。当然，这样做必然会要求增加投资。
- 快照。快照技术是指分处异地的两个数据中心，同时处于活动状态并管理彼此的备份数据，允许备份行动在任何一个方向发生，彼此的在线关键数据的拷贝在两个中心之间不停地相互传递。当灾难发生时，需要的关键数据通过网络可迅速恢复，关键应用的恢复也可降低到小时级。IBM-HAGEO、VARITAS-Global Cluster Manager 都支持这种工作方式。也可以借助快照技术将远程镜像功能相结合进行异地数据备份，如利用 IBM 公司企业级存储服务器 ESS 的 FlashCopy 功能软件，采用异步方式实现 PPRC（Peer-to-Peer Remote Copy，是以存储为基础的实时且与应用程序无关的数据远程镜像功能）数据备份。

例如某数据中心选用分布式备份方案，由各个分支机构各自管理自己的业务数据，数据中心服务器和分支机构服务器上均挂接磁带库，进行本地数据库在线（不间断业务处理）或离线备份，局域网各种平台客户机上的数据都可备份到该磁带库上。还可将各分支机构服务器上的数据集中到数据中心服务器上，再备份到数据中心服务器磁带库上，实现异地双重备份，如图 5.5 所示。若只在数据中心服务器上挂接磁带库，各分支机构服务器仅运行备份软件（不挂磁带库，不做本地备份），所有分支机构的数据通过广域网连接备份到数据中心服务器的磁带库上，便构成集中式备份（在数据中心集中管理所有的业务数据），其备份效率将受广域网线路影响。为了安全起见，建议采取异地容灾中心的方式对数据中心服务器的数据进行备份，一旦灾难发生，能实现对整个服务器的自动恢复，从操作系统、数据库到业务应用、业务数据，如图 5.6 所示。

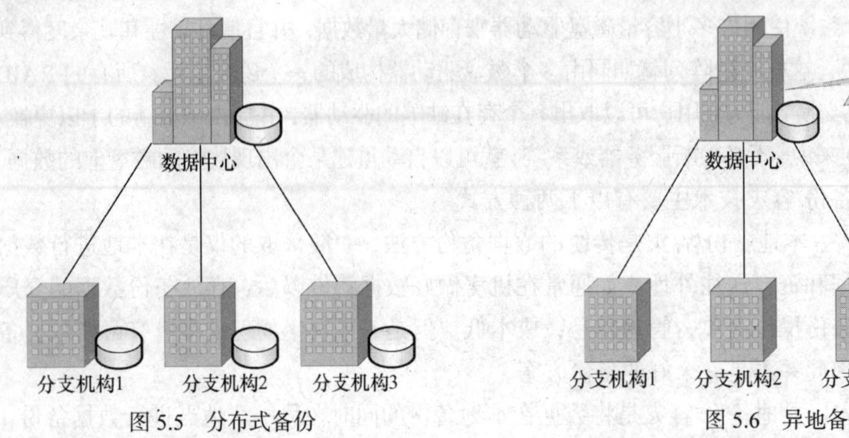


图5.5　分布式备份　　　　图5.6　异地备份/容灾

### 5.2.3　信息安全

信息安全主要涉及信息传输的安全、信息存储的安全以及对网络传输信息内容的审计3个方面。

1．数据传输安全系统

（1）数据传输加密技术。目的是对传输中的数据流加密，以防止通信线路上的窃听、泄漏、篡改和破坏。根据加密实现的通信层次可区分成链路加密、结点加密和端到端加密。

- 链路加密。通常用硬件在网络层以下的物理层和数据链路层实现，用于保护通信结点间传输的数据。这种加密方式比较简单，实现起来也比较容易，只要把一对密码设备安装在两个结点间的线路上，使用相同的密钥即可。
- 结点加密。在协议运输层上进行加密，是对源点和目标结点之间传输的数据进行加密保护。可以克服链路加密在交换结点处易遭非法存取的缺点，可提供用户结点间连续的安全服务，也可用于实现对等实体鉴别。
- 端到端加密。在协议表示层上对传输的数据进行加密，而不对下层协议信息进行加密。协议信息以明文形式传输，用户数据在中间结点不需要加密。

（2）数据完整性鉴别技术。目的是对介入信息的传送、存取、处理的人的身份和相关数据内容进行验证，达到保密的要求，一般包括口令、密钥、身份、数据等项的鉴别，系统通过对比验证对象输入的特征值是否符合预先设定的参数，实现对数据的安全保护。

（3）防抵赖技术。包括对源和目的地双方的证明，常用方法是数字签名，数字签名采用一定的数据交换协议，使得通信双方能够满足两个条件：接收方能够鉴别发送方所宣称的身份，发送方以后不能否认他发送过数据这一事实。比如，通信的双方采用公钥体制，发送方使用接收方的公钥和自己的私钥加密的信息，只有接收方凭借自己的私钥和发送方的公钥解密之后才能读懂，而对于接收方的回执也是同样道理。另外实现防抵赖的途径还有：采用可信第三方的权标和使用时戳，采用一个在线的第三方、数字签名与时戳相结合等。

为保障数据传输的安全，需采用数据传输加密技术、数据完整性鉴别技术及防抵赖技术。因此为节省投资、简化系统配置、便于管理和使用方便，有必要选取集成的安全保密技术措施及设备。这种设备应能够为大型网络系统的主机或重点服务器提供加密服务，为应用系统提供安全性强的数字签名和自动密钥分发功能，支持多种单向散列函数和校验码算法，以实现对数据完整性的鉴别。

2. 数据存储安全技术

在计算机信息系统中，存储的信息主要包括纯粹的数据信息和各种功能文件信息两大类。对纯粹数据信息的安全保护，以数据库信息的保护最为典型。而对各种功能文件的保护，终端安全很重要。

（1）数据库安全。对数据库系统所管理的数据和资源提供安全保护：要实现对数据库的安全保护，一种选择是安全数据库系统，即从系统的设计、实现、使用和管理等各个阶段都要遵循一套完整的系统安全策略；二是以现有数据库系统所提供的功能为基础构建安全模块，增强现有数据库系统的安全性。

（2）终端安全。主要解决微机信息的安全保护问题，一般的安全功能如下：基于口令或（和）密码算法的身份验证，防止非法使用机器；自主和强制存取控制，防止非法访问文件；多级权限管理，防止越权操作；存储设备安全管理，防止非法软盘复制和硬盘启动；数据和程序代码加密存储，防止信息被窃；预防病毒，防止病毒侵袭；严格的审计跟踪，便于追查责任事故。

3. 信息内容审计系统

对进出内部网络的信息进行实时内容审计，以防止或追查可能的泄密行为。因此，为了满足国家保密法的要求，在某些重要或涉密网络，应该安装使用此系统。

# 5.3 XX 信息敏感部门的网络安全设计实例

## 5.3.1 项目介绍

1. 项目背景

随着网络的发展，为能够方便地获取信息，各单位都利用网络来实现高效、快捷的信息交换和查询，其中，有些政府和企业部门的信息是需要保密的。本项目的目标是实现信息敏感部门的安全、可靠的网络建设。

2. 总体需求

项目的总体需求如下。

- 建设一个信息敏感部门对公网的接入网，实现信息网络互连；
- 能够与接入公网的其他企业或单位进行连接，提供、享用各种信息服务；
- 能够有序地共享网络上的各种软、硬件资源，各种信息能够在网上快速、稳定地传输，并提供有效的网络管理手段；
- 整个系统采用开放式、标准化的结构，以利于功能扩充和技术升级；
- 接入网络统一划分为涉密和非涉密两部分，并具有完善的网络安全机制；
- 能够与原有的计算机局域网络和应用系统有效地连接，调用原有各种计算机系统的信息。

## 5.3.2 网络安全设计方案的目标和原则

1. 设计目标

确保该系统的安全保密性完全达到国家规定和标准，在保证该系统运行效率和投资收益比例恰当的前提下，通过技术和管理手段，最大程度地降低该系统的信息安全风险，确保该系统信息安全的实现。

2. 设计原则

（1）充分利用现有资源进行合理整合的原则。鉴于XX信息敏感部门接入网系统的建设已经具备了一定的基础，为了节约财力和物力，把有限的资金用于关键的地方，要充分利用现有的网络资源、信息资源和应用系统资源。

（2）采用先进技术不断创新的原则。鉴于当今信息技术一日千里的迅速发展，在建设XX信息敏感部门接入网系统的过程中要考虑技术的发展，同时要不断进行技术创新，持续保持系统的先进性。

（3）先进性和可行性相结合的原则。在工程实施过程中既要考虑先进性更要考虑可行性，如果只考虑先进性将会产生很大的风险。

（4）系统建设与安全建设同步进行确保系统安全的原则。XX信息敏感部门网络安全系统建设的一个突出特色是在建设接入网的同时，考虑到整个系统的安全体系，这样极大地避免了先建设系统后打补丁的弊病。

另外，鉴于XX信息敏感部门接入网系统用户级别划分的严格性、系统的复杂性和文档的多密级性，安全方案要体现安全的多层次、多级别原则。

### 5.3.3 网络安全设计过程

1. 确定网络资源

（1）硬件资源，硬件资源如表5.1所示。

表5.1 硬件资源列表

| 类别 | 描述 | 配置 |
|---|---|---|
| 用户PC | 由用户自己管理的PC，PC供单人使用，便携式笔记本电脑不得接入涉密网 | |
| 用户服务器 | | |
| 网络设备 | Cisco交换机 | |
| 屏蔽机柜 | | |
| 防火墙 | | |

（2）软件资源，软件资源如表5.2所示。

表5.2 软件资源列表

| 类别 | 名称 | 版本 | 描述 |
|---|---|---|---|
| 操作系统 | Windows 98 | | 部分用户使用的OS |
| | Windows 2000 | | 部分用户使用的OS |
| 操作系统 | Windows XP | | 部分用户使用的OS |
| | Linux | Red hat 6.2 | 部分服务器可能使用OS |
| 网络通信 | Outlook | | 个人用户处理E-mail的工具 |
| | Foxmail | | 个人用户处理E-mail的工具 |
| | FTP | | 处理网络文件传输的客户端软件 |
| 应用软件 | MS Office | | 桌面办公软件，处理文件 |
| | WPS | | 桌面办公软件，处理文件 |

（3）存储介质。

- 光盘

用途：存储不用变更的大量数据；

存储信息密级：公开、内部、秘密、机密。

- 软盘

用途：存储少量可变更的数据；

存储信息密级：公开、内部、秘密。

- U 盘

用途：存储大量可变更的数据；

存储信息密级：公开、内部、秘密。

- 硬盘

用途：存储大部分大量可变更的数据；

存储信息密级：公开、内部、秘密、机密。

- 磁带

用途：备份超大量数据；

存储信息密级：秘密、机密。

（4）系统涉密用户群体分类，涉密用户信息点分布和具体分类如表 5.3 所示。

表 5.3　涉密用户信息点分布和具体分类表

| 序　号 | 房 间 号 | 科　室 | 用 户 名 | 类　别 |
|---|---|---|---|---|
| | | | | |
| | | | | |
| | | | | |
| | | | | |
| | | | | |

使用涉密域用户基本信息情况如表 5.4 所示。

表 5.4　使用涉密域用户基本信息情况表

| 序　号 | 信 息 点 | 职　务 | 姓　名 | 身 份 证 | 备　注 |
|---|---|---|---|---|---|
| | | | | | |
| | | | | | |
| | | | | | |
| | | | | | |
| | | | | | |

## 2. 分析安全需求

XX 信息敏感部门内部网络可能所受到的攻击方式包括黑客入侵、内部信息泄漏、不良信息进入内网等。因此采取的网络安全措施一方面要保证其部门业务与办公系统和网络的稳定运行，另一方面要保护运行在内部网上的敏感数据与信息的安全。归结起来，应充分保证以下几点。

（1）网络可用性。网络是业务系统的载体，安全隔离系统必须保证内部网络的持续有效的运行，防止对内部网络设施的入侵和攻击、防止通过消耗带宽等方式破坏网络的可用性。

（2）业务系统的可用性。内部专网的各主机、数据库、应用服务器系统的安全运行同样十分关键，网络安全体系必须保证这些系统不会遭受来自网络的非法访问、恶意入侵和破坏。

（3）数据机密性。对于信息敏感部门的内部网络，保密数据的泄密将直接带来部门以及相关部门利益的损失。网络安全系统应保证内网机密信息在存储与传输时的保密性。

（4）访问的可控性。对关键网络、系统和数据的访问必须得到有效的控制，这要求系统能够可靠确认访问者的身份，谨慎授权，并对任何访问进行跟踪记录。

（5）网络操作的可管理性。对于网络安全系统应具备审记和日志功能，对相关重要操作提供可靠而方便的可管理和维护功能。

### 3. 安全状态评估

在原网络系统中，系统提供了各种常用的网络服务，如 WWW 服务、邮件服务、DNS 服务、办公自动化系统服务等，还有一些机密的数据。在网络提供的这些服务当中，机密信息的保护是最重要的。因此，应该最注重保护机密信息的安全。其次，要想正常接入公网，与其他企业和部门之间传递信息，共享资源，也要注意保护系统提供的网络服务。

通过和部门相关人员的沟通和对系统的检测，发现在本系统中受到的安全威胁及解决措施主要有以下 5 个方面。

（1）物理安全威胁。

- 原网络系统的机房供电系统不稳定，而提供的 UPS 对停电后的供电持续时间较短，一旦发生停电事故，所有的设备靠已有的 UPS 会产生供电不足等问题。应该增加 UPS 配备。
- 各种移动存储媒体（如软盘、移动硬盘、U 盘、光盘等）在应用后未及时处置，造成机密信息容易外泄。应该制定相关规章制度来在某种情况下限制或禁止使用各种移动存储设备。
- 一些涉密网段没有严格地与非涉密网物理隔离，从理论上讲，只要有物理的连接，都有可能被黑客或恶意攻击破坏人员所利用，进行信息窃取、破坏等操作。因此，对绝密信息所在设备应采取严格的物理分离。
- 一些重要的数据库服务器系统存在着硬件平台的物理损坏、老化等现象，导致数据的丢失。应该及时做好数据备份和恢复的工作，防止重要数据丢失。
- 网络安全设备直接暴露在非超级管理人员或外来人员的面前，外来人员有可能直接使安全设备丧失功能，为以后的入侵打下基础，如：直接关掉入侵检测系统的电源、关掉防病毒系统等。应该制定规章制度，禁止无关人员进入安全设备放置的机房。
- 外来人员及非超级管理人员可以直接对一些设备进行操作，更改通信设备（如交换机和路由器）、安全设备（如更改防火墙的安全策略配置）等。应该对管理员的权限进行分级，制定相关制度防止非法人员越级操作。

（2）操作系统安全威胁。无论设备上安装的是什么操作系统，都有各种各样的安全漏洞，而系统管理员疏于对操作系统最新的补丁安装是最常见的。而且有些系统的默认服务程序的安装也会带来安全隐患。因此，对于一个合格的系统管理员来说，不仅仅要关注操作系统最新的补丁，也要对系统的各种安全隐患有一定的了解。解决的方法是加强系统管理员的业务水平和安全意识，并制定完整的系统安全防范的具体安排。

（3）应用系统安全威胁。本网络系统上运行的应用系统包括 OA 平台、Web、FTP、邮件系统、DNS 等网络基本服务、业务系统、办公自动化系统等。而应用层安全的解决目前往往依赖于网络层、操作系统和数据库的安全，由于应用系统复杂多样，没有特定的安全技术能够完全解决一些特殊应用系统的安全问题。但一些通用的应用程序，如 Web Server 程序、FTP 服务程序、E-mail

服务程序、浏览器、MS Office 办公软件等这些应用程序自身的安全漏洞和由于配置不当造成的安全漏洞，会导致整个网络的安全性下降。解决办法是除了对应用系统的安全防范措施以外，不需要的服务一律停止，即按照服务运行最小化的原则。

（4）数据库安全威胁。本网络系统中许多关键的业务系统运行在数据库平台上，如果数据库安全无法保证，其上的应用系统也会被非法访问或破坏。因此必须制定相关安全隐患的解决方案，防范由于系统管理员有意或无意的错误配置及系统本身的漏洞。

（5）管理层安全威胁。管理层安全威协有如下几方面。

- 没有完善的信息机房进入手续，或有但没有严格执行；
- 没有完善的网络与安全人员管理制度；
- 信息网络管理人员技术水平较低或思想政治觉悟不高；
- 管理人员对其下属没有进行网络操作的严格要求；
- 网络或安全设备的管理登录密码没有按照制度进行更换，或没有安全密码的管理制度；
- 没有定期地对现有的操作管理人员进行安全培训；
- 整个安全管理体系存在着一些问题。

从以上 5 个方面的安全威胁可以看出，原有网络系统的安全措施是不能满足现在的安全需求的，因此，必须制定一个完善的安全策略以提高整个网络系统的安全性，满足它现有的安全需求。

### 4. 安全策略

通过上述对当前网络系统安全现状的分析，在实际实施的时候应采取如下安全策略。

（1）使用不同等级的安全产品进行集成，在不同的网络环境使用与之相应的等级的安全产品，可以有效地减少系统投资。

（2）在产品选型时，需要厂家提供客户化产品支持服务产品。只有这样才能保证系统的安全是可以用户化的，才能有针对性地为用户的应用和业务提供安全保证。国内具有自主知识产权的安全产品可以随时根据用户的要求进行相应的改进，使之更加适合用户的实际需要，而不是成为一般的通用性产品。

（3）采用可提供本地化服务的厂家的产品。可以提供本地化服务产品对用户的安全至关重要，可以及时提供应急安全响应服务，如在病毒发作或黑客入侵事件发生的时候，可以在第一时间进行响应，最大程度地保护用户利益。

（4）采用可以提供分级、分布、集中管理控制并可进行互动的产品。网络和系统的复杂性，对相应产品的管理控制提出了更高的要求，不但可以进行集中、分布的管理控制，还能够进行分级的管理控制以适应大规模网络的需要，同时不同安全产品之间应能够进行有效的互动，以提高系统的防御能力。

（5）在选择产品时需要保证符合相应的国际、国内标准，尤其是国内相关的安全标准。如国内的安全等级标准、漏洞标准、安全标准以及国际的 CVE、ISO 13335、ISO 15408、ISO 17799 等标准。

（6）产品在使用上应具有友好的用户界面，并且可以进行相应的客户化工作，使用户在管理、使用和维护上尽量简单直观。

（7）建立层次化的防护体系和管理体系。

### 5. 确定安全机制和服务

ISO 7498-2 标准中概括了 12 种安全机制和 5 种基本安全服务，还定义了各种安全机制及安全服务在 OSI 参考模型中的层次位置。其中专用安全机制共 8 类，包括加密机制、数字签名机制、访问控制机制、数据完整性机制、认证交换机制、防止业务流量填充机制、路由控制机制和公证机制。除专用安全机制外，还有 4 类外壳型安全机制，包括可信任的安全服务功能、安全标签、事件检测与安全审计、安全性的恢复功能。这些所列出的安全机制组合构成了 ISO 标准中的 5 大安全服务功能。

（1）数据保密性安全服务功能。它是针对信息泄露而采取的防御措施，可分为信息保密和业务流保密等。它的基础是数据加密机制的选择。

（2）访问控制安全服务功能。存取权限用以防止非法用户进入系统，防止合法用户对系统资源的非法使用，是存取控制的基本任务。访问控制可分为自主访问控制和强制访问控制两类，这两类常联合使用。自主访问控制是主体时，可以将自己拥有的客体集的访问权限自主地授予其他主体的控制机制。强制访问控制是系统给每一个客体和主体分配不同的安全属性，而且这些安全属性不像自主访问控制那样可以轻易更改。强制访问控制常采用 DoD 的军事多级安全策略，强制访问控制可以防范“特洛伊木马”和用户的滥用职权。

实现机制可以是基于访问控制属性的访问控制表以及基于安全标签或用户和资源分档的多级访问控制等。在共享系统中，针对网上资源的使用应制定一些规定：一是定义用户可以访问哪些资源，二是定义可以访问的用户各自具备的权限。

（3）身份认证安全服务功能。此功能用于识别对象的身份和对身份的证实。OSI 环境可以提供对等身份认证和信源认证等安全服务功能。对等实体认证是用来验证在某一关联的网络操作中，对等实体的身份是一致的，它可以确认对等实体没有假冒身份；而数据源点鉴别是用于验证所有收到的数据来源与所声称的来源是否一致。它不提供防止数据中途修改的功能。

（4）数据完整性安全服务功能。此功能防止非法篡改信息，如修改、复制、插入和删除等。它有 5 种形式：可恢复连接完整性、无恢复连接完整性、选择字段连接完整性、无连接完整性和选择字段无连接完整性。

（5）防否认安全服务功能。此功能用于证实发生过的操作。采取措施防止接收者否认数据已经收到，或防止发送人否认数据曾发送过。

本网络系统中要想实现机密数据的安全，就必须结合上面的 5 种服务来进行安全设置，从而使最敏感的数据得到保护，防止非授权用户访问。

### 6. 构建网络安全系统采取的措施

（1）运行环境安全。

- 防辐射措施。机房建设将设立防辐射的屏蔽机柜，把存储有重要信息的服务器、磁盘阵列及连接各结点的网络设备等放置在屏蔽机柜内，防止电信号泄露，同时把屏蔽柜以外的干扰源隔绝，以保证整个计算机系统的安全、可靠及正常的运行。涉密域网络采用屏蔽双绞线、屏蔽模块和屏蔽配线架。
- 防雷措施。网络系统入口设避雷器，网络、屏蔽及电源分别充分接地。
- UPS。系统配置在线式 UPS，保证系统运行和数据安全。
- 机房防火系统。机房按照规范设计了完整的防火系统。

（2）网络分段。按机构的设置来划分不同的网段，将涉密用户所在的网络单独作为一个涉密网段，其他机构分别作为其他网段，整个接入网络中控制涉密网段与其他网段之间的单向信息流动，即允许涉密网段查看其他网段的相关信息，但是其他网段的用户不能访问涉密网段的信息。并将办公自动化系统所涉及的服务器单独划作一个主网段，如电子邮件服务器、数据库服务器、Web 服务器等。

XX 信息敏感部门在接入公网的时候，对于敏感信息必须与公共网之间进行严格的物理隔离。采用虚拟专网的划分可以使多个单位都连接到公网中，共享公网的网络带宽和信息资源。另一方面，各系统、各单位都需要保持在一个相对独立的专网环境中，一方面保证业务互不影响，一方面提高各个系统的安全性。同时，在公网接入网和业务专网之间采用防火墙等安全设备进行逻辑隔离。

物理隔离可采用网络安全隔离卡，作用是使内部涉密网络（以下称内网）和外部公共网络（以下称外网）之间实现物理隔离，即内、外网之间没有物理连接途径，使内网的信息不会外泄；亦可防止网络病毒和网络黑客通过外网对内网进行攻击，保证内网数据的安全。下面以伟思信安网络安全隔离卡为例，介绍物理隔离。

① 网络安全隔离卡的基本功能描述。

- 在同一台 PC 上实现内网和外网的连接；
- 通过硬件彻底实现内网和外网的物理隔离，使局域网中任何一台计算机都能绝对安全地连接 Internet 网，而内网不会受到攻击；
- 内、外两种不同网络之间可以自由切换。

② 网络安全隔离卡的基本特性。

- 符合《计算机信息系统国际联网保密管理规定》第六条关于“计算机内网和外网必须实行物理隔离”的要求；
- 纯硬件设计，真正实现物理隔离，有效地防止网络病毒和网络黑客通过外网对内网进行攻击，使内网运行在一个非常安全的环境中；
- 安全计算机中采用双硬盘（*a* 硬盘和 *b* 硬盘），*a* 硬盘中存储一套操作系统用于与内网相连，*b* 硬盘中存储另一套操作系统用于与外网相连；
- 隔离卡插入计算机 PCI 插槽内，隔离卡上的网络线，分别连接内、外两个网络，由隔离卡控制内外网的硬盘和相应网络的接通与断开；
- 支持常用操作系统，占用计算机内部资源少，安装简单，界面友好，使用方便。

（3）防火墙系统。为实现入网访问控制安全，在内网的入口处配置防火墙，通过防火墙过滤不安全服务，隔离无权限用户。这样可极大提高网络的安全性和减少网络中主机的风险，从而保证信息不外泄并防止其他非法用户侵入。防火墙可以提供对系统的访问控制，同时禁止访问另外的主机，如允许访问特定的 E-mail Server 和 Web Server。

防火墙的选购根据具体的性能和价格以及需求方要求等因素决定，在本项目中，防火墙除了本身的基本功能以外，还要求具有 VPN 功能。此外在具体应用中，至少选择百兆级防火墙。下以 ADNS 恒宇视野 CYEAHFW 5800（见表 5.5）为例，介绍防火墙系统。

表 5.5　　ADNS 恒宇视野 CYEAHFW 5800 基本信息

| 设备类型 | 并发连接数 | 网络吞吐量(Mpps) | 安全过滤带宽（Mbit/s） | 用户数限制 | VPN 支持 |
|---|---|---|---|---|---|
| 百兆防火墙 | 300000 | 300 | 1000 | 无用户数限制 | 支持 |

此款防火墙的功能如表 5.6 所示。

表 5.6　　ADNS 恒宇视野 CYEAHFW 5800 功能表

| 系统设置 | 网络管理 | 设置列表 | 系统监控 |
|---|---|---|---|
| 1. 普通设置<br>常规设置<br>DNS<br>路由设置<br>关闭系统<br>2. 高级设置<br>管理员设置<br>环境设置<br>3. 网络接口<br>信任区<br>非信任区<br>非军事区(DMZ) | 1. 安全策略<br>进入信任区<br>进入非信任区<br>进入非军事区<br>出非军事<br>2. VPN<br>手工钥匙<br>3. 负载均衡<br>负载均衡 1<br>负载均衡 2<br>负载均衡 3<br>负载均衡 4 | 1. 地址簿<br>信任区<br>非信任区<br>非军事区(DMZ)<br>2. 服务<br>预定义服务<br>自定义服务 | 1. 策略带宽<br>安全策略<br>2. 流量统计<br>安全策略<br>3. 日志<br>访问日志<br>审计日志<br>4. 资源报告<br>CPU<br>系统占用<br>内存剩余<br>信任区<br>非信任区<br>非军事区 |

从以上功能可以看出，选用此款防火墙可以实现系统安全需求。

除此之外，防火墙自身安全设计如下。

- 所有防火墙的配置文件及其与安全有关的数据（除邮件黑名单外），都应加密存放在硬盘上，只有系统的 ROOT 用户可以对这些文件进行操作，但系统的 ROOT 也只能删除该文件，而无法阅读该文件。所以，任何窃取了系统 ROOT 口令的黑客，无法修改防火墙的配置，无法实现通过防火墙进入内部网络的企图。所有对防火墙各种规则的配置设定，只能通过防火墙提供的本地或远程的图形化配置界面进行。配置界面开启之前会先对使用者进行认证，只有授权的防火墙安全管理员才能使用该配置界面。在远程规则的配置中，传输过程经过加密处理，可防止规则被随意修改。
- 为防止发生绕过防火墙对网络进行攻击，防火墙的支撑系统平台，除可靠的硬件设备外，还应配置高安全等级（B1 级及以上）的操作系统，安全操作系统作为信息系统构造的基础，使得防火墙与安全身份认证系统等功能能够更好地进行安全的衔接，为整体系统安全提供可靠的安全基础。

（4）入侵检测系统。网络系统内的审计和监控采用专用设备和通用设备结合的方式进行实施。在网络中心、重要的大信息量出入口处，安装专用的审计监控设备。在其他地方，充分利用各类网络设备、防火墙、计算机设备、操作系统和应用系统（Exchange）的审计功能。同时建立审计数据定期审查制度，以便及早地发现攻击事件，采取相应的安全措施。

通过比较，选用捷普 IDS 入侵检测系统，其功能如下。

- 实时监测入侵功能。可以实时地对网络上的攻击进行监测，一旦发现可疑信息，入侵监测可准确显示其数据目标和来源，及时向管理员告警。
- 丰富和友好的管理界面。所有的入侵监测系统提供友好的人机界面，使得管理员易于操作和管理整个入侵监测系统。采用可视的管理、监视、控制和分析操作界面，方便使用。
- 对报警信息的检索、查询和统计。管理员通过管理中心可以对历史记录中引擎产生的各种攻击事件的报警信息进行检索、查询、统计。
- 全新的离线报警方式。除了常规屏幕显示报警信息，系统还可以自动将报警信息传送到管理员的电子信箱，并同时提供声音报警。
- 多种类型的报表。对管理中心的日志信息可以用多种形式显示出来，如以表、柱型图显示结果。

- 数据的安全通信。引擎与管理中心之间的数据通信是安全加密的（SSL 协议）。
- 引擎的实时监测与管理。在管理中心，系统管理员可以实时地获取到引擎的状态信息，并可以对引擎进行启动、停止等管理。
- 入侵检测规则的自定义。用户可以自己定义一些入侵检测规则，加入到引擎的规则库中去，更加灵活地进行入侵检测。
- 开放式的插件机构。它保证系统检测能力不断增长，包括入侵规则的自动升级和更新。
- 断开网络功能。提供断网功能，对于一些恶意的攻击行为，系统可以将攻击者从网络中清除出去。
- 详细的安全知识库。可以由管理中心给用户提供关于安全规则及攻击事件的较详细的信息和对事件的大致描述。
- 在线升级。为用户提供可以在线升级的能力，使管理员可以在管理中心直接对规则库进行升级。

为了进一步加强 XX 信息敏感部门建设项目的网络安全性，并满足信息安全监控的目的，针对其实际情况，还应采取以下措施。

- 在 XX 信息敏感部门接入网内安置一台捷普 IDS 入侵检测系统，实现对应用服务器的访问或非法攻击进行监控与报警，并对非授权访问进行日志记录；
- 在 XX 信息敏感部门 OA 网段放置一台捷普 IDS 入侵检测系统，实现对应用服务器的访问或非法攻击进行监控与报警，并对非授权访问进行日志记录。

（5）网络防病毒系统。采用的病毒防御系统软件应具备以下几项功能。

- 客户端防病毒、服务器防病毒及网络防病毒；
- 客户端防病毒系统是为所有用户提供的数据安全工具，用于保护客户计算机上的用户数据；
- 服务器防病毒系统用于保护服务器上的数据免遭病毒的侵害；
- 网络防病毒系统用于防止通过网络的病毒传播，主要是防止网络下载数据、数据复制、电子邮件等携带病毒在网络上传播；
- 建立定时扫描、病毒代码定期升级制度。

在本次防病毒产品的选型中，选用北京启明星辰公司的天恒安防网络防病毒系统。天恒安防网络防病毒系统是启明星辰公司与芬兰 F-Secure 公司携手推出的国产化防病毒产品，其基于策略集中管理的方式和世界一流的病毒检测和清除能力，使得移动、分布式的企业级病毒防护不再困难。而且天恒安防提供了病毒定义的实时自动更新功能，使得用户无需担心由于忘记更新病毒而引发病毒事件的问题。网络防病者系统的具体设计如下。

- 在 XX 信息敏感部门公网接入和业务专网系统中所有的个人主机，包括涉密主机、OA 主机等均安装天恒安防网络防病毒客户端 For Windows；
- 在 Mail 服务器上安装天恒安防网络 For MS Exchange 对邮件服务器上的病毒进行过滤、查杀；
- 在涉密网部分专门采用与外部网相独立的天恒安防网络防病毒系统，并在涉密网进行集中管理；
- 在信息中心安装天恒安防网络防病毒的管理服务器与管理控制台；
- 在各分部办公主机安装天恒安防网络防病毒客户端，并通过天恒安防网络防病毒的管理特点——可跨广域网进行远程管理，对各分部主机、服务器的用户端进行集中管理与策略下发；
- 在文件服务器上安装天恒安防网络防病毒的客户端 For Windows NT/2000 Server。

这样就做到了整个 XX 信息敏感部门公网接入网和业务专网防病毒系统的全网防护与集中管理。

（6）用户身份鉴别与访问控制。用户按照不同的类别可分成以下 4 部分。

- 特殊用户（系统管理员）；
- 核心领导用户；
- 一般领导用户，系统管理员根据他们实际的需要为他们分配操作权限；
- 一般用户。

用户的入网访问控制依次分为以下 3 个步骤，3 道关卡中只要任何一关未过，该用户便不能进入网络。

- 用户名的识别与验证；
- 用户口令的识别与验证；
- 用户账号的默认限制检查。

可采用统一的密码卡和密码机，在信息敏感中心内网涉密域配备 1 台网络密码机和 1 台密钥管理中心。在网络 IP 层来解决 LAN 间传输的安全问题，用于加密保护涉密数据在公网上传输的安全。密钥管理中心，用于涉密网内密码机（卡）的密钥管理和分发，并且对密码机（卡）和安全模块进行集中管理。为方便密钥管理中心操作人员能够方便地管理网络的加密设备和密钥，需配备一台与密钥管理中心配套的 PC。

（7）备份与恢复。对于 Windows 或者 Solaris 系统，应用程序与操作系统分别安装，首先是安装操作系统，然后才逐渐安装各个应用程序，对于这些系统，备份整个系统是必要的。

用户备份不同于系统的备份，因为用户的数据变动更加频繁一些，因此几乎不可能建立某个用户的精确到每分钟的备份。为了保证用户数据的损失最小，为用户提供一个数据灾难恢复中心，当出现任何问题如误删某些文件时，用户可以恢复自己的数据。

接入网系统的备份与恢复工作，在现阶段的实施主要有以下 3 个方面。

- 资源备份。将系统中关键的网络服务器、计算机及其上的数据进行了单独备份，专门设置了备份机，一旦发生事故，直接使用备份机替换主机，确保网络连续运行。
- 数据备份。系统中建立了备份制度与流程，数据将定期备份到备份机器和备份介质中。在启动阶段，将充分利用各应用系统所带的备份工具，结合严格的工作流程和制度完成工作，如办公自动化系统的数据库备份通过 Sybase 的系统备份机制完成。
- 数据的灾难恢复。数据灾难恢复将由三个方面的工作共同构成：一是利用备份机及其他设备上的备份数据直接恢复；二是从备份介质备份恢复；三是数据抢救，即从遭受安全事故机器的介质中实时抢救数据。为确保数据的有效开展，可配备专用的工具对公网接入网系统中 Windows 系统、Linux 系统、Solaris 系统等平台介质中的存储数据进行及时灾难抢救。

建设数据容灾备份中心，可以实现通过向远程备份中心直接提供实时的系统和数据备份，防止由于当地灾难而造成的系统和数据损失。备份完全自动完成，避免从运行中心人工向外转移磁带所存在的风险。一旦运行中心发生灾难，备份中心的备用主机仍可提供远程系统和数据恢复与访问能力，保障全天候关键业务数据可用性，并努力逐步做到零停机时间等需求。数据容灾备份中心提供如下功能。

- 实时备份数据，远程备份中心距离运行中心数公里；
- 自动系统备份，降低风险、人力和费用；
- 高速数据恢复，在灾难发生数小时内恢复运营；
- 通过可选的磁带、保险库或磁盘可优化解决方案；
- 数据容灾备份中心也采用基于光纤通道的高性能技术和 UNIX 或 Windows 环境。

（8）办公系统自动化应用系统安全机制。本项目的办公自动化应用系统安全主要依赖于系统本身内置的安全措施，在系统运行时使用相应的安全机制，这些机制主要包括以下内容。

- 一般情况下，系统采取默认授权，只有文件流转过的人才能看到该文件；
- 必要情况下，采用手工授权，指定文件授权和指定用户授权；
- 人员调动/调离时的原则是权限随人走或权限随职务走；
- 管理员权限划分为系统管理员、安全保密管理员和密钥管理员；
- 口令设置长度规定至少 10 位，必须由大小写字母、数字和符号构成，口令必须定期更换；
- 限制用户登录指定机器；
- 限制用户错误登录的次数为 3 次；
- 用户登录审计报警和日志系统报警；
- 终止可疑用户或非法登录用户功能；
- 可对重要数据进行加密；
- 使用 IC 卡，也支持动态令牌；
- 对超过密级权限的操作人员进行警告；
- 监控数据库使用，记录用户所有操作；
- 自动备份。

（9）网络中心安全措施。网络中心的安全措施包括如下几个方面。

- 网络中心加装专用审计监察系统，对重点服务器系统的访问实施安全审计和检查；
- 网络中心重要服务器系统加装存储加密设备；
- 开放和使用服务器、操作系统、Exchange 中所带的最强鉴别和授权措施；
- 开放所有设备和系统的审计功能，进行多层次审计，并配合专用审计系统构成一套完整的审计系统。审计开放的原则是保证安全，兼顾性能，合理冗余，节省资源；
- 网络中心不开放拨号访问服务；
- 网络中心禁止提供所有基于明文口令的远程访问和网络管理活动；
- 网络中心禁止任何用户采用任何方式（如 Modem）访问外部网络，避免留下“网络后门”。

（10）日常安全运行计划。为配合管理和安全措施的实施，除了常规的设备安装、保修期内的服务外，将在安全主管和职能部门的指导、监督和管理下，通过资质合格的信息安全服务机构开展以下运行安全维护工作。

① 隔一段时间进行系统的安全评估。

② 根据系统建设和运营的情况对安全方案进行修订，包括如下内容。

- 安全策略，包括可能存在的网络安全威胁、网络风险的大小、防范的手段以及投资的力量；
- 技术方案，包括网络拓扑结构和设备的配置方案；
- 组织和制度建设方案，包括机构组成、人员配备、手册编号和考评制度；
- 实施方案，包括时间表、步骤、供应商、调试与验收标准；
- 危机管理方案，包括报告流程、备份制度、演习制度、CERNET 提供商选择标准；
- 培训方案；
- 投资预算；
- 安全运行指标。

③ 建立和维持 7×24 高水准的应急响应服务体系，包括如下内容。

- 远程和现场事件分析；
- 人员和技术、设备支持；
- 系统恢复服务；
- 入侵事故取证、分析和跟踪；
- 损失评估；
- 防范策略。

④ 组织建设与安全培训。

（11）管理安全。应当明确责任，建立安全规则和各项规章制度，内容如下。

① 物理与环境安全管理制度，包括如下内容。

- 场地与设备安全管理制度；
- 设备、线路、电源管理制度；
- 存储介质管理制度。

② 系统安全管理制度，包括以下内容。

- 防火墙安全管理制度；
- 虚拟专网管理制度；
- 软件系统管理制度；
- 网络资源备份管理制度。

③ 网络运行安全管理制度包括以下内容。

- 入侵监控管理制度；
- 计算机病毒防治管理制度；
- 信息备份管理制度。

④ 信息安全保密管理制度包括以下内容。

- 身份识别和密钥管理制度；
- 访问权限管理制度；
- 安全审计管理制度；
- 内部评估制度；
- 涉密信息管理制度。

⑤ 人员管理制度。人员管理制度包括用户行为规范、岗位人员标准、人员的聘用与解聘、岗前培训与上岗制度、安全宣传教育管理等制度。

### 7. 相关文档

表5.7所示为系统安全保密投资概算表。

表5.7　系统安全保密投资概算表

| 序　号 | 设　备 | 数　量 | 概　算 | 备　注 |
|---|---|---|---|---|
| 1 | 恒宇视野 CYEAHFW 5800 防火墙 | | | |
| 2 | 捷普 IDS 入侵检测系统 | | | |
| 3 | 网络密码机、密码卡 | | | |
| 4 | 防病毒系统 | | | |

续表

| 序　　号 | 设　　备 | 数　　量 | 概　　算 | 备　　注 |
|---|---|---|---|---|
| 5 | 屏蔽机柜 | | | |
| 6 | 安全扫描 | | | |
| 7 | 安全规划设计预算 | | | |
| 总计 | | | | |

表 5.8 所示为安全保密建设的工程进度表。

表 5.8　　安全保密建设的工程进度表

| 工 程 项 目 | 人 员 安 排 | 1 | 3 | 6 | 9 | 15 | 20 | 25 | 30 | 40 | 60 | 65 |
|---|---|---|---|---|---|---|---|---|---|---|---|---|
| 在现场核实施工图纸 | 3 人 | X | X | | | | | | | | | |
| 产品备货交货 | 2 人 | | | X | X | X | X | X | | | | |
| 工程施工 | 5 人+督导 | | | X | X | X | X | X | X | | | |
| 安全保密设备安装 | 3 人督导 | | | | | X | X | X | | | | |
| 安全保密设备测试 | 2 人 | | | | | | | X | X | | | |
| 网络联调 | 3 人 | | | | | | | | X | X | | |
| 公务网指挥部测试 | 2 人 | | | | | | | | | X | | |
| 网络试运行 | 2 人 | | | | | | | | | X | X | |
| 工程验收 | 3 人 | | | | | | | | | | | X |

系统安全保密建设人员名单如表 5.9 和表 5.10 所示。

表 5.9　　建设单位人员名单

| 序号 | 职位 | 姓名 | 身份证号 | 备注 | 序号 | 职位 | 姓名 | 身份证号 | 备注 |
|---|---|---|---|---|---|---|---|---|---|
| 1 | | | | | 4 | | | | |
| 2 | | | | | 5 | | | | |
| 3 | | | | | 6 | | | | |

表 5.10　　XX 信息敏感部门项目建设人员名单

| 序号 | 职位 | 姓名 | 身份证号 | 备注 | 序号 | 职位 | 姓名 | 身份证号 | 备注 |
|---|---|---|---|---|---|---|---|---|---|
| 1 | | | | | 4 | | | | |
| 2 | | | | | 5 | | | | |
| 3 | | | | | 6 | | | | |

## 本章小结

本章主要介绍了以下几个方面的内容。

- 解决网络安全问题的一般设计步骤；

- 网络风险评估介绍；
- 网络安全开发方案与过程；
- 网络安全机制设计——物理安全的概念；
- 网络安全机制设计——网络安全的概念；
- 网络安全机制设计——信息安全的概念；
- 网络安全机制设计——数据存储安全的概念。

## 习题 5

1. 解决网络安全问题的一般设计步骤是什么？
2. 什么是安全策略，它包括哪些内容？
3. 网络安全机制设计有哪几方面？
4. 安全服务包括哪些方面的内容？试详细解释这些内容。
5. 什么是防火墙？防火墙有哪几种类型？
6. 什么是入侵检测系统？入侵检测系统的主要功能是什么？
7. 保护网络数据安全有哪几种方法？
8. 什么是数据传输加密技术？
9. 什么是数据完整性鉴别技术？
10. 什么是防抵赖技术？

# 第6章 网络维护和网络优化

随着网络技术的迅猛发展，网络用户的增多，人们对网络的依赖程度进一步增强，对网络的需求和期望不断提高，而网络的规模也在持续扩大，使得保持网络以最佳性能运转变得越来越困难。网络瘫痪成为众多数据通信领域的用户们不得不面对的问题，如何确保网络正常运行，快速有效地解决所有的故障？在这个问题上，网络测试的日臻完善已显得越来越重要。网络测试问题贯穿了网络安装、维护、管理和故障诊断的整个过程。可以说，网络测试为网络的健康运行带来了有效的解决办法。

本章分网络测试、网络故障分析和排除以及网络性能优化 3 个部分，介绍在网络运行中所碰到的常见故障及排除方法，并介绍几款用于网络性能优化的小工具。

## 6.1 网络测试

如果已经铺好网线，装上网卡，安装好系统，配置好网络，网络还不通，就需要进行测试，检查到底是哪里出了问题。如果需要知道网速是多少，也要通过测试才能知道。怎样对网络进行测试，需要网管人员的经验和技巧，并利用一些网络操作系统自带的网络测试程序，以及其他一些测试软件和测试工具。

### 6.1.1 网络连通性测试

对于刚组建的网络，首先要进行网络连通性测试，也就是要测试网络通不通，能否与网络中的另一台计算机通信。一般在网络正确设置之后，网络中的计算机能够相互通信时，就省去了连通性测试。但由于网络出现故障的原因很多，经常会发生由于硬件和系统软件配置的问题导致通信受阻，测试一台计算机与其他计算机的连通性，可以对到底是哪里出现问题做出正确的判断，发现问题并及时加以解决。

### 1. 使用 Ping 命令

对网络进行连通性测试可用系统自带的 Ping 命令进行。

Ping 命令的全称是 Packet Internet Gopher，是 Windows 系统自带的一个测试程序，无论是在 Windows 98/ME/2000/XP/Server2003 下，都有这个命令，在 DOS 下也能使用它。

Ping 命令用于测试网络连接状况以及信息包发送和接收状况，是网络测试最常用的工具。Ping 命令向目标主机（地址）发送一个回送请求数据包，要求目标主机收到请求后给予答复，从而判断网络的响应时间，判断本机是否与目标主机（地址）连通。

如果执行 Ping 命令不成功，则可以预测故障出现在以下几个方面：网线故障、网络适配器配置不正确或 IP 地址不正确。如果执行 Ping 命令成功而网络仍无法使用，那么问题很可能出在网络系统的软件配置上，Ping 成功只能保证本机与目标主机间存在一条连通的物理路径。

命令格式：

Ping IP 地址或主机名 [-t] [-a] [-n count] [-l size] [-w timeout]

参数含义：

-t 不停地向目标主机发送数据，直到按下【Ctrl+C】组合键为止；

-a 以 IP 地址格式来显示目标主机的网络地址；

-n count 指定要 Ping 多少次，具体次数由 Count 来指定（默认值为 4）；

-l size 指定发送到目标主机的数据包的大小（默认值为 32bit）；

-w timeout 指定超时间隔，单位为 ms。默认为 1000ms，也就是说如果在 1s 之内没有响应，系统就会认定为超时，并返回超时信息。

运行 Ping 命令的方法有如下几种。

- 使用软盘或光盘启动计算机进入 DOS 状态，输入"Ping [主机地址]"，然后按【Enter】键。
- 单击"开始"菜单，从弹出的菜单中选择"运行"选项，在出现的对话框中输入 Ping 命令，如图 6.1 所示。
- 依次打开"开始"→"程序"→"附件"→"命令提示符"。在命令提示符下输入"Ping [主机地址/主机名]"，如图 6.2 所示。

图 6.1 "运行"对话框

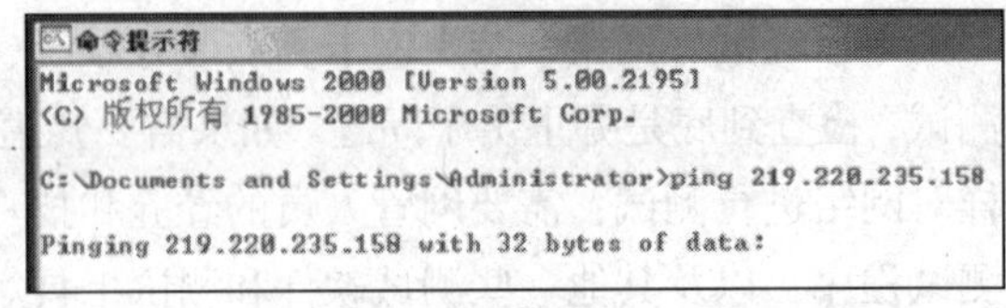


图 6.2 "命令提示符"界面

- 在 Windows 2000 以上版本的操作系统中，也可以单击"开始"菜单，从弹出的菜单中选择"运行"一项，在弹出的对话框中输入"cmd"切换到 DOS 状态并运行 Ping 命令，如图 6.3 所示。
- 如果对 Ping 命令不太熟悉，可以直接在命令提示符下输入"Ping/?"求得帮助，如图 6.4 所示。

在 DOS 状态下输入"ping 219.220.235.200"（见图 6.5），就可知道本机与 IP 地址为"219.220.235.200"的计算机连接的情况。有 Reply（回复），说明当前计算机和 IP 地址为"219.220.235.200"的计算机是连通的。

也可以 Ping 一下比较熟悉的网站，如在 DOS 提示符下输入"ping www.sspu.cn"（上海第二

工业大学），如图 6.6 所示，即可查看被测试网络是否与该网站连通。

图 6.3　运行“cmd”命令

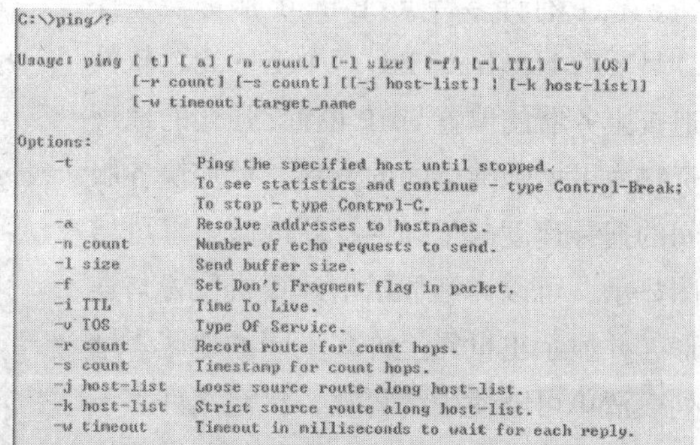

```
C:\>ping/?

Usage: ping [-t] [-a] [-n count] [-l size] [-f] [-i TTL] [-v TOS]
            [-r count] [-s count] [[-j host-list] | [-k host-list]]
            [-w timeout] target_name

Options:
    -t             Ping the specified host until stopped.
                   To see statistics and continue - type Control-Break;
                   To stop - type Control-C.
    -a             Resolve addresses to hostnames.
    -n count       Number of echo requests to send.
    -l size        Send buffer size.
    -f             Set Don't Fragment flag in packet.
    -i TTL         Time To Live.
    -v TOS         Type Of Service.
    -r count       Record route for count hops.
    -s count       Timestamp for count hops.
    -j host-list   Loose source route along host-list.
    -k host-list   Strict source route along host-list.
    -w timeout     Timeout in milliseconds to wait for each reply.
```

图 6.4　“Ping”帮助信息

```
C:\Documents and Settings\yulj>ping 219.220.235.200

Pinging 219.220.235.200 with 32 bytes of data:

Reply from 219.220.235.200: bytes=32 time<1ms TTL=128
Reply from 219.220.235.200: bytes=32 time<1ms TTL=128
Reply from 219.220.235.200: bytes=32 time<1ms TTL=128
Reply from 219.220.235.200: bytes=32 time<1ms TTL=128

Ping statistics for 219.220.235.200:
    Packets: Sent = 4, Received = 4, Lost = 0 (0% loss),
Approximate round trip times in milli-seconds:
    Minimum = 0ms, Maximum = 0ms, Average = 0ms
```

图 6.5　“Ping” IP 地址时的信息

```
C:\>ping www.sspu.cn

Pinging www.sspu.cn [202.121.241.7] with 32 bytes of data:

Reply from 202.121.241.7: bytes=32 time=8ms TTL=126
Reply from 202.121.241.7: bytes=32 time=1ms TTL=126
Reply from 202.121.241.7: bytes=32 time=2ms TTL=126
Reply from 202.121.241.7: bytes=32 time=1ms TTL=126

Ping statistics for 202.121.241.7:
    Packets: Sent = 4, Received = 4, Lost = 0 (0% loss),
Approximate round trip times in milli-seconds:
    Minimum = 1ms, Maximum = 8ms, Average = 3ms
```

图 6.6　“Ping”主机域名时的信息

当出现“Request timed out”信息时，如图 6.7 所示，表明网络超时，也就是说，在一定的时间内，目标主机没有响应或者当前被测计算机因其他原因收不到响应。有时候网络也可能是连通的，但是本地计算机或对方的计算机应用了某些策略或配置错误，这些策略或配置错误阻止了两台计算机之间的通信。

在“Ping”某台主机的 IP 地址或主机域名时，出现了如图 6.8 所示的情况，命令行显示“Destination host unreachable”（目的主机无法到达），这意味着这台计算机根本无法与 IP 地址为“234.34.9.16”的计算机取得联系。这就需要找出计算机网络不通的原因并加以排除。

```
C:\>ping www.case.com

Pinging www.case.com [63.217.26.47] with 32 bytes of data:

Request timed out.
Request timed out.
Request timed out.
Request timed out.

Ping statistics for 63.217.26.47:
    Packets: Sent = 4, Received = 0, Lost = 4 (100% loss),
```

图 6.7　“Ping”主机域名时的超时信息

```
C:\>ping 234.34.9.16

Pinging 234.34.9.16 with 32 bytes of data:

Destination host unreachable.
Destination host unreachable.
Destination host unreachable.
Destination host unreachable.

Ping statistics for 234.34.9.16:
    Packets: Sent = 4, Received = 0, Lost = 4 (100% loss),
```

图 6.8　“Ping”IP 地址时的连接出错信息

Ping 命令在平常的网络测试中经常会用到，几乎各种计算机网络方面的书籍对此都有介绍。

### 2. 使用 IP 工具软件

网络测试软件很多，如 Neo Trace，ipPulse，PingStar，SuperScan，IP-Tools 等，下面主要介绍 NeoTrace。

NeoTrace Pro v3.25（网络追踪器）是以前网络上相当受欢迎的网路路迹追踪软件，用户可以只输入远程计算机的 E-mail、IP 位置、或是超连结 URL 位置，软件本身自动显示介于用户计算机与远端计算机之间的所有结点与相关的登记资讯。可在 Windows 9X/ME/2000/XP/Server 2003

中运行，其运行后的主界面如图 6.9 所示。

NeoTrace 有许多特点：E-mail 服务器追踪功能，只要给 NeoTrace Pro 一个 E-mail，软件自动追查服务器的位置与 IP 位置；强化的地理图像资料库可增强结点间的资料，可加快各服务器间的搜寻速度与正确性；新地图引擎可增加地图显示，可以详细显示出计算机位置与连线情形，并显示出世界上许多不同的地区。增强的列表清单可随使用者喜欢，自定义许多不同列表清单，清单图表合成一体可使各结点情形更容易明了；许多不同的存储格式允许路迹资料、地图或两者合并，以 JPG、PNG、BMP、HTML、RTF、MIME 或 Plain Text 格式存档。

图 6.9 “NeoTrace“的主界面

NeoTrace 采用图示的方法，显示从本地计算机连接至网络的某网站所经过的 ISP 速率及 IP 地址等信息报告。用户只需简单地输入目标主机的 IP 地址或网址，NeoTrace 便会以连线图的形式显示主机的连接路径。用户还可将 ISP 的传输速率打印出来。NeoTrace 一共提供 3 种视图方式：地图查看、列表查看、结点查看。

现在用这个软件来测试一下网络的连接情况。在“目标”一栏中输入“上海第二工业大学”的网址（也可以输入该网站的 IP 地址），单击“开始”按钮和其后的下拉按钮，选择 3 种视图方式：地图查看、列表查看、结点查看中的一种，就可以了解相关信息。

图 6.10 所示为地图查看方式，用于显示测试用的计算机连接到目的地网址(如“www.sspu.cn”)时，该网址在世界上的什么位置，本例中的位置在 Shanghai（高亮圆点显示）。

图 6.11 所示为结点查看方式，测试计算机到某一网站主机线路上有哪些连接结点（也就是路由），以及这些结点能不能到达，如果不能到达是哪一段不能到达。如本例中要测试的计算机（名为 yulijun）到主机域名为“www.sspu.cn”的网站所经过的路线以及响应时间。响应时间的快慢，在计算机图标上分别用绿色、黄色和红色表示，绿色代表 Fast node（快结点），黄色代表 Moderate node（中等结点），红色代表 Slow node（慢结点），颜色没变化表示结点响应时间超时。这样就能很清楚地看到网络的瓶颈在哪里。关于响应时间的快慢，可以在“设置”中设定。

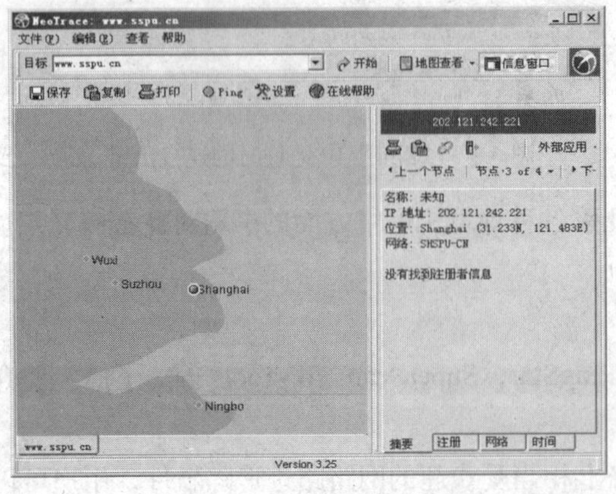


图 6.10 “地图查看”方式

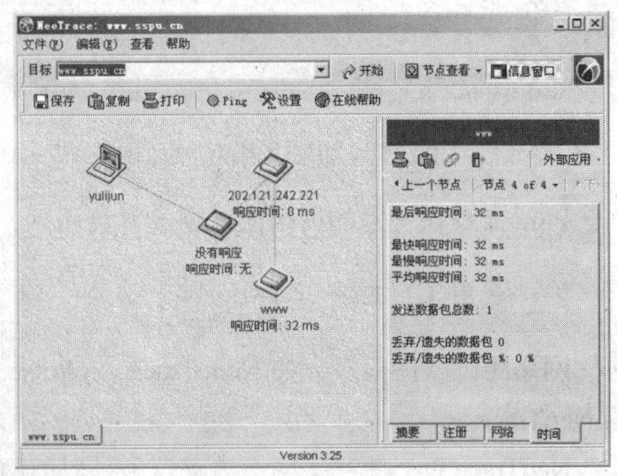


图 6.11 “结点查看”方式

图 6.12 显示列表查看方式，列表给出了网络上所有主机的 IP 地址、主机名、响应时间（和

Ping 命令一样，当响应时间小于默认值时，记为 0ms）以及当前网络连接动态缩略图。本例中所连接的“www.sspu.cn”，其最快响应时间为 32ms，最慢响应时间为 32ms，平均响应时间为 32ms。从图中可以看到，各个结点的响应时间是不同的，而且随着网速的动态变化，相同结点的响应时间也会有很大区别。一般越远的结点，响应时间越慢。

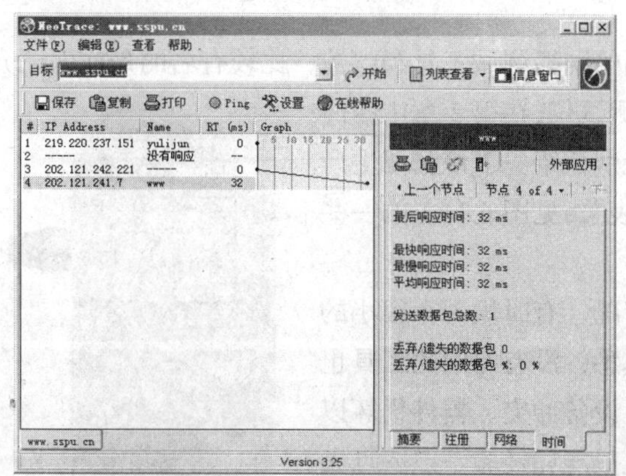


图 6.12　“列表查看”方式

以上这些信息都是动态显示的，其形象化的图示方式帮助用户直观地了解当前网络的连接情况。

在软件运行状态下，还可以调用其他辅助程序进行连接。单击“外部应用”按钮，出现如图 6.13 所示的菜单，选择需要调用的其他辅助程序。

- Connect via FTP：通过 FTP 连接。
- DOS Ping host：在 DOS 模式下 Ping 主机。
- Open in browser：在浏览器中打开。
- Show map of location：以地图方式显示位置信息。
- Telnet to host：以 Telnet 方式连接主机。

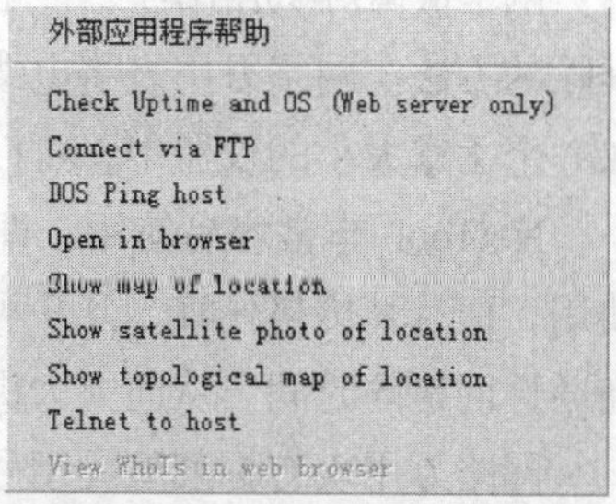

外部应用程序帮助

Check Uptime and OS (Web server only)
Connect via FTP
DOS Ping host
Open in browser
Show map of location
Show satellite photo of location
Show topological map of location
Telnet to host
View WhoIs in web browser

图 6.13　“外部应用”中的下拉菜单

通过使用该软件，可以提高网络故障的侦测效率，有助于网管人员准确有效地分析和排除网络故障。

类似这样的网络测试软件还很多，如 ipPulse 测试软件，它实时检测某个网段中的 IP 连通情况，如果出现问题，该软件会发出声音提醒，或者 E-mail，或者打传呼机。

可在打开的 ipPulse 主界面中单击“Define Targets”按钮，打开如图 6.14 所示的“Target List Editor”对话框，选择要测试连接的 IP 地址范围。

当选择好了需测试的 IP 地址范围后，可在 ipPulse 主界面中，单击“Run”按钮，图中“PASS”的两个 IP 地址表示连接通过，而“FAIL”的计算机表示连接失败。当出现连接问题时，该软件会发出声音提醒，如图 6.15 所示。

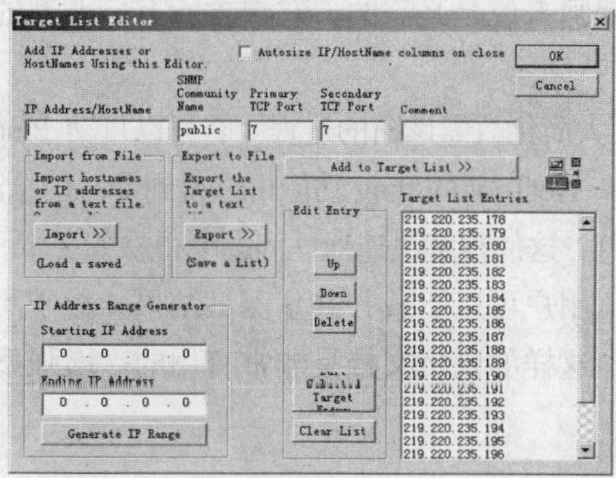


图 6.14　“ipPulse”运行时的主界面

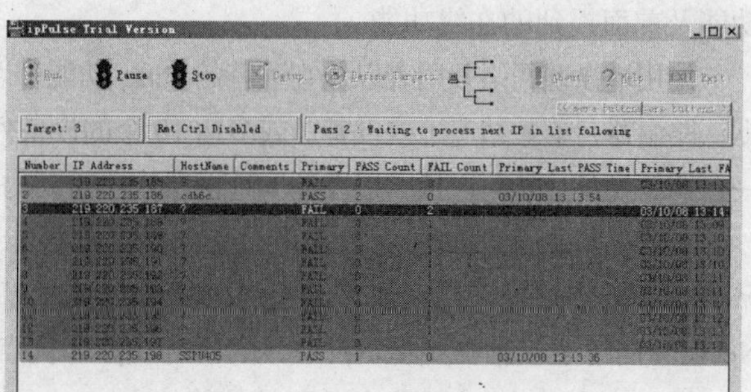


图 6.15　“ipPulse”运行时的主界面

由于测试方法与 Neo Trace 类似，这里不再详叙。

### 3. 借助于专用的网络测试仪

对网络连通性的测试还可以借助于一些专用的网络测试工具和仪器，比较有名的是前面已介绍过的美国FLUKE公司生产的Fluke系列网络测试仪，在第3章中专门介绍了几种用于网络电缆线测试的产品。这里特别介绍一下该公司生产的Fluke NetTool网络测试仪（简称“网络万用表”，见图6.16）的一些特点和功能。

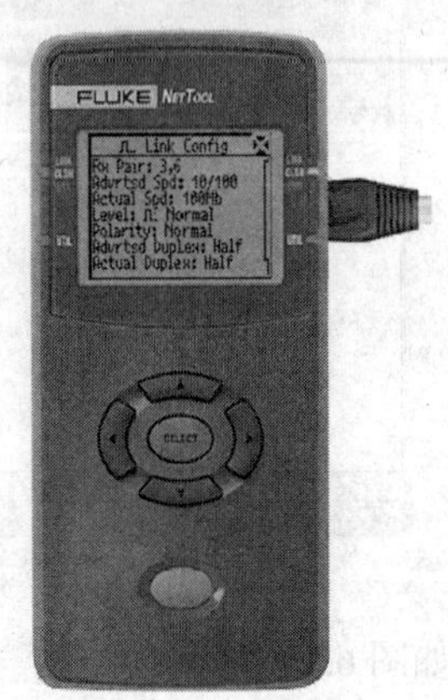

图6.16 Fluke NetTool网络测试仪

在组网过程中，经常会遇到网络不连通的情况，有时候一个很小的问题就会导致网络不通，不管用户对网络有多熟悉，没有专门的工具也毫无办法，特别是对一些网络硬件的性能降低、设备冲突、器件损坏以及不正确的系统配置等，经验丰富的网管人员也只能凭经验一点一点去假设和试验。如故障是否由于不良的RJ-45连接器造成？是否有错误的Mail、DNS服务器的设置？是否有半双工或全双工匹配不正确的网络设置？网卡故障/驱动错误？……NetTool结束了这种靠猜测进行网络故障排除的方法。网络万用表将电缆测试、网络测试以及PC设置测试集成在一个手掌大小的仪器中，可以用它迅速地解决所有那些最令人头疼的连通性问题。

NetTool非常容易使用，即使是没有经验的技术人员只需简单的培训就可以迅速学会仪器的使用，而且其价格便宜，几乎可以让网络维护人员人手一个。由于减少了网络维护人员诊断网络连通性问题的时间，从而大大提高了网管人员的工作效率。

网络万用表有标准型（型号NL）、在线型（型号NT-IL）和增强型（型号NT-PRO）3种。

NetTool独特的在线功能使用户可以监听PC与Hub之间的复杂链路脉冲协商的过程，从而无需通过难于理解的PC/交换机设置屏幕来解决链路连通性问题。测试仪显示网络的速度，半双工/全双工能力以及最后的链路设置。一旦完成了链路分析，当PC开始访问网络资源时，测试仪就清楚地报告PC至网络的对话。然后显示PC是如何设置的：MAC和IP地址，服务器（DHCP、E-mail、HTTP和DNS），使用的路由器和打印机。以上这些信息都是根据网络的运行情况动态显示的。通过这些信息的瞬息万变，网管人员就可以迅速解决站点至网络的连通性问题。

标准型网络万用表提供电缆以及站点至网络的单端测试。接入网络时可以显示和识别远端服务器和设备。它还显示速度和通讯设置并检查发送的以太网帧。

在线型网络万用表对安装或故障诊断连接入网的工程师来说是必需的，它包含所有标准型的功能及前面提到的在线功能。

使用增强型网络万用表以及它独特的Ping功能可以大大简化故障诊断的过程。它可以自动Ping默认路由器、单一站点（或设备）或多达10个的设备列表。NetTool的Ping功能可以得到即时信息：一台网络设备是如何连接的以及在本地网段中所扮演的角色，这使得解决连通性问题变得易如反掌。

增强型网络万用表还可以提供全新的测试报告能力，用户可以下载并共享测试结果。对于团队性工作，或问题需要其他有经验的故障诊断者来解决，这样的网络文档是非常有用的。增强型NetTool同时还包括在线型NetTool的所有功能和优点。

总而言之，NetTool具有以下的性能特点。

- 识别各种插座、以太网、电话、令牌环或一些还没投入使用的部件；
- 帮助一线网络维护人员迅速检验和诊断站点至网络的连通性问题；

- 解决复杂的 PC 网络设置问题，例如：IP 地址、默认网关、Email 以及 Web 服务器等。同时显示该 PC 所使用的关键网络资源，例如：服务器、路由器以及网络打印机等；
- 检查连接脉冲的速度、极性、半双工/全双工、电平以及接收线对；
- 包括问题的记录，简明地列出在 PC 和网络中检测到的问题，包括地址问题、Email 和 Web 问题等；
- 同时监测全双工连接的网络健康(发送帧数、利用率、广播、错误以及碰撞)，包括单独站点和网络对话数；
- 显示 PC 和网络间协议不匹配问题，识别那些浪费网络带宽的不需要的协议。

## 6.1.2　网络传输速率测试

以上叙述的是网络测试中的连通性问题。另外，网络传输速率大小也是网络测试的一个很重要的内容，有时候从网上下载文件的速度快慢区别很大，即使在高速宽带网中也是如此。当然下载速度越快越好，但是如果在一个网络中同时下载的人很多，或有其他一些因素（如某些网站对网络进行某项功能的限制、下载文件太大、操作系统中同时运行的应用程序太多、系统感染病毒等），会使得下载速度非常慢。怎样来测试网络下载的传输速率的大小呢？下面介绍在局域网及 Internet 中进行网络传输速率测试的几种方法。

### 1. 使用 Ping 命令

在局域网中，可以使用 Ping 命令来测量网络传输速率。在“Ping”某一个主机域名或 IP 地址时，除了显示数据包收发信息之外，都会在最后一行列出收发数据包所用的时间最小值（Minimum）、最大值（Maximum）以及平均值（Average）。图 6.17 所示为“Ping”的结果显示：3 项时间均为 0ms。也就是说，在计算机看来，从所测试的计算机连接到 IP 地址为“192.168.0.80”的计算机“不需要时间”，网速很快。

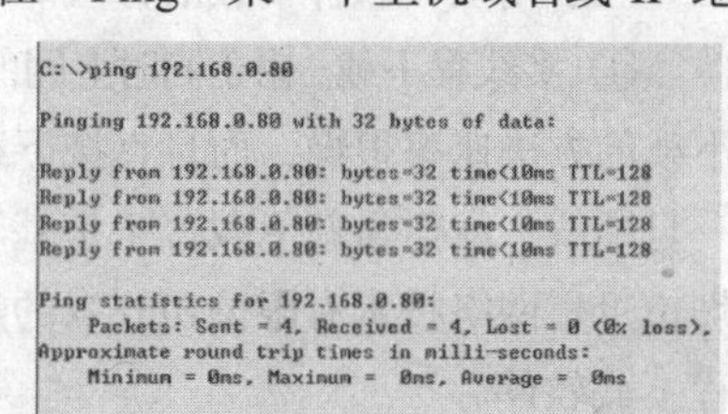


图 6.17　运行“Ping”命令

### 2. 进行文件复制

通常，在同网段的局域网内部进行的文件传输，其文件复制完成的时间快慢，取决于该局域网的网络带宽和文件大小，如图 6.18 所示。而在不同网段的局域网之间进行文件传输，因为要通过路由转发。在相同的条件下，其文件传输的速度应该要比同网段内进行文件传输的速度慢一些。

但是，用 Ping 命令或者是文件复制，只能大概了解网络的运行状况，并不能了解真实的网速。

### 3. 使用文件下载的方法

（1）直接下载文件。可以使用下载的方法来测试网络的传输速率，最简单的方法是直接从位于 Internet 中的某个站点下载一些东西，这样可以查看本机到 Internet 的传输速率。图 6.19 所示为通过在 IE 地址栏中输入 www.stockstar.com，在该网站中下载证券之星行情分析软件，此时的网速为 63.5KB/s。

现在还有一种由 Mozilla Foundation 开发的浏览器 Firefox（火狐浏览器）。它是一个自由的、开放源码的浏览器，适用于 Windows、Linux 和 Mac OS X 平台。它体积小速度快，还有其他一些

高级特征，主要特性有：标签式浏览，使上网冲浪更快；可以禁止弹出式窗口；自定制工具栏；扩展管理；更好的搜索特性：快速而方便的侧栏。这个版本做了脱胎换骨的更新，代码更优秀，功能更强大，包括安装程序、界面和下载管理器都作了改进。此软件安装程序让用户可以迅速安装 Firefox，而崭新的迁移系统可将用户的收藏夹、存储密码以及其他各种设置等数据自动从 IE 及其他浏览器中导入 Firefox，提供了很好的无缝链接。

图 6.18　复制进度提示框

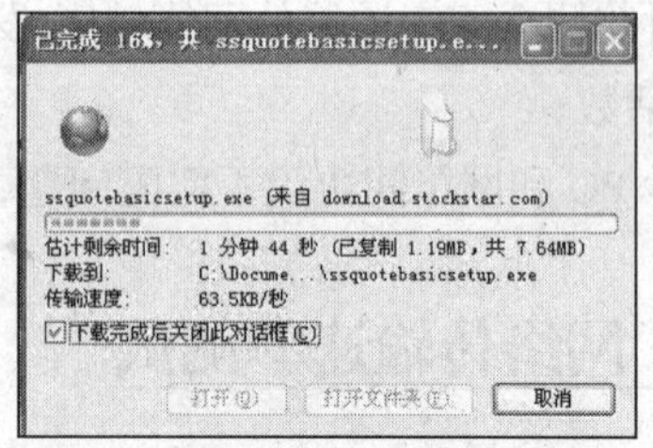


图 6.19　用 IE 浏览下载的进度提示框

同样用户可以用 Firefox 浏览器打开位于 Internet 中的某个站点。从地址栏输入以上相同的站点，下载相同的软件，此时的网速为 69.7KB/s，下载速度更快，如图 6.20 所示。

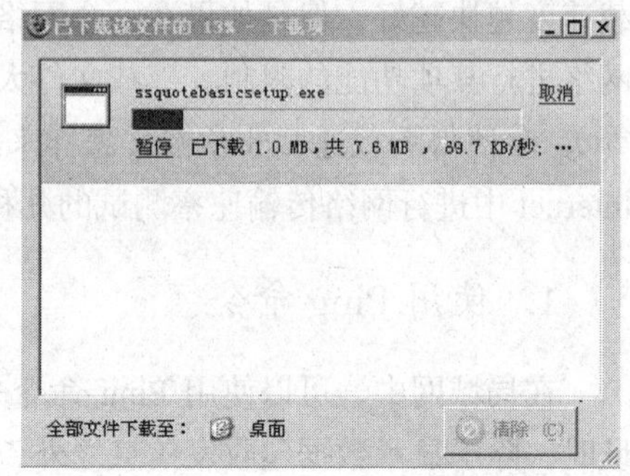


图 6.20　用 Firefox 浏览器下载的进度提示框

以上两种方法均不支持断点续传功能，一旦网络断开或网速太慢，在有限的时间内不能完成一个文件的下载任务，将不得不重新连接站点下载，故适用于网络空闲、且要下载的文件体积较小的情况。

（2）用工具软件下载的方法。

① 多线程下载。由于同时上网的人很多，可能用直接下载的方法速率很慢，而且直接下载不支持断点续传，一旦断线，就得重新下载，于是基于多线程下载功能的第 3 方下载工具软件也就应运而生。由深圳市迅雷网络技术有限公司开发的迅雷就是为了改善网络瓶颈、提升下载速度而设计的一种多线程下载软件。

较早的 IE 下载是使用单线程的下载技术，可以简单地理解为用户端与服务器端仅仅只有一座桥梁，数据传送只能靠这一座桥梁来完成，可以把这个桥梁当作是线程。线程是程序中一个单一的顺序控制流程，在单个程序中同时运行多个线程完成不同的工作，称为多线程。线程数的多少，自然会影响到下载速度的快慢，这样看来，下载线程数应该设置得越高越好；其实这样的理解是错误的。

假设从服务端传送数据到用户端，把用户端和服务端比做两个通信结点，线程数比作连接两个结点之间的通道，通道越多，单位时间内传送的数据越多，但如果通道开设超过双方所能承受的数量时，用户端将无法接受其他服务端的数据，而服务端将无法为其他用户端传送数据，因此，线程数的多少，要视服务端和用户端的具体情况而定，包括硬件配置的高低。

目前网络中的服务端，最多可把文件放在 10 个下载通道（原始下载地址）同时下载，可以根据不同的服务端连接限制，来修改迅雷的原始下载线程数，默认原始地址下载线程数是 5 个。服务器端还可以从候选资源（是迅雷为用户在网络上搜集到的该文件其他下载地址）中设置每一个下载任务可用的最多线程数 60 个，一般可以设置在 35～50，这样的设置不会导致用户端计算机的连接数过多，而无法从事其他网络活动。

另外，用户还可以设置“可以使用的最多连接数”及“文件上传下载的最大速度限制”，一般

取默认值即可，如图 6.21 所示。

若在下载过程中，其中有若干个通道阻塞或断开，其余的下载通道仍在工作，当然，此时下载的速率会有所降低。有时在某一段时间内同时上网的人数很多,其速度优势此时并不明显。在下载的过程中，由于网络的突然拥挤，造成多路通道的下载信息中断而断开，使得其瞬时速率要比直接下载速率还低，甚至为 0。但在网络畅通的情况下，它比直接下载的速率要快一些。相同的软件，其下载的速率的效果较为明显，在图 6.22 所示的下载过程中，其即时下载速率为 65.85KB/s。当整个软件下载完成后，可以看到在“任务信息”一栏里，显示该软件下载所用的时间为 2 分零 46 秒,平均传输速率为 47.16KB/s，读者可以试着在不同的时段里用迅雷下载一些软件，网络空闲和网络繁忙时下载速率的大小相差很大，如图 6.23 所示。

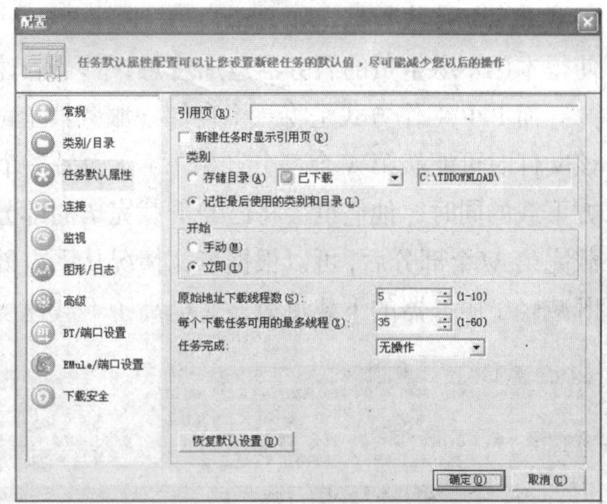


图 6.21 “迅雷”配置界面窗口

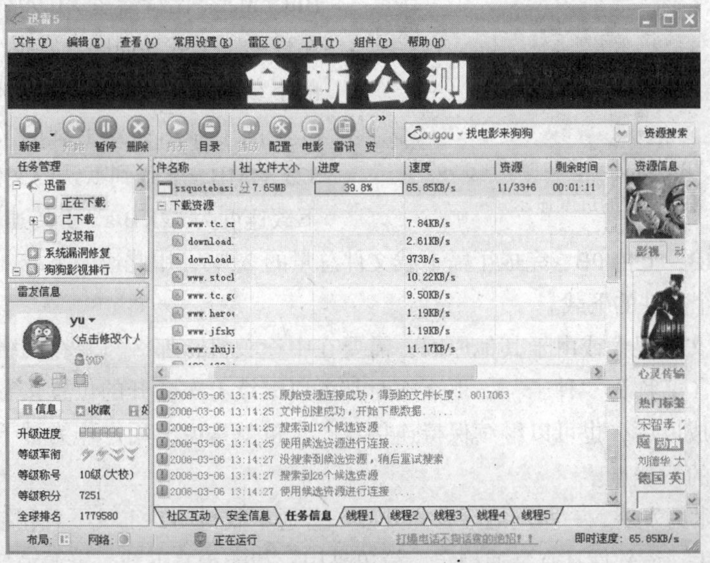


图 6.22 用迅雷下载文件时的状态

由于迅雷具有断点续传功能，对一些体积较大的文件，在网络畅通的情况下，建议采用这种方法进行下载，类似的工具软件还有 FlashGet（也称“网际快车”）、NetAnts（也称“网络蚂蚁”）等。

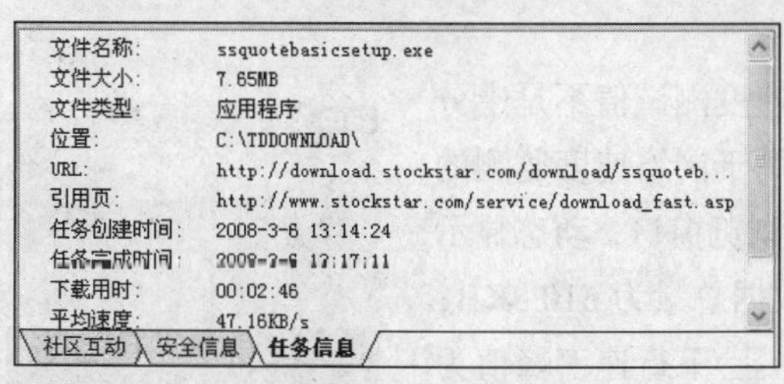


图 6.23 显示已下载文件的信息

② P2P 下载。还有一种叫 BT 的下载工具在宽带网传输中得到广泛应用。它运用的是典型的 P2P 原理，所谓 P2P（Point to Point），就是点到点对等网络。这种网络结构将网络模式从集中式向分布式转移，也就是说网络应用的核心从中央服务器向网络周边的终端设备（如工作站或者一般的网络计算机）扩散，所有的网络结点上的设备都

有可能成为服务端，从而与其他设备建立 P2P 对话。

传统的单向传输模式是一台服务器对应多台网络结点的同时下载，服务器只能发送数据，而下载方只能接收数据（如 HTTP、FTP 等）。这种单向传输方式无疑是对网络资源的浪费，同时也使得本已不堪重负的服务器愈加疲惫，其下载速度根本不能保证。

而 P2P 工作方式是将一个存储在服务器上的文件分成若干部分，网络结点甲方从服务器下载该文件时可能从第 $N$ 个部分开始下载，而另一个网络结点乙方可能从第 $M$ 个部分开始下载。在双方下载的同时，他们也会将已经下载完毕的部分反过来提供给其他网络结点连接下载。乙方在下载完第 $M$ 个部分后，可以根据带宽情况从甲方处下载第 $N$ 个部分，而不是从服务器处下载。这样，既减轻了服务器的下载负荷，又提高了下载速度。如果丙方也想下载同一个文件，那他就可以根据网络连接情况直接从甲方和乙方下载，而不用再登录到服务器了。丙方在下载时也同样会接受其他网络结点的连接和下载。总之，下载的结点越多，能够提供下载资源的服务端也就越多，下载速度也会越快，优越性也就会越明显。图 6.24 所示为用 BT 下载工具 BitComet（比特彗星）0.99 下载某一个电影文件的主下载界面图。它很清楚地反映出当前下载/上传的速度以及完成的文件大小情况。图中显示：要下载的文件总的大小为 523.34MB，下载到默认的文件夹中，当前的下载速度为 62KB/s，上传速度为 0KB/s，已完成下载 14.53MB，上传 0B，完成了需下载文件总量的 2.5%，用此速度下载，还需要 1 小时 27 分钟才能完成整个文件的下载。

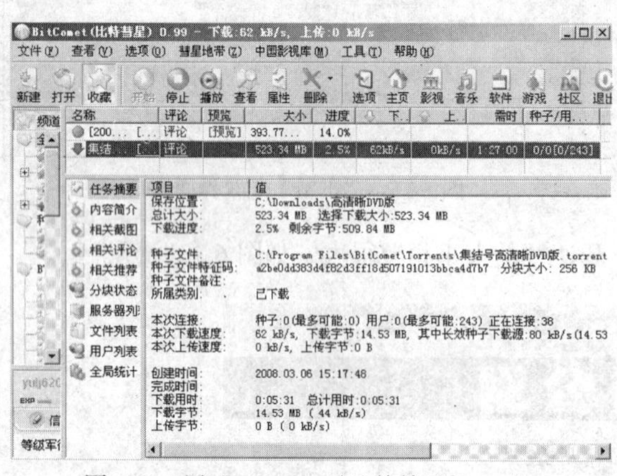

图 6.24　用“BitComet（比特彗星）0.99”下载文件时的进度显示

如果下载的文件很大或由于其他原因，需要在中途关机，那么只要在网络中有其他结点仍处在连接状态下（又称为“种子”），那么随时都可以继续上次断开的位置接着完成下载工作。而当文件下载完成以后，也可以继续保持连接状态，也就是说，用户作为种子，成为其他网络结点下载该文件的下载点。

随着网络技术的发展，一些网络运营商开发了普通下载与 BT 工具下载相结合的软件，如新浪点点通下载助手，该软件具有高速稳定、简单易用、智能 BT 下载、资源消耗低、支持多协议等特点，已得到广泛应用。

### 4. 使用实时网速监控软件

由于 IE 本身的下载速度要受到 Cache 影响，其速度测试值不是十分可信，和实际速度有较大差别。下面介绍一款专门用于网络速度监测的软件 NetMeter，如图 6.25 所示，NetMeter 打开一个浏览窗口，动态显示此时的数据传输速度，下行速度为 2.2KB/s，下行数据总量为 610.8KB；上行速度为 54.0KB/s；上行数据总量为 13.49MB；上/下行速率峰值为 86.5KB/s。

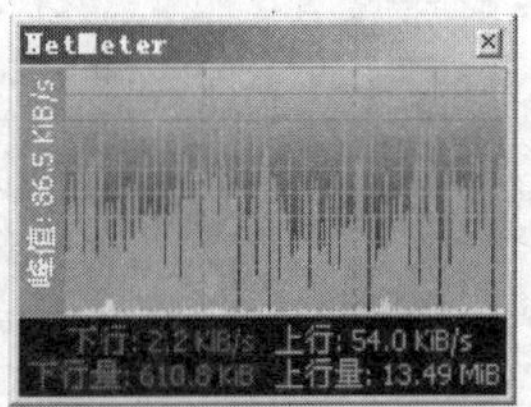


图 6.25　“NetMeter”实时网速监控

它可以监测当前网络速度，包含上传及下载的实时速度，并以直观

的图表或数字显示出来（支持选择两种方式同时显示或只显示一种），支持吸附到屏幕边缘，支持透明显示监测窗口，支持鼠标穿透功能（嵌入桌面）及淡入淡出功能，不会影响其他软件应用，支持自定义图表和字体颜色，支持按日、周、月统计流量并限制流量。支持导出流量统计数据为通用性强的 CSV 格式，软件占用系统资源极低，对系统影响极低。

可在该监测窗口中单击鼠标右键，在弹出的下拉菜单中选择“统计”选项，对日、周、月流量统计的对话框如图 6.26 所示。

### 5．在线测试网速的方法

在线测试网络连接速率也是一种很好的测试方法，它通过正处于 Internet 中的本地计算机与世界范围内某一个国家或城市连接来测试连线速率。具体的测试方法是：首先启动 IE，在地址栏里输入“世界网络”主页面的地址“www.linkwan.com”，单击“网速测试”标题栏，进入“网速测试”页面，在测试点列表中选择所需的测试点，如图 6.27 所示。

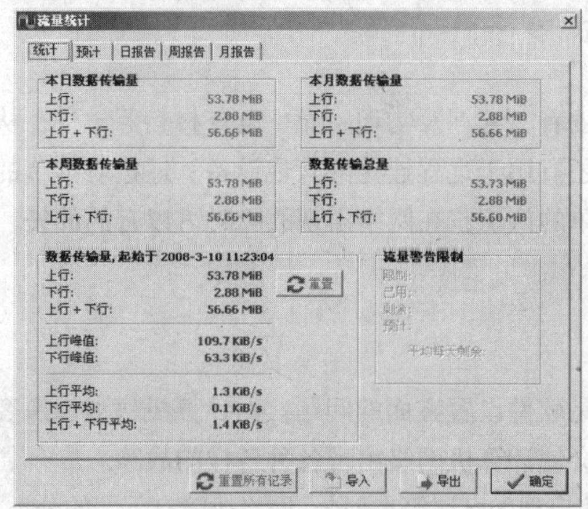


图 6.26　“流量统计”对话框

测试点列表

| 国内测试点 | | | | 国际测试点 |
|---|---|---|---|---|
| 安徽池州 | 广西南宁 | 佳木斯市 | 四川绵阳 | 澳洲 |
| 安徽合肥 | 贵州贵阳 | 江苏南京 | 四川自贡 | 美国 |
| 安徽宿州 | 贵州凯里 | 江苏南京 | 台北1 | 美国2 |
| 北京1 | 哈尔滨 | 江苏苏州 | 台北2 | 美国3 |
| 北京2 | 哈尔滨 | 江西九江 | 天津1 | 新加坡 |
| 北京3 | 海南海口 | 江西南昌 | 天津2 | 路由分析 |
| 福建福州 | 海南海口 | 江西萍乡 | 乌鲁木齐 | 地图显示更直观 |
| 福建厦门 | 河北保定 | 辽宁丹东 | 西藏拉萨 | 域名注册查询 |
| 甘肃定西 | 河北唐山 | 辽宁沈阳 | 香港1 | 中文Traceroute |
| 甘肃兰州 | 河南安阳 | 宁夏银川 | 香港2 | 网站反应测试 |
| 甘肃张掖 | 河南许昌 | 秦皇岛 | 香港3 | 网速测试帮助 |
| 广东东莞 | 河南郑州 | 青海西宁 | 新疆昌吉 | 注册成为测试点 |
| 广东广州 | 呼和浩特 | 山东济南 | 新疆喀什 | |
| 广东江门 | 湖北黄冈 | 山东青岛 | 云南德宏 | |
| 广东深圳 | 湖北荆门 | 山西大同 | 云南开远 | |
| 广东深圳 | 湖北武汉 | 陕西西安 | 云南昆明 | |
| 广东深圳 | 湖北宜昌 | 陕西咸阳 | 云南昆明 | |
| 广东深圳 | 湖南长沙 | 上海1 | 浙江杭州 | |
| 广东中山 | 湖南湘潭 | 上海2 | 浙江温州 | |
| 广西桂林 | 湖南株洲 | 石家庄 | 浙江义乌 | |
| 广西柳州 | 吉林长春 | 四川成都 | 重庆 | |

>>点此查看更多测试点<<

图 6.27　“测试点列表”页面

如希望测试连接至安徽省合肥市的速度，可以单击国内测试点中的“安徽合肥”，这时显示如图 6.28 所示的连接速度。

连接成功后弹出“测试结果”页面，显示测试用的本地计算机（位置在上海市）连接到位于安徽省合肥市的远程测试点所需的连接速度为：350.08kbit/s，如图 6.29 所示。

正在测试到安徽合肥(中国铁通安徽分公司)的速度，请稍侯...

已完成：39%

图 6.28　显示连接速度

用户还可以在“本机信息”栏内通过单击链接查看测试记录，以及在“远程测试点信息”栏中查看相应的测试统计信息。图 6.30 所示为用户测试记录情况。

很显然，在局域网内部之间的网络传输应该要比在 Internet 上进行网络传输的速率快，而且出现故障的频率要小得多。因此，测试在 Internet 上的网络传输速度显得尤为重要。作为网管人员来说，知道网速是多少，就能在适当的时候（如避开上网的高峰时段）进行上传下载文件的工作，从而提高网络传输性能。

总之，网络连通性和网络传输速度的测试对于网络的维护、优化以及网络故障的诊断、排除是十分必要的，在网络建设中占据了很重要的位置，从事网络专业的技术人员都会对它非常重视。

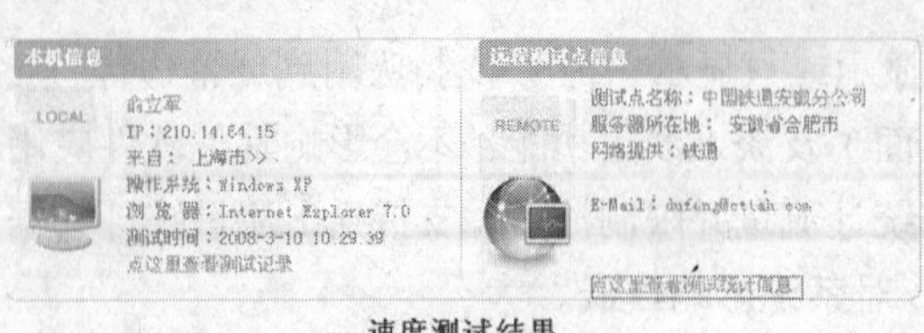


速度测试结果

下载速度： 350.08 kbit/s

图 6.29　显示测试结果

速度测试记录

刷新获取最新数据

|  | 测试时的IP | 被测试点所在地 | 被测试点名称 | 测试时间 | 下载速度 | 上传速度 |
|---|---|---|---|---|---|---|
| 1 | 210.14.64.15 | 广东省广州市 | 大影院 | 2008-3-10 10:36:21 | 11816.06Kbps |  |
| 2 | 210.14.64.15 | 北京市 | 西部数码 | 2008-3-10 10:33:59 | 300.1548Kbps |  |
| 3 | 210.14.64.15 | 安徽省合肥市 | 中国铁通安徽分公司 | 2008-3-10 10:26:57 | 350.0824Kbps |  |
| 4 | 210.14.64.15 | 天津市 | 天津联通 | 2008-3-10 10:23:05 | 277.0533Kbps |  |

图 6.30　显示速度测试记录

# 6.2 网络故障的分析和排除

计算机网络是一个复杂的综合系统，从学科角度看，它涉及物理、光、电、材料等学科；从结构角度看，它涉及计算机硬件、软件、协议等，还有用于远程连接的其他设备。通过对本节的学习，读者能对计算机网络故障分析有一个比较简单的认识，在网络出现故障时可以有的放矢。

## 6.2.1 网络故障分析

网络出现故障可能是硬件方面的原因，也可能是软件设置方面的问题。而计算机病毒、黑客攻击以及网络操作人员水平有限等方面的原因，也会使计算机网络出现各种各样的故障。

按网络故障的性质、网络故障的对象或者网络故障出现的区域等来划分，网络故障有不同的分类。

### 1. 按照故障性质的不同分为物理故障和逻辑故障

（1）物理故障。物理故障又称为硬故障，是指由硬件设备引起的网络故障。硬件设备损坏、不匹配、错接、接触不良、插头松动、污染、线路受到严重电磁干扰等情况均会引起物理故障。物理故障通常表现为网络不通，或者由于外力作用时通时不通。例如，用双绞线的两头都连在 Hub 上或两台计算机上，与一头连计算机，另一头连 Hub，其网线制作方法是不一样的，如接错，网络肯定不通。

（2）逻辑故障。逻辑故障也称为软故障，是指由软配置或软件错误等引起的网络故障。接口中断号、内存地址、DMA 号配置错误和服务器及其设备安装、配置等情况均会引起逻辑故障。逻辑故障绝大多数表现为网络不通或者在同一条链路中有的通，有的不通。例如，在一个网络线路故障中发现该线路没有流量，但又可以 Ping 通线路的两端端口，这时就有可能是路由配置错误了。这种情况通常用路由跟踪命令（如 Tracert 或 Ping）就可找到故障所在。

逻辑故障的另一类就是一些重要进程或端口关闭，以及系统的负荷过高，如线路中断，没有流量，用 Ping 命令发现线路端口不通，检查发现路由器中该端口处于 Down 状态，这就说明该端口已被关闭，因此出现故障。此时只需重新启动该端口，就可以恢复线路的连通。另一种情况是链路中某个路由器的负荷过高，表现为路由器的 CPU 温度太高、内存剩余太少等。如果因此影响网络服务的质量，最好的办法是更换路由器。

### 2. 按照故障出现的对象不同分为主机故障、路由器故障和线路故障

（1）主机故障。出现主机故障常见的原因是主机配置不当。例如，主机 IP 地址与其他主机冲突、地址分配不在同一个网段内、IP 地址与子网掩码不匹配等。主机的另一个故障是安全故障，一旦被黑客攻击，易造成网络瘫痪。一般可以通过监视主机流量，或扫描主机端口和服务来防止可能产生的漏洞。在安全方面，可以通过安装防火墙来减少主机的故障。

主机故障通常造成的后果是该主机与网络不通或提供的服务不能被网络中其他计算机所访问，而且要找出其中的故障原因也比较困难，应该引起相当重视。

（2）路由器故障。路由器故障主要是由于路由器设置错误、路由算法自身的 Bug（缺陷）、路由器超负荷等问题导致网络不通或时通时不通的故障。事实上，线路故障中有很多情况都涉及路由器，因此也可以把一些线路故障划归于路由器故障。可以利用 MIB 变量浏览器来检测路由器的一些数据，使用户能及时掌握信息。特别是对路由器 CPU 的监控十分重要，如发现故障，应立即采取措施。如对路由器进行升级或扩大内存，就可能通过重新规划网络拓扑结构来排除这类故障。

（3）线路故障。线路故障主要是由于线路老化、损坏、接触不良、接错接反等问题所致。线路故障会直接引起网络不通。可以通过比较简单的 Ping 命令，查看线路两端设备的指示灯闪烁状况等来判断网络的连通情况，从而找出故障所在。

## 6.2.2 网络故障排除

### 1. 网络故障排除的理论基础

计算机网络是一个非常复杂的系统，理解计算机网络组成的所有相关内容，对于大多数人来说是根本不可能的，即使对计算机专家也是如此。譬如说，Windows 网络系统默认的网络通信方式遵循 TCP/IP，而 TCP/IP 本身是一个分层结构（从底层到最高层分别为网络接口层、Internet 层、传输层和应用层），数据在传输中所经过的每一层都有可能出现各种各样问题，导致数据不能及时发送到目的地。当然，一般常见的网络故障并不需要有特别专业的计算机网络知识，但是对一些简单的网络术语和网络工作原理的了解还是很重要的，因为这是网络故障排除的理论基础。

（1）简单的网络术语。大多数计算机爱好者在使用网络出现故障后，就查阅专业资料以寻求解决的方法。而大多数专业资料是从网络的原理来讲网络，很多人一开始就被众多的网络术语所困扰而无从着手。如网卡、传输介质（导线）、网络地址、路由器或网关、集线器、协议、数据包或帧、套接字、域名解析等。

（2）网络工作原理。目前，计算机网络应用主要体现在局域网和 Internet，这两种网络应用不太相同。

- 当局域网上的一个用户想给另一个局域网用户发送一个文件时，局域网协议会将文件分成小的块（分组），加上一些控制信息和校验信息，并且加上源和目标方的 MAC 地址，然后在链路上传送。局域网信道是一个广播式信道，所以同在一个局域网上的所有计算机能收到这些帧，只是每台计算机在收到帧后会将目的地址和自己的地址比较，如果不同则丢弃。这样，只有目的方计算机最终接收到这些帧。
- Internet 工作原理。当给另一个用户发送一个文件（信息）时，网络传输层先把该文件分成一个个小数据包，再加上一些特定的信息，以便接收方的机器确认传输是正确无误的，然后 IP

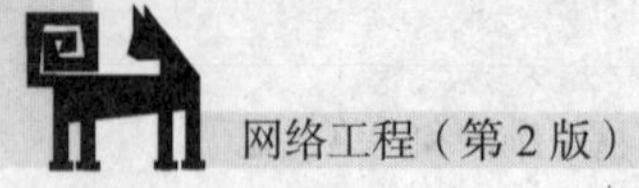


再在数据包上标明地址信息，形成可在 Internet 上传输的 TCP/IP 数据包。

和局域网不同，Internet 一般使用点到点协议，这样 TCP/IP 数据包传送过程中的路由选择就显得相当重要了。当 TCP/IP 数据包到达一个路由器时，路由器根据包的目的地址决定将此包从哪条路（端口）传出去，如此往复，TCP/IP 数据包最终到达目的计算机。

当 TCP/IP 数据包到达目的地后，计算机首先去掉地址标志，利用 TCP/IP 的一些控制和校验信息检查数据在传输中是否有损失。如果接收方发现有损坏的数据包，就要求发送端重新发送被损坏的数据包，确认无误后再将各个数据包重新组合成原文件。

### 2. 网络故障排除的原则

解决网络故障，关键在于要找到故障到底出在什么地方，所有的故障诊断和排除都是在这一基础上进行的。所以，解决网络故障一般应遵循以下几个原则。

（1）排除故障前应先了解网络运行及配置状况。

- 网络的物理结构和逻辑关系（如网络是怎样连接的、系统的布线方案、IP 地址的分配方案、网络设备的位置和配置情况等）；
- 连网所用到的网络协议和相关配置（如 TCP/IP、路由协议、DNS、DHCP 等设置）；
- 网络操作系统的配置情况（主要是系统服务配置、用户权限设定、系统安全策略等）。

（2）搜集信息并对故障进行详细的描述。当网络出现故障时，应及时搜集来自几条渠道的信息，对故障现象及网络中随之出现的其他一些不正常的现象进行清楚的描述。搜集信息的渠道一般有以下几个方面。

- 受故障影响的用户、网管人员、其他有关人员；
- 自己观察故障现象以及由网络故障引起的其他一些变化；
- 用一些测试办法（如网络测试工具）来得出信息。

（3）根据掌握的信息判断可能引起的故障原因。对一般网络维护人员来说，采用排除法来判断故障的原因是比较可取的，也就是猜一猜故障的出处。当然，瞎猜是不行的，应该凭自己实际掌握的网络专业知识以及多年积累的实际经验。例如，一根网线，插在别人的机器上一点问题也没有，一插到自己的机器上就不能用了，这说明网线没有问题，有问题的是计算机。

（4）制定故障排除方案。根据最后确定的可能故障点，拿出一套完整的故障排除方案。比如，可以先从最容易引起此类故障的地方入手（Windows 2000 及以上版本的网络操作系统的桌面任务栏中，网络连接图标显示、观察设备指示灯显示状态），查看故障能否被排除。

（5）排除故障。按照故障排除方案，认真做好每一步测试和观察，直到故障排除。如果故障无法排除，应尽量恢复到出现故障的原始状态。

（6）做好故障排除记录。故障排除以后，应该对整个故障排除过程做一个详细记录和总结，为以后故障定位和排除打好基础。

前面已经较为详尽地介绍了网络测试的手段和方法，对于网络连通性的测试就是针对网络的连通性故障而进行的。实际上，网络不通，其故障原因很多，包括连接线路、网络协议和配置上的问题，这就需要网管人员凭借多年积累的经验以及丰富的网络测试手段来分析及排除故障。

### 3. 网络故障排除的方法

一般常见的网络故障有连通性故障、协议故障、配置故障等，这些故障在网络系统运行期间

可能经常会发生。

（1）连通性故障。首先，应准确判断出故障的类型。在确定连通性故障的基础上，对造成故障的一些不正确的设置逐一进行排除，如网卡安装或配置错误，网卡硬件故障，网络协议安装或设置不正确，网线、跳线或信息插座故障，Hub、交换机电源没打开等，直到该类故障排除为止。

（2）协议故障。协议未安装或协议配置错误是引起协议故障的主要因素。例如，局域网通信需安装 NetBEUI 协议，TCP/IP 需要正确设置 IP 地址、子网掩码、DNS、网关等相关信息。只有进行正确的设置，才能保证网络正常运行。

（3）配置故障。网络配置不当或设置错误也会造成一些人为的故障。网管人员对服务器、路由器等设备的不当设置自然会导致网络故障。如可能造成 Web、FTP 等网络服务不能实现，其实很大程度上是由于手工配置不正确而造成的。在出现故障时，应先检查有无实现此功能的网络服务，然后，应根据各个不同的条件进行相应的网络服务配置（在 Windows Server 2003 的 IIS 中新建 Web 站点或 FTP 站点，不同用户浏览主目录的权限设置等）。这些配置需要有丰富的计算机网络专业知识。

在组网中还会碰到很多问题，并且在各种不同的网络操作系统（如 Windows、Novell、Linux）环境中，故障的出现和排除方法有所不同。下面仅在 Windows 网络操作系统环境下，列举一些常见的故障及其排除方法。

### 4. 网络故障排除实例

【故障现象 1】

- 计算机无法登录服务器；
- 计算机无法通过局域网接入 Internet；
- 计算机在“网上邻居”中只能看到自己，而看不到其他计算机，从而无法使用其他计算机上的共享资源；
- 网络中的部分计算机运行速度异常缓慢。

根据以上故障特征，首先要分析引起该故障现象的原因，确认属于何种故障类型。具体的排除方法如下。

（1）分析和确认故障类型。当出现以上这些故障之一的现象时，使用各种网络应用的方法均无法消除故障现象，则可认为此类故障属于连通性故障。可以按照以下的步骤进行判断和操作。

（2）利用排除法实施连通性故障排除。

① 看 LED 灯判断网卡的故障是否存在。首先查看网卡的指示灯是否正常。正常情况下，在不传送数据时，网卡的指示灯闪烁较慢，传送数据时，闪烁较快。无论是不亮、长亮或不闪烁，都表明有故障存在，可以关断电源更换网卡。对于 Hub 或交换机上的指示灯，凡是插有网线的端口，指示灯都应该保持常亮，有数据传输时，指示灯会不间断地闪烁，如果 Hub 或交换机上插有网线的某一端口出现异常，应换一个端口进行测试。

② 用 Ping 命令测试网络连通情况。使用 Ping 命令，Ping 自己的 IP 地址或计算机名，用于检查网卡和 TCP/IP 是否安装完好。如果能 Ping 通（见图 6.31），说明该计算机的网卡和网络协议设置都没有问题，问题出在计算机与网络的连接上。

```
C:\>ping dmt

Pinging dmt [219.220.235.197] with 32 bytes of data:

Reply from 219.220.235.197: bytes=32 time<1ms TTL=128
Reply from 219.220.235.197: bytes=32 time<1ms TTL=128
Reply from 219.220.235.197: bytes=32 time<1ms TTL=128
Reply from 219.220.235.197: bytes=32 time<1ms TTL=128

Ping statistics for 219.220.235.197:
    Packets: Sent = 4, Received = 4, Lost = 0 (0% loss),
Approximate round trip times in milli-seconds:
    Minimum = 0ms, Maximum = 0ms, Average = 0ms
```

图 6.31　运行“Ping”命令

因此，应当检查网线和 Hub 或交换机连接的端口状态，如果无法 Ping 通，只能说明 TCP/IP

有问题。这时可以在计算机的“控制面板”的“系统”中，打开“设备管理器”选项，在“网络适配器”中查找网卡是否已经被安装或是否出错，如图 6.32 所示。如有问题需重装网卡，配置正确的网络协议，然后用 Ping 命令进行测试通过。否则说明网卡可能损坏，须重新换一块网卡重试，直到问题解决为止。

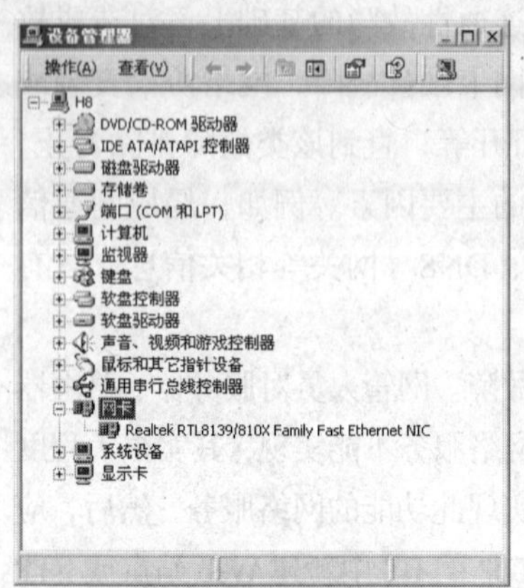


图 6.32　设备管理器

③ 在网卡和网络协议配置正确的情况下仍无法连通网络，可以判断出可能是双绞线、Hub 或交换机的问题。双绞线的故障可由网线测试仪进行测试确定。如果确定是交换机或 Hub 有故障，应先检查其上的指示灯是否正常。如交换机或 Hub 上插有双绞线的端口指示灯不亮，说明该端口有故障，应换一个端口进行连接，使之恢复正常。

通过以上的故障分析及排除故障方法，能够对连通性故障进行有效的排除。

【故障现象 2】

- 计算机无法登录服务器；
- 计算机在“网上邻居”中既看不到自己，也无法在网络中访问其他计算机；
- 计算机在“网上邻居”中能看到自己和同组的其他成员，但无法访问其他计算机；
- 计算机无法通过局域网接入 Internet。

当计算机出现以上这些故障现象时，应首先对此类故障进行定位，确定属于何种故障后再进行排除，其故障排除步骤如下。

（1）查计算机是否安装 TCP/IP，一般在 Windows 2000 及以上版本的系统安装好以后，这个协议已自动安装，无需单独安装。如果没有，应该安装这个协议，并把 TCP/IP 参数设置好，IP 地址中的主机号在本网段中应是唯一的，然后重启计算机。

（2）使用 Ping 命令，测试与其他计算机的连接情况。

（3）在“网上邻居”的“本地连接的属性”中，一般应包括如图 6.33 所示的选项。

（4）正确设置以上所述的网络协议后，还应在“我的电脑”属性中对计算机进行标识，如图 6.34 所示，使之在网络中具有唯一性。

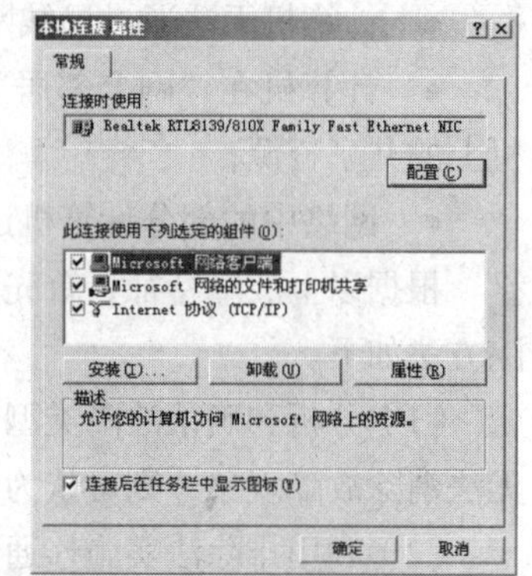


图 6.33　“本地连接属性”选项

（5）启动计算机，使以上的各个设置有效。这时可以双击“网上邻居”，系统将显示网络中的其他计算机和共享资料。如果仍看不到其他计算机，可以使用“查找”命令，就能找到其他计算机了。

【故障现象 3】

- 计算机只能与某些计算机而不是全部进行通信；
- 计算机无法访问任何其他设备；
- 某些网络设备不能使用。

此类故障大多是由于使用者对计算机不太熟悉，在安装系统过程中以及计算机与外设连接时的各种配置操作有误引起的。处理此类故障时，应先了解故障产生的原因，并作好记录。具体的故障排除步骤如下。

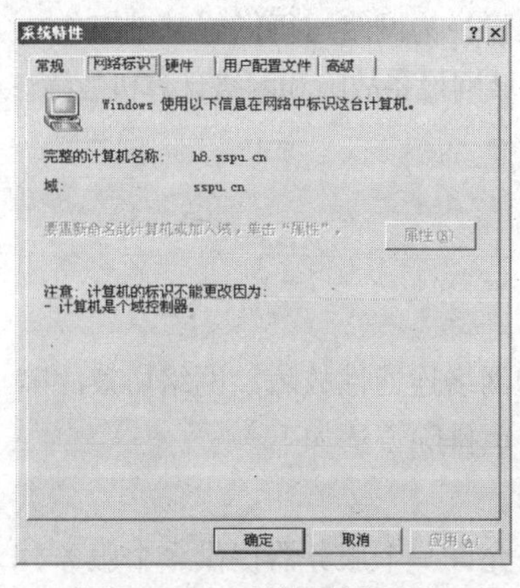

图 6.34　“系统属性”选项

（1）首先检查故障计算机的相关配置，包括一些与计算机相连的网络设备连接是否正常，相应的设备驱动程序是否安装正确。待修改配置正确以后，再测试相应的网络服务能否实现。

（2）如测试的网络服务不能实现，应测试和检查网络中的其他计算机是否有类似的故障，如果有同样的故障，说明问题出在网络设备上，如网络打印机、交换机。否则，应检查被访问的计算机对该访问计算机所提供的服务，是否有访问权限屏障等。

以上所举 3 例故障现象，在网络运行中经常会出现，对专业网管人员来说，解决起来比较容易。但在实际组网过程中，由于服务器和客户端的配置不当或出现错误，会导致一些网络服务不能实现。而要排除此类故障，非专业人员将很难完成。

【故障现象 4】

- 网络中用一台 Windows Server 2003 的 DHCP 服务器为整个网络客户机提供 DHCP 服务，客户端能正确获取动态 IP 地址，但是不能访问 Internet。

引起这个故障的原因主要是 DHCP 服务器中作用域选项设置不当造成的，排除方法如下。

（1）查看局域网是否已接入到 Internet。局域网中的计算机要想接入 Internet，最少应该有一台计算机通过拨号网络连接，或者通过路由器和 Internet 连接，局域网中的所有计算机共享这一连接实现访问 Internet。

如果通过路由器接入 Internet，则必须了解路由器的 IP 地址以及路由器上是否设置了包过滤规则，此规则是否对某些网站或者某些局域网计算机上网做了限制。

如果是通过拨号连接，则必须运行拨号连接共享软件，如 Windows Server 2003 拨号连接的共享设置，或者像 WinGate、SyGate 这类代理软件。

以上这些设置均应正确无误。

（2）访问 Internet 的客户机必须合理设置一些网络组件的参数，如 DNS 服务器地址、WINS 服务器地址以及网关地址等。

在 DHCP 服务中，这些信息都是在作用域中设置的，这些信息设置不正确，客户端也是无法访问 Internet 的。

在 DHCP 管理器的左侧“树”中依次展开 DHCP 服务器、作用域，选择“作用域选项”文件夹，右击鼠标选择“配置选项”菜单项，系统弹出“作用域选项”对话框。重点检查作用域选项中的“003 路由器”和“006 DNS 服务器”，其中“路由器”就是客户端 TCP/IP 组件的“默认网关”参数，“DNS 服务器”就是客户端 TCP/IP 组件用于指定 DNS 服务器的地址。

可以在“作用域选项”对话框中修改所有作用域选项的配置信息。例如：网络中接入 Internet 的路由器地址为 219.220.235.254，DNS 服务器地址为 202.96.209.5。“作用域选项”设置如图 6.35 所示。

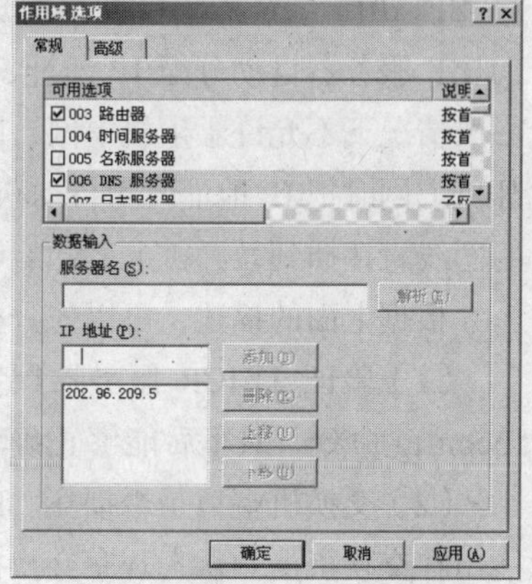

图 6.35　“作用域选项”对话框

由于现在网络规模越来越大，组成网络的设备也越来越复杂，由网络设备引起的故障占网络故障一半以上，因此，网管人员应及时诊断和排除网络设备的故障，为网络运行做好基础工作。

网络设备故障中，有局域网设备故障、拨号网络设备故障、广域网设备故障和网络计算机故障。下面仅在上述网络设备故障中举一个故障实例及排除方法。

【故障现象 5】

- 客户无法连接到服务器；
- 响应速度慢。

对于【故障现象 5】产生的第 1 种现象，首先应排除上述的网络连通性故障、网络协议故障和网络配置故障，引起此类故障的原因是服务器的应用程序出错。排除方法如下。

（1）通过日志文件等可以检查服务器应用程序是否正常运行。

（2）检查服务器应用程序端口是否打开。目前的计算机网络允许一个服务器提供多个服务，所以应为每一个服务指定一个服务端口，例如 WWW 服务器的服务端口默认为 80；FTP 服务器的服务端口默认为 21。应检查无法连接服务对应的端口是否打开，是否和其他服务端口冲突。

对于【故障现象 5】产生的第 2 种现象，可以通过以下几个方面进行诊断和排除故障所产生的原因。

（1）检查网络链路最大速度。网络链路中部分设备成为整个网络速度的瓶颈。如调制解调器的最大速度为 56kbit/s，由于电话线质量较差及架设线路长等原因一般还达不到这一速度。某些路由器由于受到自身最大速度的限制也会影响网络的连接速度，使网络性能明显降低。

网络链路上数据包冲突越多，网络速度就越慢，这一现象在局域网中尤为明显。因为冲突包的数量越多，重发和新增数据包会使网络负荷更重。

（2）检查服务器资源的利用率。请求连接的用户越多，占用服务器的资源就越大，服务器的资源利用率达到一定程度时，其响应速度就会明显下降。例如服务器内存利用率达到一定程度后，服务器将忙于在内存和外存之间频繁地交换信息，响应速度自然就低了。为此，应尽量减少服务器上运行的服务以增大可用系统资源容量。

（3）定期检查病毒。现在有很多计算机病毒（诸如蠕虫类病毒）会在内存中繁衍，慢慢地吞噬系统资源，使得服务器响应速度变慢直至瘫痪。为此，应及时检查并清除病毒。

【故障现象 6】

- 某学校机房内共有 41 台计算机，通过两台 TP-Link TL-SF 1024（24 口）和一台 TP-Link TL-SF 1016（16 口）交换机组建成小型局域网。通过路由器连接校园网共享上网，配置了一台 DHCP 服务器自动分配 IP 地址，管理员把用来上网的网线插到了一台交换机的 Uplink 端口上。一般情况下不允许学生机上网，因此把机房的计算机都设为固定 IP 地址（不在上网的网段），教师机上网时把 IP 地址改为自动获得即可。最近，教师机不能上网了。打开交换机柜，把用来上网的网线直接插到教师机上，却能够正常上网。

根据上面的描述，可以先分析故障可能产生的原因，再采取相应的措施来排除故障。

（1）验证 DHCP 服务器配置是否出错。在教师机上启动计算机，在 DOS 提示符下键入 Ipconfig 命令，回车后能够正确获得 IP 地址。说明同 DHCP 服务器连接的网络应该没有问题。

（2）交换机端口是否损坏。Ping DHCP 服务器时却不通。在排除网线故障的前提下，问题可能出在交换机上。认真观察交换机上的各个指示灯，未发现异常情况。上课时，整个机房的局域网也没有一点问题，说明交换机的端口是好的。

（3）交换机上的 Uplink 端口与普通端口的连接是否可靠。仔细观察交换机的各个端口，注意

到与 Uplink 端口相邻的 RJ-45 端口上插有一根网线，拔下与 Uplink 端口相邻的 RJ-45 端口上的网线，上网的故障排除了。

从这个实例得知，交换机上的 Uplink 端口用于两台交换机之间进行级联。它与其相邻的普通 RJ-45 端口使用的是同一通道，因而使用了 Uplink 口，另一个与之相邻的普通端口就不能再使用了。否则这两个端口之间会形成环路，不能同时使用。而现在的很多交换机的每个端口都为自适应端口。可以自行判断相连端口的属性，即所有端口既可用作 Uplink 端口，也可用作普通端口，可以避免发生这种问题。

## 6.3 网络性能优化

本节主要讲述网络在 Internet 或局域网传输中，从计算机硬件配置、局域网应用软件的合理开发等角度来阐述网络性能优化的重要性。较详细地叙述了用网络应用性能管理系统 Network Vantage 如何对网络性能进行优化管理。最后简单介绍几款用于网络性能优化的小工具。

### 6.3.1 网络性能优化的含义

在国内 Internet 领域里，大型网站考虑的关键技术问题依次是功能特性、稳定性、速度、安全性。在具体实施中，特别是在承建商的选择上，很多商业网站都只注意能否实现预计的功能特性。直到整个系统开放运行之后，才发现稳定性、性能、安全性等因素也一样不能忽略，因为这些特性同样与网站的正常运转息息相关。

目前不少已经建成的大型网站都在为系统的稳定性而苦恼，在内部局域网上能够测试通过的系统到了 Internet 上就会很快崩溃、死机。其实，现在正在运行的大型站点很多都有隐疾，部分应用程序可能每几小时或者一二天就会崩溃而需要重新启动，某些应用或者应用的某些部分性能很差、系统反应迟缓而使用户抱怨。

出现上述问题往往是网站开发人员没有足够的 Internet 应用开发经验，所用的软件没有经过完全测试或者仅在很小范围内，由少至十几个开发人员在局域网内测试通过，但一接入 Internet，有瑕疵的代码被成千上万次地反复执行，就可能会导致原来根本想不到的问题。

在 Internet 应用中，由于软件在服务器端运行，因而它跟传统客户机/服务器软件和个人桌面应用软件的应用有很大区别，对服务器各方面的要求相对更高。从某种角度上讲，网络性能优化，不仅仅要做好布线、施工等前期工作，更重要的是网络工程人员设计开发网络应用软件的质量以及服务器等硬件设备的选购，因为除了网络应用软件会影响网络运行性能的好坏外，作为服务器级别的计算机硬件配置档次的提高对优化网络性能的作用也愈发明显。例如，服务器内存不能与普通兼容机一样随便选择，因为服务器一般要求 24h 连续不间断工作，而且要求主频速度较高，容量较大。在资金允许的情况下可采用 Inter Xeon 2.4G 及以上的专用服务器，最好选择双 CPU（其中一个 CPU 作为备用）。在选择内存时一定要注意选择服务器专用内存，容量在 2GB 以上，不能随便用 PC 上的内存代替。

内存的优化主要体现在内存访问缓冲时间的设置上，在 CMOS 中有相应设置，一般应尽量设置小一点的缓冲时间，这样速度会更快些。

服务器硬盘是一个机电一体化的高精密产品，一般来说服务器上的硬盘在正常上班期间应该总是在不停地转动着（因为有许多用户在调用服务器中的数据或程序），所以要求服务器硬盘转速高，对于 SCSI 硬盘一般要求达到 12000 转/分钟甚至更高，另外因为硬盘转速高，很容易产生高

温，所以要求硬盘盘片材料散热性能好，只有选择一些名牌产品，才可能有质量保证。

目前硬盘接口类型不算多，主要有IDE、SCSI、SATA 3种。IDE许多时候以Ultra ATA指代，很多人习惯将Ultra ATA硬盘称为IDE硬盘，IDE系列属于Parallel-ATA（并行），IDE工作时需要CPU的全程参与，CPU读写数据时就不能过多地做其他事情，而SCSI接口则完全通过独立的高速SCSI控制卡来控制数据的读写操作，CPU不必再耗费大量时间处于等待状态，从而提高了系统的输入/输出处理能力，并能提供更多的CPU资源。SATA的全称是Serial-ATA（串行），SATA是最近颁布的新标准，具有更快的外部接口传输速度，数据校验措施更为完善，初步的传输速率已经达到了150MB/s，比IDE最高的UDMA/133还高很多。由于改用线路相互之间干扰较小的串行线路进行信号传输，因此相比原来的并行总线，SATA的工作频率得以大大提升。虽然总线位宽较小，但SATA 1.0标准仍可达到150MB/s，SATA 2.0/3.0更可提升到300～600MB/s。并且SATA具有更简洁方便的布局连线方式，在有限的机箱内，更有利于散热，并且简洁的连接方式，使内部电磁干扰降低很多。相信最后存在的是SATA接口，SCSI及IDE接口硬盘今后都会采用SATA接口标准。最近IT业界的系统总线都是朝串行发展，随着SATA接口技术的成熟，PC及商用机已广泛采用SATA接口的硬盘，包括今后将要顶替AGP接口的图形接口标准PCI-Express，都朝着串行方向发展。

SCSI接口的服务器硬盘是因为原来的IDE接口的硬盘转速太慢，传输速率太低而得到广泛应用的。它的最大优势在于其系统占用率极低，不过转速快、传输率高的SCSI接口硬盘也有它的不足之处：价格高、安装不便、还需要设置并安装驱动程序，因此这种接口的硬盘大多用于服务器等高端应用场合。不过随着接口技术的改进和发展，如今SATA接口的硬盘在容量和速度上已与SCSI接口硬盘相差无几。从今后的发展来看，IDE系列的PATA逐步被SATA取代已经是必然的趋势。而SCSI因为其在速度、容量、可靠性和稳定性等方面的优势，其较高的市场占有率一时间难以动摇。同时SCSI的倡导厂商也开始着手制定串行SCSI标准，或许到时候串行SCSI全面取代SCSI接口才是真正的大势所趋。就目前而言，PC和网络中的工作站都可以使用IDE或SATA接口的硬盘，而服务器主要使用SCSI接口的硬盘。服务器一般来说都要求有容错功能，所以硬盘要求允许热拨插，而且硬盘容量应尽量PC大一些。当然服务器硬盘一般是专用的，不是随便在计算机市场买回一个同接口类型的硬盘就可以的，其价格也比同品牌、同容量的普通硬盘贵好几倍。

服务器的网卡可以说是整个网络带宽的一个总出口，所以在选择网卡时一定要注意网卡的带宽，一般来说要选择100Mbit/s。如果对带宽、速度要求更高的话，应选择1000Mbit/s网卡。还有，如果网卡支持“全双工”传输，则一定要将网卡属性中的“Link Speed/Duplex Mode”设置成“100 Full Mode”，如图6.36所示。

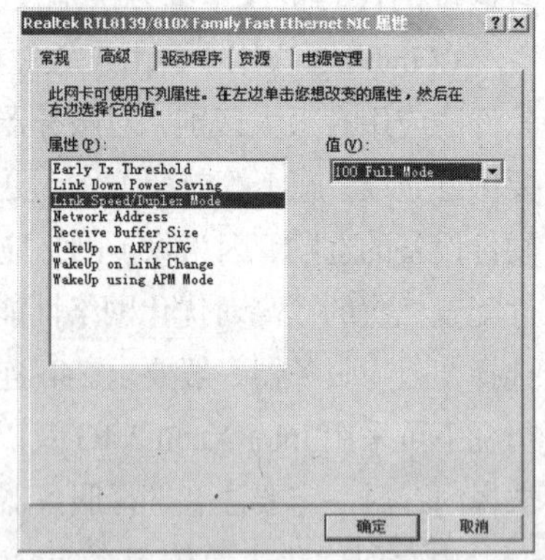


图6.36 “网卡”属性

服务器因连续工作，很容易产生高温，散热性能就显得非常重要了，所以要求机箱散热性能要好，空间要大，电源风扇排气能力要强。同时因为服务器上所连设备较多，所以电源功率要大，至少要500W以上的名牌电源，如金长城、同创等。

除了以上介绍的网络应用软件开发和网络服务器配置会影响网络性能的优劣外，与服务器相连的网络工作站硬件设备的配置（可以采用无盘工作站）、网络传输介质的选用、网络交换设备的购置以及网络系统运行过程中的流量控制等，都会对网络传输的性能产生影响。

需要着重指出的是，目前计算机病毒无孔不入，特别当网络中的一台计算机被病毒侵袭，这个网

络中所有的计算机都可能受到病毒的威胁。而且，当网络中有两台以上的计算机感染病毒后，只清除其中一台计算机上的病毒是无法彻底消灭网络病毒的。由于一般计算机病毒都具有可传输性、隐蔽性、可执行性、破坏性这 4 个特性，所以病毒很快就会扩散至整个网络。网络中所有感染上病毒的计算机，可使网络的传输性能明显下降，极大地影响工作效率，严重时还会引起服务器瘫痪而使整个网络崩溃。

计算机病毒的种类很多，目前流行世界的有近 10 万种，近年来由于 Internet 的发展，出现了许多新一代的基于 Internet 传播的计算机病毒种类，比如包含恶意 ActiveX Control 和 Java Applets 的网页、电子邮件计算机病毒、蠕虫、木马、Word 宏病毒、有害程序、黑客程序等。最近甚至出现了专门针对手机和掌上电脑的计算机病毒。同时，计算机病毒的数量也在急剧增加，据最新统计，现在每天有超过 40 种新计算机病毒出现，因此每年就有 1.2 万种左右的新计算机病毒出现，这个数目超过了截至 1997 年为止世界上计算机病毒的总和。而国内外知名的病毒查杀工具也有很多，如瑞星杀毒软件、KV 江民杀毒王、Norton AntiVirus、金山毒霸、KV3000、McAfee、PC-Cillin、Kaspersky Anti-Virus(AVP)、东方卫士等。这方面的内容有专门的书籍介绍，这里不作详叙。

综上所述，网络性能优化就是在网络建设中通过对网络系统的软硬件进行最优配置，以保证网络有最佳的运行质量（包括传输速率、响应时延等）。

### 6.3.2　网络性能优化管理

网络性能优化管理指的是优化网络以及优化连网应用系统性能的活动，包括对网络以及应用的监测，及时发现网络堵塞或中断情况、全面的故障排除、基于事实的容量规划和有效地分配网络资源等。

如今的网络世界瞬息万变，日益复杂。网络用途越来越广，用户要求越来越高，新的技术汇聚集中，应用系统层出不穷。与此同时，企业要求网络更直接地为创造利润做出贡献，不再仅仅是担任支持的角色。面对这一系列的挑战，IT 工作人员必须充分发挥网络性能。没有一个成功的网络性能解决方案，就无法保证网络服务的质量，就会对膨胀的带宽费用束手无策，就难以有效地控制复杂的网络。简而言之，有效的网络性能管理方案对充分利用 IT 资源、控制网络运作、最大限度地发挥 IT 工作人员的效能、使网络性能得以最佳提升和优化，特别是对于一些大型企业来说，引进和运用性能管理软件尤为重要。下面介绍一款网络应用性能管理系统 Network Vantage 的用途和特点。

网络应用性能管理系统 Network Vantage 主要针对现有的网络应用资源，实现性能优化管理。它能观测到客户机/服务器的应用程序是如何执行的，用户是如何访问应用系统的，网络会话是如何在网络系统中寻径的，应用系统及其他应用通信是如何占用网络资源的。

Network Vantage 是以应用为中心的网络性能管理工具，可称为网络系统的透视仪，它可以显示、分析、保存网络应用中具体应用信息的状态及普通网管系统所提供的信息。其工作原理如图 6.37 所示。

从图 6.37 可以看出，Network Vantage 是通过安装在网络上的探针来获取网络上的数据，Probe 分析网络上的数据包，分析其中的内容，取得用户想要得到的信息。它是第一个将系统管理与网络管理的特性统一在一起的工具，它是网络设备管理的主要延伸。可以这么说，只有采用 Network Vantage 才是真正意义的网络资源管理。用户需要及时准确地了解它们的网络正在发生什么事情；什么应用在运行，如何运行；多少 PC 正在访问 LAN 或 WAN；哪些应用程序导致系统瓶颈或资源竞争等。而普通网管系统只能提供不完整的统计数据及物理连接状态，缺少性能参数，因而不是全面的应用级网络资源监测系统。

Network Vantage 是基于 View-Probe 结构的，View 是基于 Windows NT 的控制及显示平台，Probe

是安装在网络中的“探头”，用来收集各种应用数据及网络信息，但它并不影响网络带宽。Network Vantage 可进行分布式安装使用，在中央控制台对各个网段的网络性能、数据流量进行捕获与分析；控制台与各个数据采集点之间的数据采用数据压缩技术，不会对现有网络的运行产生压力。

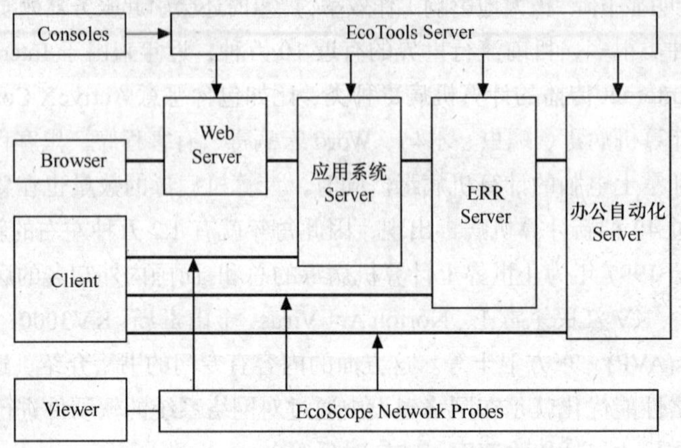


图 6.37　Network Vantage 的工作原理

### 1. Network Vantage 的主要用途

（1）性能优化。通过了解网络应用的通信流量和应用负载，技术人员能适当改变服务器的位置，重新分段并且分布应用计划以优化网络性能。通过配置优化来提高性能（客户、服务器负载均衡），通过服务水平协议、服务跟踪提高服务质量。

（2）服务水平管理。通过提供关键应用要素（反应时间和应用负载）调整被监视应用的性能，并在问题产生之前改正，以达到要求的服务水平。

（3）容量设计。通过提供一种机制来存储和报告一段时间内收集的信息，进行跟踪和分析，并对增加的网络容量需求进行重新规划。

（4）资源的计算和再利用。通过了解问题所在，信息技术部的各方面成员能对问题进行通力合作并及时采取解决问题的方法。

### 2. Network Vantage 的主要功能

利用 Network Vantage 可以发现、测量和记录以下几个方面的内容。

（1）应用监视。自动发现 1500 多种应用和承载应用的网络硬件设备、网络应用流量和流量拓扑结构，对于用户自己开发的应用，提供 15 种定义模式。许多网络问题是由于应用性能的降低，流量的增加或网络层设计的错误。Network Vantage 可以分析网络性能，运行何种应用，平均反应时间，应用负载和流量等。

（2）按会话统计传输负载。Network Vantage 可以提供应用传输流的实时视图和历史视图，显示“会话”级和“事务”级的细节。Network Vantage 将“会话”定义为两个结点间通过一个应用程序进行任何通信；将“事务”定义为最终用户观察到的一个特定事件，包括客户机与服务器之间的请求和回答，例如用户登录、数据请求等。Network Vantage 自动为通过网络中每一个连网设备的每一个应用程序生成传输负载图。

（3）应用和会话级响应时间。Network Vantage 为客户机/服务器应用系统提供包括最大最小、

标准差及平均响应时间的信息。通过这些信息，IT 人员可以更准确地调整系统应用水平。

（4）事务响应时间。Network Vantage 的事务检查方法准确地测量最终用户观察到的响应时间，Network Vantage 监视任何具有可识别的 TCP Socket 或正在访问关系数据库的应用程序事务的响应时间。Network Vantage 还能识别出运行在同一个服务器上的应用程序，如 Oracle Financial 或用户自己编写的 Oracle 程序，最后 Network Vantage 将 Oracle 和 Sybase 事件分解为多个 SQL 响应时间。

（5）服务质量。Network Vantage 能够帮助了解延迟是在何处被引入网络的，瓶颈在哪里，从而解决网络应用的可用性，提高运行性能。

（6）趋势分析。记录和整理网络数据是 IT 人员的另一项任务，将网络性能数据输出到数据库中，进行详细记录。

（7）报表输出。Network Vantage 提供了几十种报表，可以由选择条件加以过滤。Network Vantage 准确详尽的应用信息使长期趋势分析和报表编制变得既容易又便于管理。

（8）安全性及计费支持。容许用户登录到相应权限的服务器，并记录其 MAC 地址。可根据各部门所用的资源来确定费用。

美国 Compuware 软件公司开发的 Network Vantage 是 vantageS 套件产品的一部分，它与 vantageS 的 Server Vantage、Application Vangate、Client Vantage 等组成了一套功能完整的网络应用优化管理系统，为广大用户提供网络优化管理的高质量服务。由于该软件系统所含套件数量多且价格比较昂贵，容量也相当大，大多应用在一些大型复杂异构企业网络上。由于篇幅所限，不再详细介绍。

## 6.3.3 网络性能优化工具软件

对于一般网络用户来说，无论是在局域网内部或者通过 Internet 进行数据传输工作，对网络性能的基本要求就是传输速率快，当然也要保证数据传输的安全性。专门制定针对大中型企业的网络优化管理方案是不必要的，可以利用一些网络性能优化工具软件来改善网络结构环境，优化网络传输性能，尤其是优化 Internet 连接速度已成为当前的一个热门话题。下面介绍的几款工具软件可以有效提高网络传输速率。

### 1. Windows 优化大师

Windows 优化大师提供了全面有效且简便安全的系统检测、系统清理、系统维护、系统优化等功能，让用户的计算机始终保持在最佳状态。

Windows 优化大师专业版是提供给有经验的用户的特别版本，在该软件中提供给用户的系统优化功能有很多方面：

其中对“网络系统优化”这一项提供了很多优化措施，如“上网方式”选择、“默认报文寿命”、网络性能优化设置等，如图 6.38 所示。具体设置可通过“设置向导”按钮进行，设置完毕后可单击“优化”按钮，使之生效。

### 2. 超级兔子网络优化

这是一款直接提高 Windows 上/下载速度的软件，非常适用于 Cable MODEM 和 ISDN，能直接观察到速度显著提升。对于普通 MODEM，速度提高不太明显，最高只能提升 30%。此软件需要 366Hz 以上的 CPU、128MB 内存，在 Windows 2000/XP/Server 2003 系统环境下运行此软件效果更明显。图 6.39

所示为该软件运行时的主窗口界面，该窗口中有3个超链接按钮，分别为“优化网络”、“恢复原样”和“手工设置”。单击前2个按钮，软件自动对网络性能指标进行最优设置，并可恢复到设置前的状态。

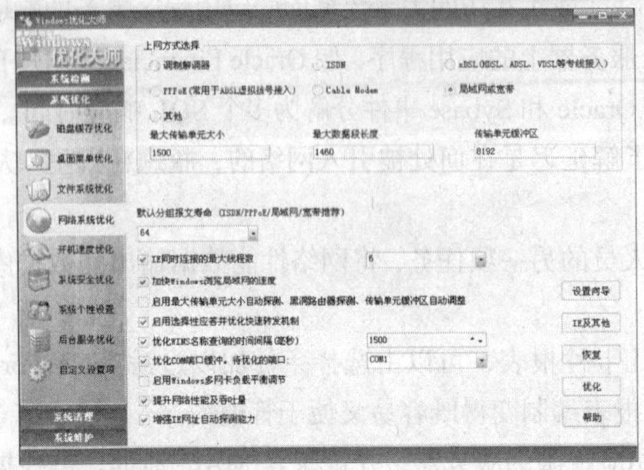


图6.38　Windows优化大师中的“网络系统优化”界面

图6.39　“超级兔子网络优化2.1”运行主界面

而单击“手工设置”按钮，则可进入如图6.40所示的“网络”窗口，可以根据网络实际的运行状态，对一些选项进行取舍。在选择使用“使用最大传输单元”、“加速TCP/IP Windows Size”、“TCP/IP分组寿命”、“域名服务器超时数值”的下拉选择菜单时，应按网络实际的连接情况进行正确的选择，否则不起作用。网络各项参数选择好以后，可以在以下4个按钮中确认方式，“加速”按钮用于实时网络加速；“默认”按钮使设置前的状态仍然有效；“保存”按钮对设置后的参数予以保存，还有一个返回到上一级菜单的“返回”按钮。

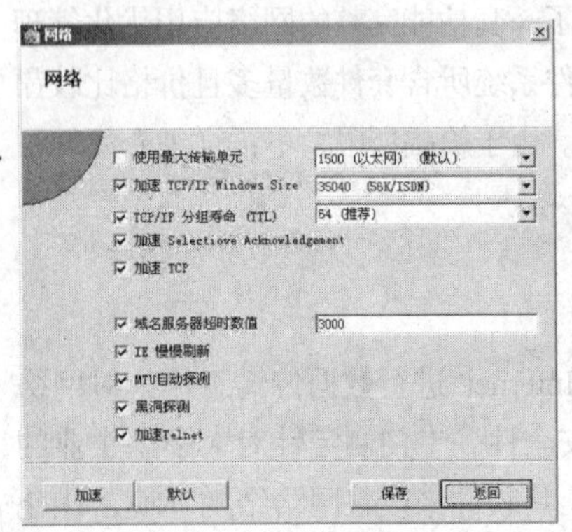


图6.40　“网络”的参数设置

当设置好网络参数后返回到“超级兔子网络优化”主窗口界面时，会弹出如图6.41所示的对话框，询问是否使用“ADSL/Cable/Lan”的网络环境时，回答“是”，系统给出又一个对话框，提示网络优化已完成，这时需要重启计算机，使设置生效。

### 3. Phatlinks NetBooster

Phatlinks NetBooster是一款性能优秀的网络加速工具，程序操作非常容易，用户只需要启动程序就可以了，程序启动后会自动检测并根据网络连接方式进行最优化操作，一切都非常简单，完全自动化操作，程序启动后的主界面如图6.42所示。

### 4. 网络提速圣手

为了方便广大用户，网络提速圣手把复杂的步骤融合到一个按扭上，即“开始提速”按钮，如图6.43所示，方便了用户的操作。系统适合小区宽带、ADSL、拨号、无线网卡、局域网上网等方式，系统根据上网电脑本身的设置自动判断上网方式，并将系统优化，使上网速度提高，达到满意的上网速度。

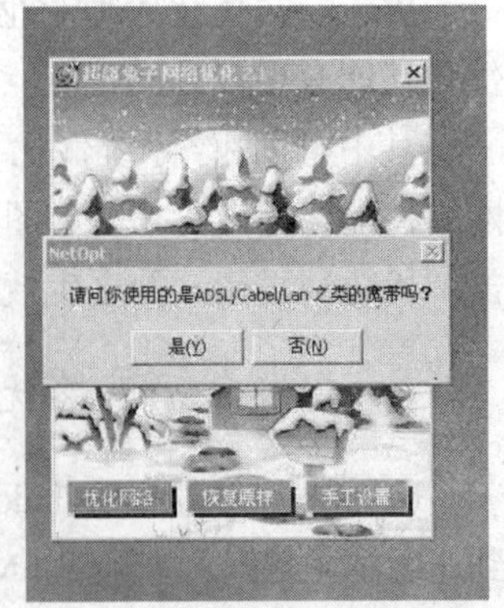


图6.41　选择宽带上网的提示信息

图 6.42　“Phatlinks NetBooster”主界面

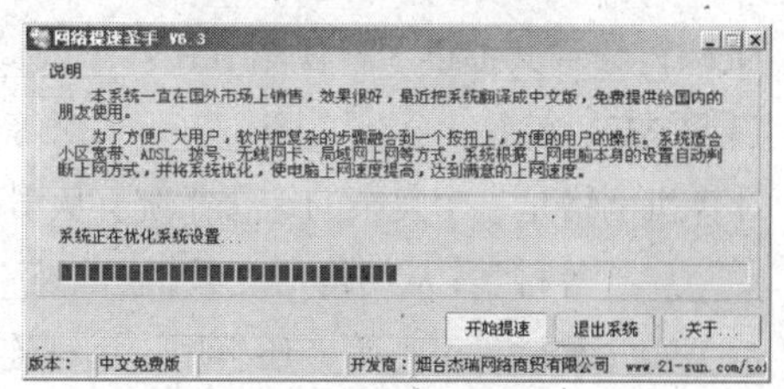


图 6.43　“网络提速圣手”主界面

## 5. Internet Cyclone

Internet Cyclone（网络飓风）是一款专为 Windows 用户而设计的功能强大、容易使用的网络优化工具，是一个简单易用的 Internet（TCP/IP）优化软件，可配置 Internet 设置，可使上网速度提高达 200%（官方介绍）。适用于各种路由器、高速 LAN、ISDN、Cable、DSL 及 T1。可以提高浏览、文件下载、电子邮件、网络游戏、聊天的速度，保证数据的完整性。

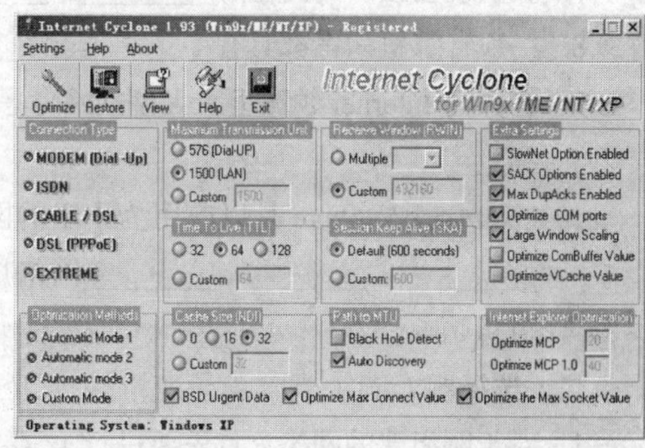


图 6.44　“Internet Cyclone”主界面

图 6.44 所示为该软件运行时的主界面。用户可以在“Connection Type”中选择网络的连接形式，然后单击“Optimize”按钮，系统会提示所选择的网络连接已被优化，在新的设置生效以前必须重启计算机。重启以后，软件自动将 MTU、RWIN、TTL、SKA、NDI 等参数调整为最佳值。

## 本章小结

本章介绍的内容主要有如下 3 个方面。

- 网络测试。通过一些命令方式、工具软件和专用仪器介绍了网络连通性测试和网络传输速率测试这两种测试方法。
- 网络故障分析和排除。主要分析了网络故障的类型和故障排除方法（通过举一些常见的实例）。
- 网络性能优化。主要包括网络性能优化的含义、网络性能优化管理以及网络性能优化工具软件。

## 习题 6

### 一、填空题

1. 网络测试问题贯穿了网络________、________、________和________的整个过程。

2. NeoTrace 一共提供 3 种视图方式：________、________和________。
3. 所谓 P2P，就是________到________对等网络。
4. 计算机网络是一个复杂的综合系统，从学科角度看，它涉及________、________、________和________等科学；从结构角度看，它涉及________、________、________、________、________、________和________等，还有用于远程连接的其他设备等。
5. 故障按照性质的不同分为________和________。
6. 一般常见的网络故障有________、________、________等，这些故障在网络操作系统运行期间可能经常会发生。
7. 目前硬盘接口的类型有________、________、________ 3 种。
8. 一般计算机病毒都具有________、________、________、________这 4 个特性。
9. 在国内 Internet 领域里，大型网站考虑的关键技术问题依次是________、________、________和________。
10. Network Vantage 是以应用为中心的网络性能管理工具，可称为网络系统的透视仪，它可以________、________、________网络应用中具体应用信息的状态及普通网管系统所提供的信息。

## 二、选择题

1. 对于刚组建的网络，首先要进行（　　）测试。
   A. 网络　　B. 线缆　　C. 连通性
2. 我们用迅雷软件从网上某一站点下载一个文件，其下载速度（　　）比直接从网上某一站点下载同一文件要快。
   A. 一定　　B. 不一定
3. 本章所述的网络测试，除了要测试网络的连通性以外，还要测试网络的（　　）。
   A. 线缆性能　　B. 导向性能　　C. 传输速率
4. 黑客或一些别有用心的人攻击网络，可能会导致网络瘫痪，这是引起（　　）的主要原因之一。
   A. 主机故障　　B. 路由器故障　　C. 线路故障
5. 目前 PC 中的硬盘接口类型，广泛采用的是（　　）。
   A. SCSI 接口　　B. IDE 接口　　C. SATA 接口

## 三、简答题

1. 简述运行 Ping 命令的方法。其命令格式是什么？
2. 简述 NeoTrace 软件的 3 种视图方式的含义。
3. NetTool 有哪些性能特点？
4. 简述 P2P 的工作原理。
5. 简述网络维护的工作原理。
6. 网络故障排除的原则是什么？
7. 何谓网络性能优化？网络性能优化的管理如何定义？

## 四、操作题

1. 参照本章介绍的网络故障排除方法，对一些计算机网络故障进行诊断和排除。
2. 请利用本章介绍的网络性能优化软件，对自己的计算机进行一些必要的设置。

# 第7章 综合实例

## 7.1 XX校园网络系统投标方案

### 7.1.1 引言

当前，人类社会正处于一个伟大的转折时期，社会信息化的程度已被看作是一个国家现代化水平和综合国力的重要标志。在这个信息时代，改造和更新国民经济各个部门的信息技术设备是极其重要的，但更重要的是培养应用信息技术人才。今后，综合国力的竞争，其核心是智力的竞争，是决策能力的竞争，是人才开发利用的竞争，但我国目前的教育模式主要是传统的校内课堂教育，这种教育模式需要花费大量的人力和财力，并且不能满足现代化教育的要求。

上海市XX学校是本市著名的高级中学，具有悠久的历史，以优秀的教学方法和教学质量而闻名全市乃至全国。

在信息技术不断发展的今天，学校领导抓住这个机遇，着手进行校园网络系统的建设，这将是一次突破传统教育方式、适应新时代发展需要的壮举。

校园网络系统是一项复杂的系统工程，必须充分调动各方面的力量，综合学校在校园网管理上的经验和系统集成商在校园网系统建设方面的经验，实现“强强联合，优势互补”，以保障这一重要工程的圆满完成。

### 7.1.2 投标方概况

上海YY技术发展有限公司的前身是上海市计算技术研究所下属的高新技术部门，共有员工近70人，拥有各种精良的设备。公司主营业务：网络系统集成、软件开发、多媒体技术及其应用。

公司主要从事计算机技术、网络技术和多媒体技术的开发和应用。公司的主要经营方向为：计算机系统集成；应用软件及 MIS 系统开发；多媒体技术开发及应用；Internet 开发及信息技术咨询与服务。公司研发环境良好，硬件设备齐全，并且拥有一批富有经验、充满智慧、极具开拓精神的 IT 人才。表 7.1 为公司近年部分应用项目一览表。

表 7.1　公司近年部分应用项目一览表

| 编　号 | 项 目 名 称 | 说　明 |
|---|---|---|
| 1 | 上海 XX 有限公司物资现货市场电脑管理系统 | NOVELL 微机局域网，用 FoxPro for DOS 2.5 开发，有 190 多个结点，具有无线网络和远程通信网络 |
| 2 | XX 海岸电台信息自动化管理系统 | Client/Server 结构，双服务器，S 端 IBM 586/100 两台，C 端 486/66，NOVELL Netware 4.1 局域网，SYBASE 系统 10，Power Builder 5.0，中文之星 2.5。二期工程进行系统升级，两台 IBM LX 组成 Cluster，Windows NT 企业版，目前已完成系统升级和数据的迁移，并已恢复运行，支持 TCP/IP 和 SPX/IPX 两种通信方式 |
| 3 | （略） | （略） |

### 7.1.3　计算机网络系统技术方案

计算机网络系统建成后，不仅为学校提供高效率的办公环境，同时，计算机网络系统将用于连接学校校园网和局域网，以及外部网络系统（如教育信息系统）及 Internet 的安全高效互连，成为整个 XX 学校的中枢神经系统。考虑到学校的实际情况，计算机网络系统的设计必须兼顾先进性与成熟性、高性能与高可靠性、容错性、灵活性与安全性，提供一套可监控、易管理、可扩展、易升级的高效网络系统。

1．网络总体要求

（1）完成校园网二期和三期的平滑连接。

（2）集成已有的网络系统，实现信息共享。

（3）信息发布和信息交流。实现信息的网上查询和发布，如部门职责、新闻、最新动态等。通过构建电子邮件系统，进行信息的交流。

（4）进一步完善与 Internet 的连接通道。为适应现代化教学的要求，提高教师的科研学术水平，促进对学生素质教育的深入进行，需要经常了解和学习国内外的教育信息。目前学校拥有的“上海市教育信息网”远远不能满足要求，需要增加新的 Internet 通道。

（5）建立与校园网功能相适应的网管中心。整个校园网的关键设备如中心交换机、服务器、路由器等都集中安装在这里，校园网建成后，利用高效的网管软件、安全策略，可对整个校园网实施管理。

（6）电子图书馆建设。通过建立电子书库服务器，实现光盘资料的存储、管理和使用，同时电子图书馆还用于浏览 Internet、课件、VOD、普通书库的查询等功能。

（7）学校电子管理系统的建立。为适应学校现代化管理的需要，实现管理信息的电子化和教学资源的数字化，提高资源的使用率和管理的效益，需要建立一套完整的电子管理系统。

电子管理系统实现的功能：查询学校各类信息，如教学管理信息、课程管理信息、内部教学资料、学生学籍管理信息、成绩管理信息、教学实验设备信息、科研学术信息、人事档案信息、

财务信息、库房管理信息等；逐步实现校长、教务办公无纸化；通过权限的设置来控制不同种类信息的合理使用，提供高可靠性、高安全性、高效益的服务。

## 2. 网络设计要求

（1）网络基本要求。

- 可靠性。选用成熟的技术和可靠的设备，考虑一定的备份和冗余，要求中心设备的瞬时故障率达到零。
- 可扩展性。需要充分考虑系统本身的发展及分步实施的时间性。
- 实用性。能够最大限度地满足实际工作的要求，既能满足各项管理环节中数据处理的要求，又能兼顾将来势在必行的非线性编辑、VOD 等多媒体应用对网络的需求。
- 安全性。学校网络的安全性要求高，并充分考虑系统的整体安全级别。要尽量采用多种技术手段，如 MAC 捆绑、IP 识别、端口控制等，保证整个网络的安全。
- 先进性。充分考虑网络的效率，保证在今后相当长的一段时期内的先进性，符合世界先进技术的总体方向，为今后网络的扩展和更新奠定基础。
- 易维护性。易维护性是决定网络管理效率的一个重要特性，必须充分考虑网络的易维护性。
- 高性能/价格比。高质量、低成本是一个重要的设计目标，在满足系统需求的前提下，尽可能地选用性价比好的产品。

（2）体系结构要求。校园网主干采用吉比特以太网层次结构，各桌面达到 10M/100Mbit/s 的带宽。

网络具有较高的性能，易于升级，在恶劣的环境下不存在单点故障，在出现问题时能提供快速恢复的能力。

（3）网络管理要求。网络管理软件支持运行实时网络监视，用图形方式实时显示网络设备的运行与故障情况；进行网络设备的配置；统计网络的流量、性能、故障和操作过程等。

（4）网络安全要求。网络具有很好的安全性，通过防火墙设置，使内部网与外部广域网隔离。

## 3. 网络设备选型

经初步研究，拟采用下列产品。

（1）主干交换机 WS- 4908G-L3。

- 有 8 个 1000BaseX GBIC 口，支持 1000BaseSX、LX/LH 及 ZX。
- 22Gbit/s 交换背板带宽，可为每个端口提供全速吉比特交换能力。
- 所有端口均支持 IEEE 802.3x 全双工通信。
- 支持 IEEE 802.1D Spanning-Tree 及 IEEE 802.1Q VLAN。
- 支持 4 口 Gigabit Ether Channel 技术，使主干连接高达 8Gbit/s。
- 第二层协议支持 NetBIOS 及 DECNet LAT（Local-Area Transport）。
- 提供全端口三层交换能力，基于完整的 IOS 网络操作系统，可支持 OSPF、EIGRP、RIP2 等多种协议。
- 第三层交换不仅支持 IP，还提供了 IPX 及 IP Multicast，可以满足绝大多数网络需求。
- 三层交换采用了 Cisco 特有的 CEF 技术，速度更快。
- 超过 12Mpps 的三层交换路由吞吐量。
- WRR 多任务队列排序算法提供了有效的 QoS 服务。

- 所有端口均支持IP/IPX 双向Access List，使网络更加安全可靠。

（2）Cisco 3550系列交换机。Cisco Catalyst 3550系列智能化以太网交换机（见图7.1）是一个新型的、可堆叠的、多层企业级交换机，可以提供高水平的可用性、可扩展性、安全性和控制能力，从而提高网络的运行效率。因为具有多种快速以太网和吉比特以太网配置，因此Catalyst 3550系列既可以作为一个功能强大的接入层交换机，用于中型企业的布线室；也可以作为一个骨干网交换机，用于中型网络。客户有史以来第一次可以在整个网络中部署智能化的服务，例如先进的服务质量（QoS）、速度限制、Cisco安全访问控制列表、多播管理和高性能的IP路由，同时保持了传统LAN交换的简便性。Catalyst 3550系列中内嵌了Cisco集群管理套件（CMS）软件，该软件使用户可以利用一个标准的Web浏览器同时配置和诊断多个Catalyst桌面交换机并为其排除故障。Cisco CMS软件提供了新的配置向导，它可以大幅度简化整合式应用和网络级服务的部署。

Catalyst 3550-48交换机，48个10M/100Mbit/s端口和2个基于GBIC的吉比特以太网接口。2个模块化插槽，使得每个交换机可增配2个CISCO WS-G5484 1000BaseSX GBIC模块，其吉比特以太网接口可以支持多种GBIC收发器，包括Cisco GigaStack GBIC、1000BaseT、1000 BaseSX、1000 BaseLX/LH和1000 BaseZX GBIC。基于双GBIC的吉比特以太网实施方案可以为客户提供高度的部署灵活性，使客户可以部署一种堆栈和上行链路配置，然后可以在将来移植这种配置。对一组Catalyst 3550-48交换机，可加配一个GigaStack GBIC吉比特以太网堆栈GBI堆叠模块（外加50cm堆叠电缆）。高水平的堆栈弹性还可以通过下列技术实现：两个冗余吉比特以太网上行链路，一条冗余的GagaStackTMGBIC回送线路，用于高速上行链路和堆栈互连故障恢复的UplinkFast和CrossStack UplinkFast技术，用于上行链路负载均衡的Per VLAN生成树+（PVST+）。这样的吉比特以太网灵活性使Catalyst 3550系列成为针对以太网优化的Cisco Catalyst 6500系列核心LAN交换机最理想的LAN边缘补充产品。

图7.1　Cisco WS-G5484 GBIC模块，堆叠模块，Catalyst 3550-48交换机

Catalyst 3550-48中含有标准多层软件镜像（SMI）或者增强型多层软件镜像（EMI）。EMI提供了一组更加丰富的企业级功能，包括基于硬件的IP单播和多播路由，虚拟LAN（VLAN）间的路由，路由访问控制列表（RACL）和热备用路由器协议（HSRP）。在刚开始部署时，增强型多层软件镜像升级工具包为用户提供了升级到EMI的灵活性。

（3）Cisco 2600路由器。Cisco 2600模块化多服务路由器为分支机构提供通用性、集成性等功能。通过50多个网络模块和接口，Cisco 2600系列的模块化体系结构允许轻易地升级接口来适应网络扩展。Cisco 2600系列拥有3种性能级别和6种基本配置：Cisco 2650和2651、Cisco 2620和2621以及Cisco 2610和2613。

Cisco 2600系列是Cisco数据/语音/视频集成方案的一名关键成员，提供业界最广泛的基于IP和帧中继的端到端分组电话解决方案。

Cisco 2600系列与Cisco 1600、1700和3600系列共享模块化接口，为网络管理员和服务供应商提供一个经济有效的解决方案来满足目前的分支机构需求。Cisco 2600系列路由器具有以下几个主要特点。

- 带有防火墙安全的 Internet/Intranet 访问；
- 多服务语音/数据集成；
- 模拟和数字拨号访问服务；
- 虚拟专网（VPN）访问；
- VLAN 间路由；
- 带有带宽管理的路由。

在本方案中，选用 Cisco 2621，如图 7.2 所示。由于 2621 路由器具有双以太口，因此可以用光纤接入 Internet。另外，2621 路由器拥有两个广域网扩展口和一个 NM 口，足以满足学校今后的接入扩充需要，如 DDN、帧中继或 ISDN 等。

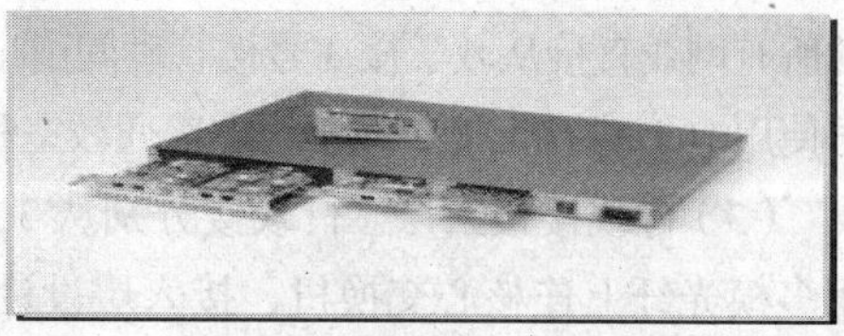

图 7.2　Cisco 2621 路由器

4. 网络系统结构设计

系统的逻辑结构如图 7.3 所示。

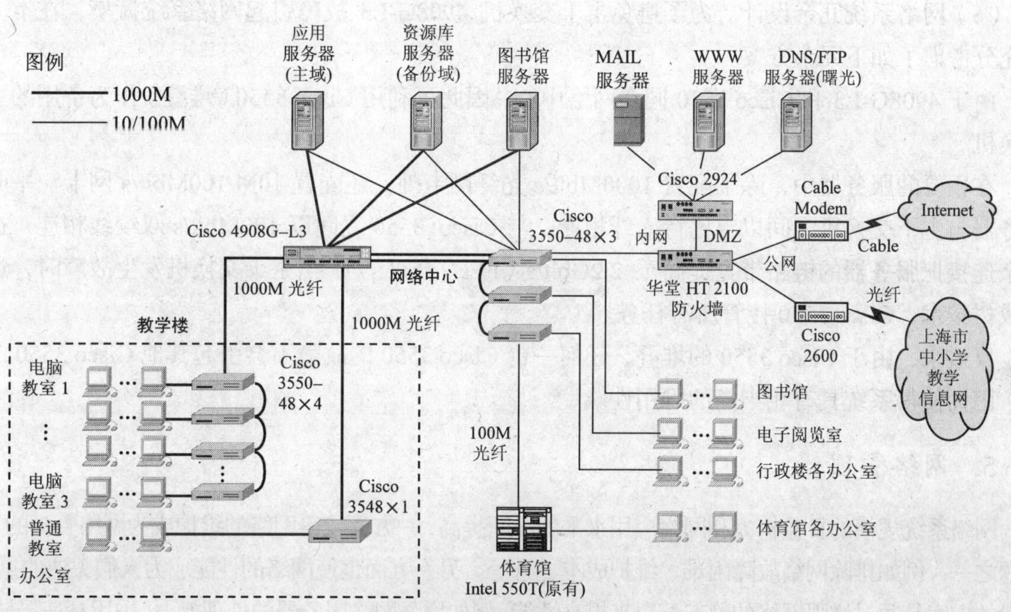


图 7.3　系统逻辑图

（1）网络核心层。核心层设在行政楼 2 层网络中心，采用一台 Cisco 4908G-L3 吉比特路由交换机，配置 8 口吉比特光纤模块。配置 3 台 Cisco 3550 交换机，相互堆叠，另外在每台 Cisco 3550 交换机上加配 2 个 Cisco WS-G5484 1000 BaseSX GBIC 光纤模块，连同原内置 GBIC 的吉比特以太网接口。两个 GBIC 吉比特以太网接口和 4908G-L3 相连，形成 Trunk 聚合链路，以达到冗余的目的。

平时，服务器通过吉比特网卡与 4908G-L3 相连，能建立基于端口或策略的虚拟网络，实现 QoS。通过百兆网卡与 Cisco 3550 相连。

教学楼交换机通过两根 1000Mbit/s 光纤连接至 4908G-L3 上。

科技楼通过 2 条光纤链路上连 Cisco 3550 交换机，其中 5 楼的计算机中心单独拉光纤接入。

行政楼有 3 条多模光纤上连 Cisco 3550 交换机。

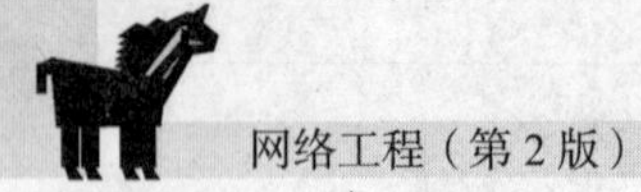


图书馆共有 3 条光纤链路上连 Cisco 3550 交换机，其中 2 个电子阅览室均单独拉光纤接入。

体育馆采用一根 6 芯多模光纤上连 Cisco 3550 交换机。

（2）教学楼汇聚层。在教学楼 3 号楼管理间，添置 5 台 Cisco 3550-48 交换机，分两组堆叠后同网络中心的 4908G-L3 连通，替换原有的 Intel 550T 交换机和 3COM Hub，形成两条 1000 Mbit/s 链路的校园网主干。其中 4 台 Cisco 3550-48 堆叠后用于 3 个电脑教室和普通教室，另外一台用于教师办公室。电脑教室中不再放置交换机或 Hub，并对 3 个电脑教室中的布线进行重新配置，将电脑教室中的所有网线直接从教学楼 3 号楼管理间引出，这样电脑教室中的每台机器直接连到 Cisco 3550-48，不再使用 Hub 进行上连。教学楼中普通教室和办公室通过配线架直接连到 Cisco 3550-48 上。

（3）行政楼接入层。行政楼分别从 3 层配线间、5 层配线间、8 层配线间的接入层交换机中采用多模光纤上连核心交换机，接入层设计方案见本书 2.1.6 节。

（4）接入 Internet。目前学校通过“有线通”上网。随着“校校通”方案的实施，“上海市中小学教育信息网”即将接入校园，接入后，学校可拥有若干个“教育信息网”IP 地址。因此，学校可通过两条途径接入 Internet，一是通过“有线通”上公众网，二是通过“上海市中小学教育信息网”上公众网。

（5）组建虚拟网。学校的虚拟网的划分见本书 2.3.2 节。

（6）网络系统冗余设计。为了避免主干交换机 4908G-L3 故障引起网络系统瘫痪，在本方案中充分考虑了如下冗余方案。

由于 4908G-L3 和 Cisco 3550 同在网络中心，因此可利用 Cisco 3550（堆叠）作为备用的主干交换机。

在主要的服务器中，除了配置 1000Mbit/s 光纤网卡外，还配置 10M/100Mbit/s 网卡。平时，服务器与主干交换机之间以吉比特光纤相连，与 Cisco 3550 之间以 100Mbit/s 双绞线相连，这种冗余连接把服务器的链路带宽提高至 2.2Gbit/s（FEC 全双工）。当主干交换机发生故障时，通过生成树技术，Cisco 3550 接管所有任务。

反过来，由于 Cisco 3550 的堆叠，任何一台 Cisco 3550 的故障不会引起其他 Cisco 3550 的故障，因而使得系统具有相当高的可用性。

### 5. 网络管理

网络系统规模的日益扩大和网络应用水平的不断提高，一方面使得网络的维护成为网络管理的重要问题之一，例如排除网络故障困难、维护成本上升等。另一方面也使网络的性能成为人们关注的重点，一般的方案是通过增强网络的静态配置来提高性能，例如增强网络服务器的处理能力，采用高速局域网、网络交换等技术扩展网络带宽等；实际上，采取网络运行中的负载平衡等动态措施更能提高网络的性能。通过静态或动态措施提高的网络性能分别称为网络的静态性能和动态性能。动态性能的提高可以通过网络管理系统（即“网管系统”）加以解决。一般来讲网管系统可以解决如下问题。

- 网络系统配置管理：网络拓扑结构的识别、显示和管理，网络系统结点的配置和管理；
- 网络系统故障管理：网络故障诊断、显示和通告；
- 网络系统性能管理：网络流量、状态的监测、统计和分析，性能调试和负载平衡；
- 网络用户管理：网络非法用户的拒绝，网络日志管理，网络用户账户和授权管理；
- 网络系统分布管理：备份管理和分布网络系统的管理。

建议在网络中心配置一台网管工作站，运行 CiscoWorks for Windows v6.0 网管软件，对整个网络进行管理。目前，推荐的 CiscoWorks for Windows v6.0 产品是一种管理 Cisco Catalyst 交换机、

Cisco 路由器以及语音设备的综合管理解决方案，它在单个设备和整个网络范围的基础上提供广泛的网络搜索和显示、配置、LAN/WAN 业务及性能管理功能。构造物理层和逻辑层的综合网络搜索和拓扑结构，智能地显示设备。通过一个图形接口的设备配置，对设备进行管理；使用 RMON/RMON2 收集的流量数据进行的性能监控和分析；优化 LAN 和 WAN 性能的配置及分析工具。同时，支持用于诊断连接故障的终端用户站追踪。

所有这些特征，都将保证学校的网管人员对整个网络进行方便的管理维护。

### 6. 防火墙（华堂网络安全防御系统）

随着以网络为核心的信息技术日新月异的发展，尤其是 Internet/ Intranet 在全球的迅速普及，网络安全问题正日益成为人们关注的头号焦点。

对于 XX 学校网络来说，内部信息网络系统的安全涉及以下两个方面的问题。

- 如何有效防止网络外在的非法攻击；
- 如何有效防止来自于网络内部，包括管理人员的误操作以及某些恶意的内部攻击。

对于后者信息主管的重视程度往往不足。首先应该鼓励校园网络内部的互访，以使网络资源得到最大限度的共享。但同时安全意识不能丢。一般情况下，内部攻击所造成的危害比外部入侵要大得多，这是因为内部入侵者不像外部黑客，很少是因为好奇心趋使他们进行网络攻击行为，其中隐藏着较复杂的（与内部有关的）动机。他们一般非常熟悉网络内部环境，攻击手段隐秘。如果 XX 学校内部的重要核心资源不加以有效的保护，那么内部恶性入侵所造成的危害比外部非法入侵还要大。

（1）管理制度的建立。对网络而言，零风险意味着网络几乎关闭，根本不能提供网络服务，这是不可取的。换句话说，网络安全不可能做到零风险。购买了高性能的网络安全产品并不意味着信息主管从此可以高枕无忧。信息安全并不仅仅局限于通信保密，其实网络信息安全牵扯到方方面面的问题，是一项极其复杂的工程。要实施一个完整的网络与信息安全体系，至少应包括三类措施：一是 XX 学校的规章制度及安全教育等外部软环境，在该方面 XX 学校的主要领导应当扮演重要的角色；二是技术方面的措施，如防火墙技术、网络防毒、信息加密存储通信、身份认证、授权等，但只有技术措施并不能保证百分之百的安全；三是审计和管理措施，该方面措施同时包含了技术与社会措施。主要措施有：实时监控 XX 学校安全状态、提供实时改变安全策略的能力，对现有的安全系统实施漏洞检查等，以防患于未然。总之，要实施一个安全的系统，应“三管齐下”。为了确保网络的绝对安全，仅仅在安全技术上采取种种措施是远远不够的，一个有效的网络安全管理体制是网络安全的关键所在。

网络安全管理制度的核心是围绕着用户的账户和口令而展开的。任何一个部门或分系统都应该在该制度下运转，服从统一的安全策略。以下是根据多年的实践经验总结出的一些原则。

- 建立多级密码口令体系，或使用硬件钥匙、磁卡钥匙等，对系统中网络设备、主机、数据库和文件系统进行访问控制；
- 每个账户都是唯一的，都有口令存在，不能因为麻烦而让不设口令的账户存在；
- 缩短口令周期，要求管理员常常更换口令，并选择一些不易被人猜中的字符串作为口令；
- 对于由于人员调动等原因长期不用或废弃的账户要及时清除，防止被人利用后而不能马上发现；
- 将拥有系统管理员口令的人数限制在尽可能小的范围内；
- 定时检查网管系统的事件记录，对每次可疑情况进行深入调查。

（2）设置防火墙。

① 系统分析。由于信息产业的飞速发展，网络凭借其信息量大、传递速度快等优越性，得到越来越多的使用。但在方便快捷的同时，也带来了信息的不安全因素。随着网络出口的全面开通，使用范围的扩大，网络应用的进一步深入，如果仍然使用原来的网络结构，就无法保证信息的可靠性和网络的可用性。

从 XX 学校计算机网络的网络结构来看，外部用户可以访问局域网中的服务器，所有的服务器处于同一个安全等级，随着网络出口的全面开通，使用范围的扩大，网络应用的进一步深入，如果不采取有效的安全防范措施，就无法保证信息的可靠性和网络的可用性，也无法保证敏感服务器的安全。主要存在的危险有以下几点。

- 非授权访问。有意避开系统访问控制机制，对系统设备及资源进行非正常使用，擅自扩大权限，越权访问信息。
- 冒充合法用户。网上“黑客”非法增加结点，使用假冒主机欺骗合法用户及主机；使用假冒的系统控制程序套取或修改使用权限、口令、密钥等信息，然后利用这些信息进行登录，从而达到欺骗系统、占用合法用户资源的目的。
- 破坏数据完整性。以非法手段窃得对数据的使用权，删除、修改或重发某些重要信息，以取得有益于攻击者的响应；恶意添加、修改数据，以干扰用户的正常使用。
- 干扰系统正常运行。不断对服务系统进行干扰，改变其正常的作业流程，执行无关程序使系统响应减慢甚至瘫痪，影响正常用户的使用。
- 利用网络传播病毒。通过网络传播计算机病毒，其破坏性远远高于单机系统，而且用户很难防范。
- 线路窃听。除光缆以外的各种通信介质都存在着不同程度的电磁辐射，调制解调器、终端屏幕、电缆接口等也都存在着电磁辐射，“黑客”们利用电磁泄漏或搭线窃听等手段对信息流进行积累和分析，可以很容易地得到用户口令、账户等重要信息。
- 非法操作。主计算机房没有安全防范措施和严格的管理制度，使外部人员可轻易进入机房并利用非法获取的用户密码进行操作，从而绕过了防御系统而直接进入主服务器造成信息流失。

综上所述，造成开放系统脆弱性的原因是信息传播的广域性和自身网络协议的开放性、以及安全管理制度等几方面所致。因此，要建设一个开放系统必须增强安全意识，在系统的设计结构上增强安全功能，提高防范能力。

② 需求分析。XX 学校计算机网络的网络属于典型的结点网络。在 XX 学校的出口中，对外提供 WWW 服务、Mail 服务和视频点播服务的服务器危险性较高，可能遭到来自世界各地的黑客攻击，故需添加网络安全设备，使得 XX 学校计算机网络既能方便地对外提供服务，又能有效地保护内部网络安全，同时能够保证 XX 学校计算机网络之间数据传输的安全。

③ 解决方案。从网络层进行安全防护主要应针对如下几个方面。

- 网络访问控制。在 XX 学校计算机网络与外界连接处进行网络访问控制，网络访问控制系统应该具有如下要求。

a. 不仅支持面向连接的通信，还要支持 UDP 等非连接的通信；

b. 对一些复杂的应用协议，如 FTP，UDP，TFTP，Real Audio，RPC，port mapper 和 Encapsulated TCP/IP 等，采用特定的逻辑来监视和过滤数据包。

c. 对于现有的各种网络进攻手段，如 IP Spoofing，TCP sequence number prediction attacks，

Source outing attacks，RIP attacks，ICMP attacks，Data-driven attacks(SMTP and MIME)，Domain Name Service attacks，Fragment attacks，Tiny fragment attacks，Hijacking attacks，Data integrity attacks，Encapsulated IP attacks 等提供有效的安全保障。

- 网络地址转换。使用网络地址转换技术，可以让 IP 数据包的源地址和目的地址以及 TCP 或 UDP 的端口号在进出内部网时发生改变，这样可以屏蔽网络内部细节，防止外部黑客利用 IP 探测技术发现内部网络结构和服务器真实地址，进行攻击。系统安全管理应该在计算机网络与外界接口处实现数据包的网络地址转换。

- 网络入侵防御。在科技厅内部的网络上，也可能存在来自内部的一些恶意攻击和网络误用情况，甚至可能存在来自外部的恶意入侵。安全防护体系应该能够监视内部关键的网段，扫描网络上的所有数据，检测服务拒绝型袭击、可疑活动、怀恶意的 Applets 等各种网络进攻手段，及时报告管理人员并防止这些攻击手段到达目标主机。安全管理应该能够防御如下入侵手段。

a. 碎片处理（包重组）;
b. 探测与不同数据的交叉;
c. 接受 SYN 包中的数据;
d. ID 测试支持;
e. Sweep attack;
f. TCP 包重叠;
g. 确定入侵的新模型;
h. 缓冲区溢出;
j. 匹配应用冲突反馈。

在 XX 学校计算机网络与外部网络连接处配置防火墙是保证系统安全的第一步，也是系统建设时首要考虑的问题。防火墙通过监测、限制、更改通过“防火墙”的数据流，可以保护内部系统不受来自外部的攻击。

防火墙处于网络安全体系中的最底层，属于网络层安全技术范畴。作为内部网络与外部公共网络之间的第一道屏障，防火墙是最先受到人们重视的网络安全产品之一。虽然从理论上看，防火墙处于网络安全的最底层，负责网络间的安全认证与传输，但随着网络安全技术的整体发展和网络应用的不断变化，现代防火墙技术已经逐步走向网络层之外的其他安全层次，不仅要完成传统防火墙的过滤任务，同时还能为各种网络应用提供相应的安全服务。

因为需要实现的安全功能越强，所需要花费的代价、管理的难度也就越大，因此应根据网络应用深度及网上信息保密的等级来确定安全措施的级别，将网络的安全增强到一定的程度，计算机信息网络的安全有必要进行统一规划，分步实施。

从实施技术上看，主要包括以下内容。

- 设置网络统一出口，将内部服务器和内部计算机组成内部安全子网（内网），将对 Internet 提供发布信息服务的服务器单独组成共享安全子网（公网），其他网络周边设备（如路由器等）组成外部子网，3 个网段相互独立，相互隔离，具有不同的安全级别，处于不同级别的安全保护之下。

- 将网络分成 3 部分，对外提供服务的 WWW 服务器、Mail 服务器等连接华堂网络安全防御系统的共享安全子网，将 Internet、上海市中小学教育信息网等网络连接至华堂网络安全防御系统的外部子网。

- 通过对防火墙过滤规则的控制，可实现下属拨号用户对服务器的访问，并可以通过防火

墙访问 Internet。

选用华堂网络安全防御系统，可实现以下功能。

- 对内部安全子网、共享安全子网和外部子网实施技术隔离，既能保护内部服务器、客户机，又能保护对外发布信息的服务器。
- 通过 IP 地址转换技术，将内部网的地址隐藏起来，对外成为一个黑匣子，使攻击者无从下手，当内部网用户访问外部资源时，通过地址转换技术，实现网络访问。
- 采用层层过滤技术，可防范现有常用的基于 TCP/IP 的网络攻击手段。
- 针对 DNS、Mail 等常用网络服务，提供信息安全检查。
- 对于现有网络服务的安全兼容，不修改已有软件，不需要对已有软件重新配置，不改变原有操作过程，确保系统的可靠性、可用性和易用性。
- 支持大多数网络服务协议，并率先支持目前流行的多媒体应用协议。
- 提供负载平衡的功能。可将服务分摊到多台计算机上，组成机群对外提供服务，提高系统效率。
- 提供完善的运行日志和流量计费功能。
- 所有的网络安全配置采用图形化窗口界面，过滤规则由拓扑结构自动生成，操作方便，简单易用。
- 提供系统集成功能，能够无缝连接审计系统等其他安全产品。
- 提供灵活多变的认证功能，支持多种认证方式。

华堂网络安全防御系统采用了当前最新的网络安全技术，采用自行研究开发的具有自主知识产权的专用安全操作系统的安全防御系统，综合了状态检测、智能过滤等一系列先进技术措施，是多种技术、多种防御手段的整合，体现了安全性与效率性的完美结合。

- 华堂网络安全防御系统采用了自身安全平台技术。作为主体软件运行环境的专用安全 OS 是整个防火墙系统的安全基础，华堂网络安全防御系统采用自主开发的具有自主知识产权的专用安全操作系统，避免了通用安全操作系统平台存在的自身安全漏洞以及效率上的不足之处，为整个防火墙结构的安全奠定了扎实的基础，确保了自身的安全性。
- 智能过滤技术。华堂防火墙所采用的智能过滤技术综合了包过滤的高效和应用代理的安全，将两者的优点有机融合，覆盖了协议的各个层次，支持所有基于 TCP 和 UDP 的应用协议，同时能提供完全的应用公开性，是一种动态的过滤技术，覆盖了网络的各个层次，真正实现了完整的安全过滤，其次它可以根据用户特定的安全需求在指定的网络层次中进行过滤。
- 完整的状态检测技术。华堂系统采用的状态检测技术，除了实现普通的过滤功能外，还能获取传输层的状态信息以及应用层的相关信息，保存在系统的动态状态表中，系统根据这些信息进行分析计算，动态建立状态表，过滤器再根据这些状态以及用户事先定义的安全策略最终实现安全过滤。利用该技术，可以实现 TCP 序列号检查、TCP 选项检查、分片检查、限制 FTP 连接到特殊端口、防 DoS 攻击、防地址欺骗等，提供了一种既有较高的效率、灵活性和扩展性，又有较高安全性的全透明的防御机制。在网络边界配置华堂网络安全防御系统，能够有效地防止来自外部的绝大部分攻击，保护网络的安全。

### 7. 防病毒系统

当前计算机病毒十分猖厥，为防止病毒入侵，推荐使用熊猫卫士网络版防病毒软件。熊猫

卫士是世界上第 4 大防病毒软件厂商熊猫软件公司（Panda Software）的产品，熊猫软件公司在全世界范围内 30 多个国家设有分支机构，它来自欧洲，拥有 100%的欧洲自有技术，在欧洲的市场占有率一直名列第 1。在美国目前的市场占有率名列第 3。

（1）安装过程。熊猫卫士 6.0 的安装过程非常简单且用户界面友好，即使是一个对防病毒软件没有任何了解的人，软件的安装也可以说是轻而易举。

安装程序提供 3 种安装方式：智能安装、完全安装和自定义安装。这里需要着重介绍的是熊猫卫士的智能安装。它是一个为方便安装设置熊猫卫士 6.0 而专门设计的工具。通过详细分析安装在电脑上的软硬件及一套简单的问卷，智能安装将最大程度地优化熊猫卫士 6.0 的安装设置。例如，已经有互连网络的连接，熊猫卫士会自动将客户连接的方式加入到软件更新设置中。

整个软件占用硬盘空间为 31MB，在安装完毕后，安装程序会提示重新启动系统，在系统重新启动后，在系统托盘处会出现一个熊猫图标，表示整个系统受到了熊猫卫士的保护，无论病毒来自互联网、局域网或本地入口（磁盘、ZIP 驱动器），都会受到常驻“哨兵”的阻挡。

（2）图形界面。熊猫卫士 6.0 的图形界面堪称优秀。熊猫卫士内置一个浏览器，用户可以在服务、杀毒工具和内置帮助文件中任意遨游。

熊猫卫士提供了 4 种扫描方式：即刻扫描、定期扫描、启动扫描和常驻扫描，可以轻松地在这些扫描方式中切换。在图形界面的左下角，熊猫卫士动态地以天数表示当前病毒特征文件的新旧。30 天表示已经 1 个月没有更新软件。熊猫提供两种操作模式：常规模式和高级模式。两者的区别是，在保证提供相同保护程度的前提下，常规模式仅显示最常用的扫描选项，不需用户设置任何复杂选项，因此，操作极其简单，高级模式则允许用户设置任何扫描选项。

（3）设置选项。可以选择扫描何种类型的文件、是否扫描压缩文件（熊猫卫士支持多重压缩）以及发现病毒采取何种措施（自动杀毒、通知用户、重命名文件、发电子邮件给系统管理员等）。

（4）扫描和杀毒能力。扫描和杀毒能力对于防病毒软件并不是唯一决定其优劣的因素。但是作为一个消费者，当然希望自己的杀毒工具的查杀能力越强越好，熊猫卫士在这一点上可以说是非常出色。目前它的已知病毒库中包括大约 48000 种病毒。同样，熊猫卫士独有的 HOAX 技术，对于未知病毒也同样可以查杀。

熊猫卫士同时通过最权威的安全认证组织国际计算机安全协会（ICSA）和黄金海岸的 Checkmark 的二级安全认证。当然国内的业界人士对于这些认证可能较为陌生，他们更关心的是针对国内病毒的查杀能力。在某部委主持的一个防毒软件对比测试中，熊猫卫士网络版在所有 12 种允许在中国销售的防毒产品中，在查毒、杀毒两项指标上都名列第一。无论一个病毒是来自传统的病毒入口，还是新兴的互联网，它们都不能进入安装了熊猫卫士的用户的计算机。

（5）实时监控能力。熊猫卫士提供两种类型的实时监控：哨兵监控和互连网监控。哨兵监控实时监视当前系统中所有正在运行或打开的文件，任何病毒代码或可疑操作都会激活哨兵，哨兵自动采取一系列预定义的措施或通过消息框的方式告知用户。除了当前打开的文件，熊猫卫士的互联网监控还实时防范来自互联网的病毒和黑客程序的威胁。要知道，除了传统的病毒，现在新兴出现的病毒多来自互连网络，一系列恶意程序都可能在网上冲浪时对系统进行攻击。熊猫卫士能完全监控这些端口。

（6）系统资源占用。对于大多数计算机用户，系统资源的占用情况是是否选择一款软件的重要因素，对于那些长期驻留内存的程序更是这样。使用 Windows 98 内置的系统信息，在安装前后，计算机的整体系统资源占用减少了 3%～6%，对于这样的系统资源占用，用户是完全可以接受的。毕竟计算机系统受到了最全面的安全防护。

（7）软件更新。熊猫卫士也是提供病毒特征文件每日更新的防病毒软件。每天全世界范围内有大约 15 种新病毒产生，一个月不更新，防毒软件就不能对付大约 500 种新病毒，防病毒技术发展到今天，针对某一个病毒能不能写出清除代码已不是问题，关键是响应速度，能否在最快时间内更新客户的程序。当然，除了病毒特征文件的更新，程序本身查毒能力的升级也非常重要。

（8）Internet 病毒防范能力。随着国际互联网的交流日益频繁，用户感染病毒的机率也越来越大。熊猫卫士防病毒软件正是基于此发展起来的新一代防毒软件，除具有常规杀毒软件的性能外，还是一款针对 Internet 应用设计的防护软件，支持最多的 Internet 使用协议，可以防护所有的病毒入口。

（9）服务。熊猫软件中国有限公司提供 24 小时 S.O.S 服务，即熊猫软件承诺在 24 个小时内提供客户送达的病毒文件的解决方案。熊猫卫士独有的这项服务在业界可以说是独一无二的。当然无论用户在何时对产品产生疑问，都可以咨询熊猫卫士的技术工程师。

## 8. 网络操作系统、数据库系统、网络服务器等

（1）网络操作系统。目前世界范围内流行的网络操作系统有很多种，主要为 UNIX、Netware、Windows NT、Windows 2000 Server-Windows Server 2003 等。这些操作系统各有所长，难分伯仲。

通过从功能、价格等方面综合比较上述操作系统，建议选择 Windows 2000 网络操作系统。Windows 2000 Server 系统的特点如下。

- Windows 2000 Server 以其高容量和可伸缩的 32 位结构支持多种处理系统；
- Windows 2000 Server 支持广泛的重要商务应用程序和一系列软件开发工具，有利于进一步采用新技术；
- Windows 2000 Server 支持多种传输层通信协议，如 TCP/IP、NetBIOS、IPX/SPX 等；
- Windows 2000 Server 易于使用和管理网络；
- Windows 2000 Server，是当今先进的功能强大的网络应用平台，具有高可靠性、安全性和兼容性；
- Windows 2000 Server 是 Windows NT 的升级产品，是最易使用和管理的网络操作系统。它还具有高扩展性的平台，便于硬件的升级而不必重写应用程序。

（2）数据库系统。根据学校的需求，数据库系统应选择较为成熟的大型数据库系统，可供选择的数据库管理系统主要有 Oracle、Sybase、Informix、MS SQL Server 等，它们各有长处，并且应用广泛。

通过综合比较上述各种数据库在 Windows 2000 Server 操作系统上的表现，建议选择 Microsoft SQL Server 2000 作为整个计算机管理系统的数据库平台。

（3）网络服务器。对现代企事业单位来说，利用计算机系统来提供及时可靠的信息和服务是必不可少的；另一方面，计算机硬件与软件都不可避免地会发生故障，这些故障有可能给企业带来极大的损失，甚至导致整个服务的终止、网络的瘫痪。

根据对 XX 学校需求的理解和反复论证，在硬件系统方面建议采用 IBM 公司 PC 服务器和工作站系列产品来满足各类应用的需求，以达到最好的性能价格比。同时，利用 IBM 的高可用解决方案，实现系统的高可用性。

① 信息管理服务器。数据库及信息管理服务器负责 XX 学校基本业务的运行，服务于校长办公、校长决策和学校自动化办公系统，是其他应用的基础。它在整个校园网的体系中位于 Intranet 的中心。根据该服务器的应用特征，要求具有一定 OLTP 能力，响应一定量的并发数据访问和操作。为了保证该系统应用的可靠性，可以采用 RAID 技术。

硬件配置：IBM eServer X250 Xeon 700/1M(4-SMP)/1024MB/40X CD/10/100Tx15"/100GB 热插拔/1000M Ethernet NIC）1 台。

网络操作系统：Microsoft Windows 2000 Server 中文版。

② 资源库服务器。资源库服务器是多媒体教学系统的信息源，多媒体教学系统中全部学生要看的教学视频节目是由该服务器提供的。它用于存储视频节目。存储介质可以是 SCSI 硬盘、光纤接口（FC-AL）硬盘、光盘等。它的主要功能如下。

- 大容量视频存储；
- 节目检索和服务；
- 快速的传输通道。

本方案选择 IBM eServer X250 作为资源库和电子书库服务器，其配置为：

Xeon 700/1M(4-SMP)/1024MB/40X CD/10/100Tx15"/100GB 热插拔/1000M Ethernet NIC 1 台。

操作系统：Microsoft Windows 2000 Server 中文版。

③ 图书馆服务器。图书馆服务器主要用于图书馆的图书管理，主要功能有：图书存储、信息查询、图书检索、借书还书等。图书资料数据非常重要，除了服务器的 RAID 保护外，还应利用磁带机定时备份。

建议采用 IBM eServer X232，其配置为：

PIII1.26G/CD-ROM/Array/512MB ECC/15"/100GB 热插拔/1000M NIC 1 台。

操作系统：Microsoft Windows 2000 Server 中文版。

④ 代理服务器。代理服务器（WWW 服务器）是 Intranet 和 Internet 之间的屏障，对于 Internet 用户来说，代理服务器是防火墙，起到了保护校园网内部资源免遭攻击的作用，而对于内部 Intranet 上的用户，可以用较少的 IP 地址资源通过代理实现对 Internet 的访问。

采用光纤接入，学校拥有固定的 IP 地址，可以建立自己的 WWW 服务器和 DNS 服务器。

建议采用 IBM eServer X232，其配置为：

PIII1.26G/CD-ROM/Array/512M ECC/15"/100G 热插拔/100M Etherner NIC 1 台。

软件配置：Microsoft Windows 2000 Server 中文版。

⑤ E-mail/FTP/DNS 服务器。学校原有的 DELL 服务器或曙光服务器可作为 E-mail/FTP/DNS 服务器使用。

操作系统：Microsoft Windows 2000 Server 中文版。

软件配置：Microsoft Proxy Server 2.0。

（4）网管工作站。网管工作站应具有足够的存储量，用于存储当前的网络结构、配置参数以及相关的历史数据。建议采用国产品牌机，其配置为 PIV1.7G /256M/32GB /CD-ROM /15"。

（5）不间断电源系统。根据校园网络系统的实际需求，建议选用一台 5kV 的 4 小时长延时不间断电源（UPS），推荐使用美国 APC 公司产品，其特点为工作稳定可靠，采用 CPU 微处理器控制，支持网络过压保护及网络线路安全，故障通知，可热拔插电池，图形化软件进行广域 SNMP 管理等。美国 APC 公司是全球著名的智慧型 UPS 生产企业，拥有最完整的产品线，从 250VA 后备式至 20kVA 在线式，机种齐全，其支援软件系统可运行于 Windows 2000 Server、Windows Server 2003、Novell NetWare、UNIX 等几乎所有的网络操作平台。

（6）磁带机。磁带机是服务器和操作系统不可或缺的备份工具，考虑到数据库系统的重要性，本方案推荐使用 HP 大容量磁带机，用户可根据需要进行各种形式的备份。

HP SureStore DAT24 的备份性能卓越，可靠性强，是一种功能强大的数据存储解决方案。它既有内置式磁带机，也有外置式及机柜式磁带机，可以与世界四大品牌的服务器和 PC 工作站相连，同时兼容业界领先的操作系统和备份软件。

HP 单键式灾难恢复技术，只需备有磁带机和最新的备份磁带，用户即可从硬盘故障、数据损坏和病毒感染中进行文件的恢复。轻轻触动按钮，操作系统、配置、应用程序和数据即可轻松恢复到磁带备份时的状态。

### 9. 上海 XX 学校综合布线初步方案

根据上海 XX 学校的实际需求，本综合布线系统主要考虑数据和和语音两部分。

（1）设计依据。本系统参考以下标准进行设计。

- IEEE802.3 10BASE-T；
- IEEE 802.3U 100BASE-TX，100BASE-FX；
- IEEE 803.5 TOKEN-RING；
- ANSI FDDI /TPDDI 100MBPS；
- CCITT ISDN ATM 155MBPS；
- EIA/TIA 568 工业标准及商业建筑标准；
- 工业标准及国际商务建筑布线标准；
- 安装与设计规范；
- 中国建筑电器设计规范；
- 工业企业通信设计规范；
- 美国 LUCENT 结构化布线系统设计总则；
- 市内电话线路工程、施工及验收技术规范；
- 建筑与建筑群综合布线系统工程设计规范（修订本）。

（2）布线系统总体设计的初步规划。上海 XX 学校综合布线系统不同于一般的建筑大楼，它是由数据图片和图像组成的信息交互系统，随着学校教学量的不断增加，要求主干线路有较高的带宽，满足学校对多媒体教学、远程教学监控、学生上网的需求。因此，采用星型结构的综合布线系统。建立一个网络中心机房，通过网络中心机房连接每个子单元，其中校区内的主干采用 6 芯室外多模光缆，各单位采用 5 类非屏蔽双绞线的水平布线，整个布线系统采用模块化、标准化、灵活性极高的开放式建筑物布线系统。它能为计算机系统提供较高的带宽，满足今后的教学需求，如数据、图像和视频信号的多媒体传输。同时也方便用户日后的维护及扩充升级。

完整的综合布线系统由工作区子系统、水平干线子系统、管理子系统、设备间子系统、垂直干线子系统和建筑群子系统 6 个子系统构成。

① 工作区子系统。工作区子系统（Work　Location）由终端设备连接到信息插座的连线和信息插座所组成，信息插座采用 LUCENT 的模块化产品，并为用户提供 CAT5 标准的 RJ-45 的墙面单孔的信息插座，这种插座具有性能高、尺寸小、安装简便等特点。适合于大数据流工作和 ISDN（综合业务数字网）的使用，其输入、输出线的线规都符合 ANSI/EIA/TIA 568 标准。

② 水平干线子系统。水平子系统（Horizontal）的作用是将主干子系统的线路延伸到用户工作区子系统，水平子系统的数据等电子信息交换服务和电话将采用超 5 类 4 对非屏蔽双绞线(UTP)

布线。超 5 类 UTP 线能支持 100Mbit/s 的传输，设计最大传输距离为 100m，线从配线架至最远端工作区端口的距离不超过 90m（因为配线架跳线和终端设备接线扣去 10m）。

超 5 类非屏蔽双绞线是目前性能价格比最好的高品质传输介质。其性能指标完全符合 ANSI/EIA/TIA 568 标准，能确保在 100m 范围内传输速率达到 100Mbit/s（信号的衰减量为 1dB/10m）。

③ 管理子系统。管理子系统（Administration）涉及各子域电脑/电话的配线管理，设计中充分考虑到校园今后教学的发展，因此管理子系统中主干设有光纤配线箱和电脑的快接式跳线架。

跳线式管理方式是综合布线系统灵活性、可调整性的充分体现。当设备布置出现变化时，不必大动干戈，仅需将相关跳线作出改动即可。

④ 垂直干线子系统。根据上海 XX 学校的实际情况，垂直干线子系统（Backbone / Riser）另行分析。

⑤ 设备间子系统。设备间子系统（Equipment）主要指计算机系统、网络连接设备、程控交换机、弱电控制设备等，即主要指系统的计算机网络中为各类信息提供信息管理传输服务的各种设备及设备的连接线所组成。设备间子系统由主配线架（MDF）以及跳线组成，它将中心计算机和网络设备的输出线与主干线子系统相连接，构成系统计算机网络的重要环节；同时通过配线架的跳线控制所有总配线架（MDF）的路由。

⑥ 建筑群子系统。建筑群子系统(Clucentus Subsystem)主要指建筑物之间实现相互连接，常用通信介质是光缆和大对数电缆，根据建筑物之间相互关联的特点，建筑群子系统所用的通信介质又分为户外缆和户内缆两类。如两个或多个建筑物之间是通过裙房或过道走廊相连的就可采用户内缆；反之必须采用架空或埋入式户外缆进行连接。

### 7.1.4 校园日常电子管理系统

校园日常电子管理系统包括系统管理、学籍管理、校务管理、课务管理、成绩管理、选课管理、考务管理、网上浏览、教科研管理、奖学金管理、德育管理、现代教育、物资管理、总务管理和卫生管理共 15 个模块，详细内容从略。

### 7.1.5 校园网多媒体教学系统

多媒体教学系统分为教学信息中心和后台管理系统两部分，分设有校园网主页、教师端、学生端、系统管理、现场直播控制端及数据库管理和维护 6 个模块。

#### 1. 信息发布功能

各种教育政策、法规、招考、升学指导等信息都可以通过该功能在网上发布，公告的发布制作和查询修改都可通过后台的“公告管理”功能模块完成。

#### 2. 教学功能

（1）多媒体教育资源点播系统。通过这一系统，可以随时调用信息中心网络服务器上的各种多媒体教学资源，开展各种教学辅导活动。

① 系统可以播放多种格式的教学资源（字幕如 Windows Media（.wma，.wmv，.asf 等）、数

字影视压缩标准 MPEG（.mpg，.mp3 等）、Macromedia Flash（.swf）、Macromedia Director（.dcr）、autherware（.aam）以及 Microsoft Powerpoint（.ppt）等）；

② 系统的智能流式处理功能对于各种视频流格式的教学资源，可以在运行时，同步化检测网络状况并调整数据流的属性，为不同网络条件下的用户提供最佳的播放质量；

③ 系统设有问答功能，学生在点播过程中，可以随时提出问题，教师可以马上回答问题，也可以以后再回答问题，从而实现即时互动的辅助课堂教学；

④ 可利用多媒体主教室对外开设教学辅导课程，让更多学生上网点播各种教学内容。

⑤ 可以开设各种学生选修课程，供学校和班级有组织地选择点播学习与考试，不同的班级可以点播不同的学习与考试的内容。

（2）现场主教室实时多点广播系统。通过在主教室里安装的摄像机、麦克风等设备，以及校园网上安装的“现场直播客户端”系统，可以使主教室的教学信息以“现场直播”的形式即时发送到各个桌面电脑和子教室电脑设备上，从而实现在校园网上的直播教学。使用该系统可以进行各种教学辅导、重要会议、专家讲座、电视转播等活动。

实时多点广播系统还可以实现的功能如下。

- 在现场直播过程中，学生随时可以提出问题，教师可以回答问题；
- 整个播放过程中，时刻检测网络状况并及时调整数据流的属性，可为用户提供最佳的播放质量。

（3）主教室教学内容与过程的实时录制编辑功能。教师在主教室进行实时广播教学的同时，视音频实时录制编辑系统可以同步运作，将实时广播的整个教学过程录制下来，并可对其进行编辑或实时编辑，制成多媒体课件存入教学资源库，以供今后多媒体点播教学系统进行网上点播。

（4）多媒体教师备课系统。教师利用自己办公桌上的电脑运行多媒体备课系统可以方便地开展备课和调用教学资源库中的各种资料素材等工作，然后将备课内容上传到服务器中供上课时调用和演示。例如，教师在上课时可以调用教学资源库中的实时教学录像资源，通过网络上的视/音频流观看课堂内容的实况录像，从而实现辅助教学的功能。

（5）教学资源库及维护系统模块。教学资源库可以存放各种教学资源内容，如多媒体课件、教学素材（包括各种格式的视频、音乐、图片和动画）、学术成果、电子教案、学习辅导材料及实时广播教学的录像资料等，是教师和学生获得教学资源的重要来源。教学资源库由共享的教学资源和个别教师教学资源两部分组成。对于个别教学资源，教师通过教师备课系统上传教学资源，后台课件管理系统也可为其上传所有的教学资源，并且可以对教师上传的教学资源进行审核。

（6）考核功能。

① 考试系统。

- 考试系统包含一个多媒体试题数据库，其中的试题数据包括各种格式的视频、音乐、图片、动画等。试题的输入采用直接手工输入和程序自动导入两种方式。
- 根据不同要求，可以采用模拟考试、随机考试、统一考试 3 种组卷方式生成试卷。
- 对选定的试卷，教师可以组织学生在网上进行考试。考试结束后，考试成绩马上可以通过系统的自动统计系统得到。
- 对于非网上进行的考试，可以通过系统输入成绩（教师也可以通过教师端的成绩录入系统将本班学生分数输入到成绩查询系统中，同时，教务人员也可以通过后台管理系统统一输入学生成绩）。
- 无论对于哪一种考试，都可以在网上进行成绩查询（其中教师可以查本班所有学生的成绩，学生只能查自己的成绩），对于考试成绩可以进行各种类型的统计。

② 教师评测系统。教务人员通过后台评测管理程序设定教师和班主任评测项目和内容，并在网上发布，学生可以通过教师评测系统给自己的授课教师和班主任打分，评测结束后，系统能自动对评测结果进行统计和打印输出，评测结果可以保存为电子文档，也可打印出来。

#### 3. 交流功能

（1）答疑系统。答疑系统是一个问题管理中心，其中包含学生在直播过程和点播过程中提出的问题和教师的回答。问答的数据可以根据年级、科目、单元、学生和教师的搜索选择功能进行筛选，系统也提供了问题主题、问题内容、学生姓名等选项的全文检索功能。在答疑中心可以进行学生提问和教师回答，同时系统管理人员能够对问题数据进行审核删除管理。

（2）校园论坛系统。这是一个基于整个校园网范围的 BBS，学生可以在论坛中放置讨论主题和对某个主题发表自己的看法，教师除具有学生的所有功能外，还有权限删除他认为不合适的论坛内容。

在这里教师和学生可以进行各种广泛的交流，教师和学生可以把学习中遇到的问题放到论坛中进行研讨，学生之间也可以互相交流学习经验。

（3）E-mail 系统。与校园网有机结合在一起的 E-mail 系统，完全支持 POP3、SMTP 协议以及其他相关协议。具有容量大、用户多等特性。可以方便地为校园网内每位教师设置统一格式的邮件地址。教师可以使用传统的邮件软件如 Outlook Express、Foxmail 发送和接收邮件，也可以登录到网上发送和接收邮件。

#### 4. 管理功能

（1）学生和教师管理系统。个人信息可以手动输入，也可以从数据文件中导入。除个人信息外，系统中还包含学生学习情况、教师教学情况、考试成绩统计以及评测考核情况等，以上信息都可以进行单项或多项组合的信息查询和统计。学期结束时，可以将学生各门功课分门别类进行统计，统计结果可以独立保存为电子文档，也可以打印成册。

（2）学校、年级和班级管理。这是用来向数据库增加、修改和查找学校、年级和班级记录的管理功能模块，可以决定该信息的学校、年级班级设定以及教学科目、学生、老师、教学课件、课程安排等多项数据，而且管理功能还可以很方便地查找、新增和编辑数据库的学校内各项记录，并可以向数据库增加新的各项教学数据，对于信息查询进行单项或多项的组合查询和统计。

（3）公告发布。系统特设的公告发布功能，相当于在整个网络教学系统中的设立了一个新闻中心编辑部，是系统用于直接对外发布消息的操作台，通过该管理功能可以在网络教学系统中随时进行各种教育信息和宣传公告的新增编辑发布和管理工作。所有公告信息都可以进行单项和多项组合的查询、统计。统计结果可以保存为电子文档，也可以打印成册。

### 7.1.6　项目实施组织及进度计划

#### 1. 主要人员介绍

项目总负责：李 XX，负责整个项目的设计、实施和管理。

项目设计：焦 XX、蔡 XX，具体负责项目设计、实施和管理。

（1）主要设计人员情况简介。李 XX，管理和工程双硕士，高级工程师，总经理。80 级本科

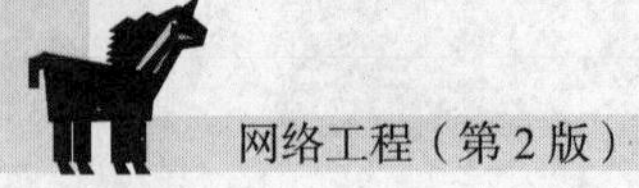


毕业，1990 年取得上海工业大学计算机应用硕士学位，1995 年获中欧国际工商管理学院管理学硕士学位。长期致力于计算机图形图像研究、多媒体系统集成与应用、网络与应用工程及软件的开发工作，其研究成果多次获上海市科技成果奖。

主要项目如下。

- 多媒体影视制作系统；
- 电脑三维技术工程中的应用；
- 民政双拥工作数据信息管理系统；
- 上海市 XX 钢材交易市场信息管理系统。

……

焦 XX，学士，高级工程师，长期从事计算机网络、应用工程及软件、多媒体及 MIS 的开发管理工作。研制的产品曾两次获得上海市高新技术中心的高新技术认证。

主要项目如下。

- 上海 XX 大厦办公自动化系统；
- NETSCHOOL 1.0 多媒体网络教学应用平台；
- NET-OPERA 多媒体网络娱乐应用平台；
- NET-TRAINING 多媒体网络企业培训应用平台。

……

蔡 XX，学士，工程师。主持计算机网络与应用工程集成工作，近年来负责的主要项目如下。

- 上海 XX 大厦计算机网络系统集成；
- 上海 XX 计算机网络系统集成；
- 上海 XX 交易所计算机网络系统集成；
- XX 区校园网。

……

（2）主要项目实施人员情况简介。

陈 XX，学士，工程师，主持计算机网络与弱电工程集成工作，近年来负责的主要项目如下。

- XX 供电局、XX 证券营业部（综合布线（PDS）、网络）；
- 杭州 XX 游乐城弱电总包、PDS（AT&T），设计、现场施工；
- XX 证券辽阳业务部：网络，设计、安装、调试；
- XX 证券河北业务部（石家庄）：安装、调试，PDS（IBDN、加拿大、北电）；
- 上海 XX 集团办公大楼 PDS（AMP、美国）、网络，设计、施工。

……

杨 XX，学士，工程师。长期从事计算机网络与应用的技术工作。

主要项目如下。

- 上海 XX 专科学校网络系统；
- XX 中学校园网。

……

### 2. 供货周期、施工周期及调试周期

供货周期、施工周期及调试周期的时间安排如表 7.2 所示。

表 7.2　　　　　　　　　　　供货周期、施工周期及调试周期表

| 序号 | 项　　目 | 1 周 | 2 周 | 3 周 | 4 周 | 5 周 | 6 周 | 7 周 | 8 周 | 9～12 周 |
|---|---|---|---|---|---|---|---|---|---|---|
| 1 | 环境/线路准备 | | | | | | | | | |
| 2 | 订货 | | | | | | | | | |
| 3 | 应用系统前期调研 | | | | | | | | | |
| 4 | 设备安装调试 | | | | | | | | | |
| 5 | 现场培训（设备安装） | | | | | | | | | |
| 6 | 应用系统安装调试 | | | | | | | | | |
| 7 | 应用系统二次开发 | | | | | | | | | （持续 2 个月） |
| 8 | 服务器系统培训 | | | | | | | | | |
| 9 | 交换机、网管系统培训 | | | | | | | | | |
| 10 | 操作系统、数据库培训 | | | | | | | | | |
| 11 | 防火墙系统安装培训 | | | | | | | | | |
| 12 | 系统验收 | | | | | | | | | |

注：应用系统指校园网多媒体教学系统和校园日常电子管理系统。

### 7.1.7 培训、技术支持及售后服务

#### 1. 培训内容及培训计划

（1）培训内容。

- 网络系统的基本结构；
- 网络系统的日常维护；
- 网管软件的使用和故障排除；
- 网络应用软件的使用方法；
- 网络数据库维护。

（2）培训计划。

① 现场培训。现场培训在设备开通之前，培训日期由用户单位自定，现场培训人员参与安装、调试和开通工作。

② 操作员和使用维修保养人员的培训。本培训在设备安装现场进行（人数不限）。

- 该培训将包括对所有控制、显示及相关问题的广泛介绍；
- 系统初始化和正常关闭以及操作手册的运用将包括在内；
- 系统的使用方法；
- 维护保养工序，包括判断组件/设备的故障，更换有故障组件或设备恢复正常工作；
- 检查和测试，包括测试设备的使用和测试步骤；
- 操作和管理系统组成的培训；
- 维护保养和操作手册的使用；

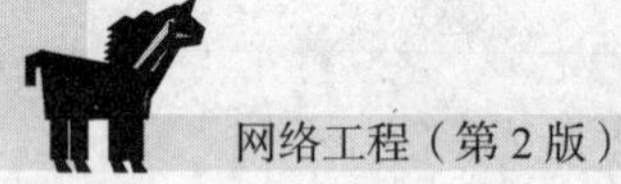


- 培训计划及形式见附录C。

2. 技术支持及售后服务

上海YY技术发展有限公司自成立以来，承接了许多系统集成工程项目。无论是在售前的支持、系统集成现场实施，还是在售后的服务过程中，公司都以良好的服务赢得了广大客户的信赖。对于XX学校的校园网工程，同样有信心、有能力、有决心把它做好。

- 对网络工程所涉及的布线系统、网络设备系统、服务器系统提供相应的技术支持、服务和与咨询；
- 所提供的产品均为原厂、原装，保证质量和数量；
- 系统验收交付使用之日起1年内，提供免费技术支持服务；
- 硬件设备免费保修3年（系统验收交付使用之日起）；
- 综合布线系统质量保证15年；
- 网络系统交付使用后，安排技术工程师现场服务4周；
- 在系统投入运行后，特别是用户工程师经过培训、操作、运用系统之后，对整个系统有了一定的经验，YY公司将配合学校网管人员，对系统进行必要调整，使系统运行在最佳状态；
- 在系统投入运行后，公司将根据项目实际情况进行定期（每两周一次）、不定期技术巡检与回访，并根据用户意见对系统进行调整；
- 对由公司开发和销售的软件系统实行终身维护，对于因用户使用不当造成的问题则适当收取维护费用；
- 系统发生故障时，公司负责在4小时内及时响应，在24小时内解决问题；
- 服务、响应方式有：现场、电话、传真、E-mail等；
- 免费技术支持服务期满后（验收通过后1年内），YY公司将继续负责学校的网络系统维护，具体维护协议可另行签订。

### 7.1.8 验收标准及技术文档

1. 验收标准

本项目的验收将以合同文本中所附的技术方案为验收标准。

2. 技术文档

（1）随设备提供下列技术文件。

- 操作维护手册；
- 设备使用说明书；
- 安装工具及附件（如电缆、跳线、转接口等）。

（2）验收时提供工程建设报告及全部配置完成的技术档案。

- 工程概况；
- 工程设计与实施方案；

- 设备验收清单；
- 工程设备变更申请单；
- 网络系统拓扑图；
- VLAN、IP 地址配置表；
- 交换机、服务器的配置；
- 交换机、配线架对照表；
- 用户培训报告（综合布线、交换机安装调试、网管配置、服务器安装调试、校园网应用系统培训等）；

具体见附录 D。

### 7.1.9　设备清单及报价

以下设备报价均以人民币为结算单位，交货地点为实施现场。进口设备已含税，并以人民币结算。

表 7.3　XX 学校网络系统设备及材料报价

| 序号 | 名　称 | 设　备 | 说　明 | 单　价 | 数量 | 单位 | 金　额 |
|---|---|---|---|---|---|---|---|
| 1 | 主干交换机 | WS-C4908G-L3 | Catalyst 4908G-L3 Layer 3 Switch，8 port 1000X GBIC Slots | 86600 | 1 | 台 | 86600 |
| | | CAB-ACA | Plug，Power Cord，Australian，10A | 3500 | 1 | 根 | 3500 |
| | | SC29Z-12.0.14W | Cisco IOS cat2948g-L3 BASIC SOFTWARE FOR L3 CATALYST 2948G | 5300 | 1 | 套 | 5300 |
| | | WS-G5484 | 1000BASE-SX "Short Wavelength" GBIC（Multimode only） | 2700 | 8 | 个 | 21600 |
| 2 | 行政楼二级交换机 | WS-C3550-48-SMI | 48-10/100 and 2 GBIC ports:Std Multilayer SW Image | 26980 | 3 | 台 | 80940 |
| | | WS-G5484 | 1000BASE-SX 短波 GBIC | 2700 | 6 | 个 | 16200 |
| | | WS-X3500-XL | GigaStack Stacking GBIC and 50cm cable | 1500 | 6 | 套 | 9000 |
| 3 | 教学楼二级交换机 | WS-C3550-48-SMI | 48-10/100 and 2 GBIC ports:Std Multilayer SW Image | 26980 | 5 | 台 | 134900 |
| | | WS-G5484 | 1000BASE-SX 短波 GBIC | 2700 | 2 | 个 | 5400 |
| | | WS-X3500-XL | GigaStack Stacking GBIC and 50cm cable | 1350 | 4 | 套 | 5400 |
| 4 | 体育馆交换机 | Intel 550T | 8 port，100Mbit/s（学校原有） | 2800 | 1 | 台 | 2800 |
| 5 | 光纤收发器 | NETLINK | 用于体育馆交换机，10M/100Mbit/s | 900 | 2 | 台 | 1800 |
| 6 | 光跳线 | | SC-SC，2m（双芯） | 300 | 2 | 根 | 600 |
| 7 | 光跳线 | | SC-SC，7m（双芯） | 400 | 3 | 根 | 1200 |
| 8 | 光跳线 | | SC-ST，2m（双芯） | 300 | 6 | 根 | 1800 |
| 9 | 网管软件 | CWW 6.0 | CiscoWorks for Windows V6.0 | 17960 | 1 | 套 | 17960 |
| 10 | 路由器 | Cisco 2621 | Dual 10/100 Ethernet Router with 2 WIC Slots & 1 NM Slot | 16710 | 1 | 台 | 16710 |
| | | WIC-1T | 1-Port Serial WAN Interface Card | 2400 | 1 | 台 | 2400 |
| | | CAB-V35MT | V.35 Cable，DTE，Male，10 Feet | 500 | 1 | 台 | 500 |
| 11 | 防病毒软件 | 熊猫卫士网络版(PGVI) | 250 用户 | 16000 | 1 | 套 | 16000 |

续表

| 序号 | 名　称 | 设　备 | 说　明 | 单　价 | 数量 | 单位 | 金　额 |
|---|---|---|---|---|---|---|---|
| 12 | 信息管理服务器 | IBM eServer X250 8665-61Y | Xeon 700/1M （4-SMP） 512MB/ Hotswap*10 40X CD 10/100Tx 15" 塔式 | 53800 | 1 | 台 | 53800 |
| | | | IBM 36G SCSI 10000 转 | 4600 | 3 | 台 | 13800 |
| | | | Intel 吉比特网卡（光纤口） | 3700 | 1 | 个 | 3700 |
| | | | 4MX RAID 卡 | 6500 | 1 | 个 | 6500 |
| | | | 512MB 内存条 | 4000 | 1 | 个 | 4000 |
| 13 | 资源库服务器 | IBM eServer X250 8665-61Y | Xeon 700/1M（4-SMP） 512MB/Hotswap*10 40XCD 10/100Tx 15" 塔式 | 53800 | 1 | 台 | 53800 |
| | | | IBM36G SCSI 10000 转 | 4600 | 3 | 台 | 13800 |
| | | | Intel 吉比特网卡（光纤口） | 3700 | 1 | 块 | 3700 |
| | | | 4MX RAID 卡 | 6500 | 1 | 块 | 6500 |
| | | | 512M 内存条 | 4000 | 1 | 块 | 4000 |
| 14 | 图书馆服务器 | IBM eServer X232 8668-41X | PIII1.26G/256M/0G/15" | 22000 | 1 | 台 | 22000 |
| | | | IBM36G SCSI 10000 转 | 4600 | 3 | 块 | 13800 |
| | | | Intel 吉比特网卡（光纤口） | 3700 | 1 | 块 | 3700 |
| | | | 4MX RAID 卡 | 6500 | 1 | 块 | 6500 |
| | | | 256M 内存 | 1900 | 1 | 块 | 1900 |
| 15 | WWW 服务器 | IBM eServer X232 8668-41X | PIII1.26G/256M/0G/15" | 22000 | 1 | 台 | 22000 |
| | | | IBM36G SCSI 10000 转 | 4600 | 3 | 块 | 13800 |
| | | | Intel 吉比特网卡（光纤口） | 3700 | 1 | 块 | 3700 |
| | | | 4MX RAID 卡 | 6500 | 1 | 块 | 6500 |
| | | | 256M 内存 | 1900 | 1 | 块 | 1900 |
| 16 | 防火墙系统 | HT2100 | 华堂 HT2100 | 31500 | 1 | 套 | 31500 |
| | | WS-2950-24 | 24 port，10/100 Catalyst Switch，Standard Image only | 6990 | 1 | 台 | 6990 |
| 17 | 网管 PC | 联想 | P4 1.7/256M/1.44/CD | 5500 | 2 | 台 | 11000 |
| 18 | UPS | | APC MA5KVA 4 小时 | 37500 | 1 | 台 | 37500 |
| 19 | 磁带机 | | HP DAT24 ，12/24G，内置 | 7200 | 1 | 台 | 7200 |
| 20 | 操作系统 | Win 2000 Advanced Server License | 教育用户 | 4800 | 1 | 套 | 4800 |
| | | Win 2000 Server Client Access License | 50 教育用户 | 50 | 50 | 套 | 2500 |
| 21 | 数据库系统 | SQL（Server） | 教育用户 | 2800 | 1 | 套 | 2800 |
| | | SQL（Client ） | 50 教育用户 | 280 | 50 | 套 | 14000 |
| | 总计 | 校园网建设总价 | … | … | … | … | … |

上海 YY 技术发展有限公司

2008 年 5 月

# 7.2 XX校园网络系统设计方案

## 7.2.1 校园网需求分析

XX大学是一所以工科为主、经管文理多学科协调发展的本科院校，同时是国家重点建设高职院校、国家示范性软件职业技术学院。学校校区占地面积700余亩，各类建筑面积 24 万平方米；分为教学区、行政区、图文信息区、实验实训区、文体活动区、生活区等6个功能区域。学校设有机电工程学院、电子与电气工程学院、计算机与信息学院等8个院系，有本科专业17个，高职专业40个，近15000名师生员工。近年来，学校与海内外十余所院校展开了广泛的合作交流。为了满足教育教学需求，新校区在开始使用时就进行了校园网的建设。网络系统采用星型拓扑，各楼宇通过光纤直接连接网络中心。

### 1. 网络总体要求

（1）采用新的 10 吉比特做骨干，10 吉比特到汇聚，吉比特到接入，百兆到桌面，从而保证教育教学的需求。

（2）建立网络服务器系统，包括 Mail 服务器、WWW 服务器、FTP 服务器、代理服务器、DNS 服务器、网管服务器和网络安全监控服务器。

（3）信息发布和信息交流实现信息的网上查询和发布，如部门职责、新闻、最新动态等。通过构建电子邮件系统，进行信息的交流。

（4）集成已有的网络系统，实现快速的信息互访。为适应现代化教学的要求，提高教师的科研学术水平，促进对学生素质教育的深入进行，需要经常了解和学习国内外的教育信息。

（5）建立与校园网功能相适应的网管中心。整个校园网的关键设备如中心交换机、服务器、路由器等都集中安装在这里，校园网建成后，利用高效的网管软件、安全策略，可对整个校园网实施管理。

（6）电子图书馆建设通过建立电子书库服务器，实现光盘资料的存储、管理和使用，同时电子图书馆还用于浏览 Internet、课件点播、VOD、普通书库的查询等功能。

（7）学校电子管理系统的建立为适应学校现代化管理的需要，实现管理信息的电子化和教学资源的数字化，提高资源的使用率和管理的效益，需要建立一套完整的电子管理系统。电子管理系统实现的功能为：查询学校各类信息，如教学管理信息，课程管理信息，内部教学资料，学生学籍管理信息，成绩管理信息，教学实验设备信息，科研学术信息，人事档案信息，财务信息，库房管理信息等；逐步实现校长、教务办公无纸化；通过权限的设置来控制不同种类信息的合理使用，提供高可靠性、高安全性、高效益的服务。

### 2. 整体建网原则

（1）高性能。核心交换机应该提供无阻塞的性能，采用10吉比特以太网技术来构建网络主干线路。满足校园大流量数据吞吐的需要。

（2）高可靠性。网络系统提供包括主干网络链路的冗余和备份，骨干网络通过环型拓扑实现，网络硬件设备实现冗余和备份，具有容错功能，避免了单点故障。

（3）可管理性。在通信网络方面，可详细监视和控制整个网络系统的设备、安全性、数据流量、性能等信息，可进行远程管理和故障诊断；简化网络管理的复杂性。

（4）安全性和保密性。系统能有效防止网络的非法访问，保证关键数据不被非法窃取、篡改或泄漏，使数据具有高可信性。校园网络提供完善和强健的内网安全防护（包括端口隔离、路由过滤、防 ARP 攻击、防 IP 扫描、系统安全机制、多种数据访问权限控制等），针对 A 大学的各种应用，有多种保护机制，如划分 VLAN、IP/MAC 地址绑定（过滤）、ACL、路由过滤、防 ARP 攻击、防 IP 扫描等，这些技术可以提升整个网络的安全性。

（5）骨干链路健壮（冗余）性。为了保证骨干网络平台的健壮性和链路冗余性，网络设计时将 3 台核心交换机通过光纤连接成环型网络。在各个校区间启用路由冗余机制，保证在任何一条线路出现故障时，依然保证骨干网络平台的可用性。为校园网络提供负载平衡、快速收敛和扩展性。

### 3. 校园网布点需求

整个校园网规划的信息点为 8599 点。信息点的分布如表 7.4 所示。

表 7.4　　校园网信息点分布

| 建筑名称 | 可用的信息点数 | 规划的信息点数 | 富裕的信息点数 |
|---|---|---|---|
| 行政楼 | 405 | 422 | 17 |
| 教学楼 | 185 | 188 | 3 |
| 实训中心 | 1630 | 1644 | 14 |
| 国际交流中心 | 180 | 188 | 8 |
| 图文信息中心 | 480 | 492 | 12 |
| 宿舍 | 5200 | 5325 | 125 |
| 食堂 | 80 | 94 | 14 |
| 体育馆 | 20 | 22 | 2 |
| 后勤楼 | 50 | 70 | 20 |
| 活动中心 | 20 | 24 | 4 |
| 合计 | 8180 | 8599 | 419 |

## 7.2.2 综合布线系统

本方案采用结构化综合布线标准布线。在楼群间采用吉比特单模光纤链路连接，以图文信息中心楼为网络中心，用光纤，采用地埋方式，连通校区内的 20 余栋楼宇。光纤选用性价比较高的 AVAYA 产品。因校园范围广阔，为详细说明布线系统结构，特选取行政楼作为一建筑物子系统加以剖析，如图 7.4 所示。

从图文信息中心楼网络中心铺设 2 条 8 芯单模光缆至行政楼 1 号楼，1 号楼 2 楼管理间有 2 个小型机柜，放有 1 台接入层交换机台 H3C E352 和 1 台汇聚层交换机 H3C S7503。5 楼、6 楼、10 楼、12 楼的管理间里有 1 个小型机柜，每 1 个机柜内各放有 1 台接入层交换机 H3C E352，2 楼管理间汇聚层交换机有 5 个多模吉比特光端口 GE1～GE5，通过 5 根 6 芯多模光缆与其余 2、5、6、10、12 楼接入层交打换机相连。其中，2 楼管理间负责 1 楼、2 楼、3 楼百兆终端接入，5 楼管理间负责 4 楼、5 楼百兆终端接入，6 楼管理间负责 6 楼、7 楼、8 楼百兆终端接入，10 楼管理间负责 9 楼、10 楼百兆终端接入，12 楼管理间负责 11 楼、12 楼、13 楼百兆终端接入。

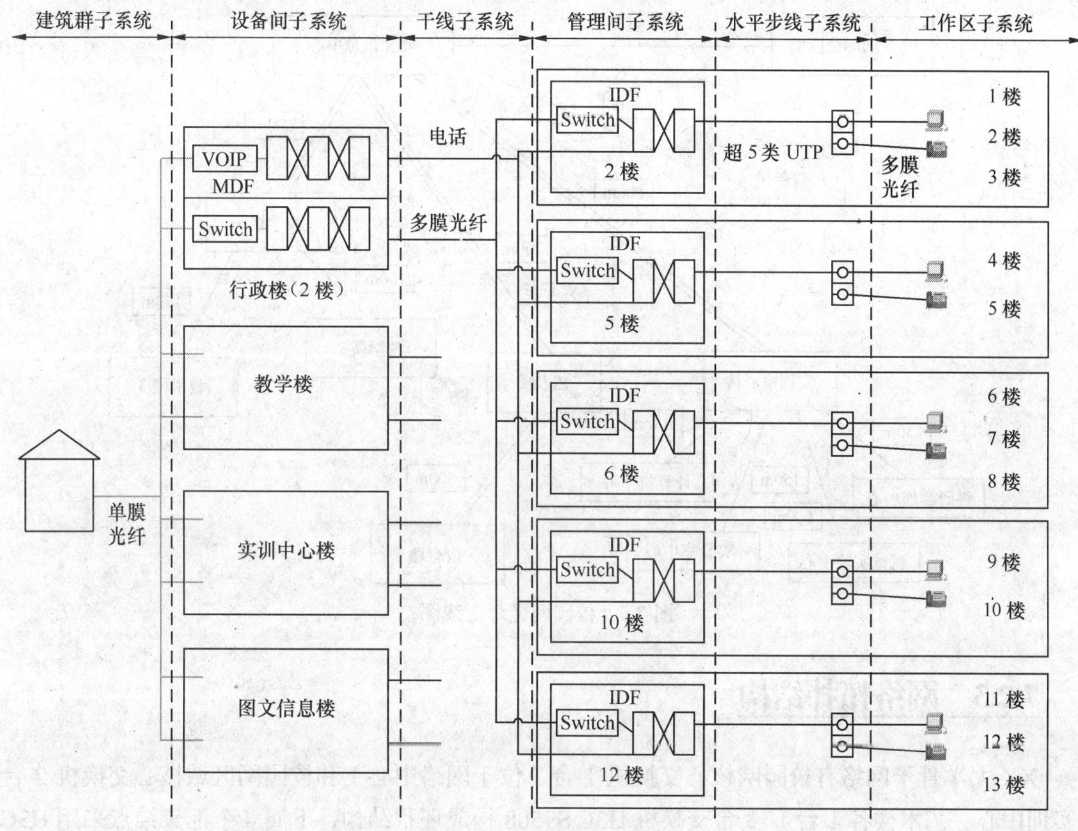


图 7.4　行政楼布线设计图

建筑群子系统作为校园网主干采用星型敷设，局部采用光缆跳接。由于吉比特以太网在 50/125μm 多模光纤上传输距离为 550m，在 62.5/125μm 多模光纤上传输距离为 220m，而在单模光纤上传输距离可达到 5～7km。综合考虑校园内各栋建筑物的分布情况，在楼间骨干光缆的选型上将采用单模多芯光纤，表 7.5 所示为建筑群间光纤长度统计。

表 7.5　　光纤长度统计表

| 序号 | 光 缆 起 点 | 光 缆 终 点 | 地理距离(m) | 选　　型 | 光纤链路长度 |
|---|---|---|---|---|---|
| 1 | 图文信息中心楼 | 19 号国际交流楼 | 180 | 8 芯单模光缆 | 300 |
| 2 | 图文信息中心楼 | 行政楼 | 300 | 8 芯单模光缆 | 450 |
| 3 | 图文信息中心楼 | 教学楼 | 210 | 双条 8 芯多模光缆 | 600 |
| 4 | 图文信息中心楼 | 实训中心楼 | 370 | 双条 8 芯单模光缆 | 850 |
| 5 | 图文信息中心楼 | 艺术楼 | 580 | 双条 8 芯单模光缆 | 1200 |
| 6 | 实训中心楼 | 科研合作中心 | 100 | 6 芯多模光缆 | 150 |
| 7 | 实训中心楼 | 计算机中心 | 150 | 6 芯多模光缆 | 200 |
| 8 | 实训中心楼 | 机械实验中心 | 320 | 8 芯单模光缆 | 600 |
| 9 | 实训中心楼 | 实验室中心 | 100 | 6 芯多模光缆 | 150 |
| 10 | 教学楼(1) | 教学楼(2) | 80 | 6 芯多模光缆 | 100 |
| 11 | 教学楼(1) | 教学楼(3) | 100 | 6 芯多模光缆 | 150 |
| 12 | 艺术楼 | 宿舍楼 | 350 | 2 条 8 芯单模光缆 | 800 |

校园网光纤走线如图 7.5 所示。

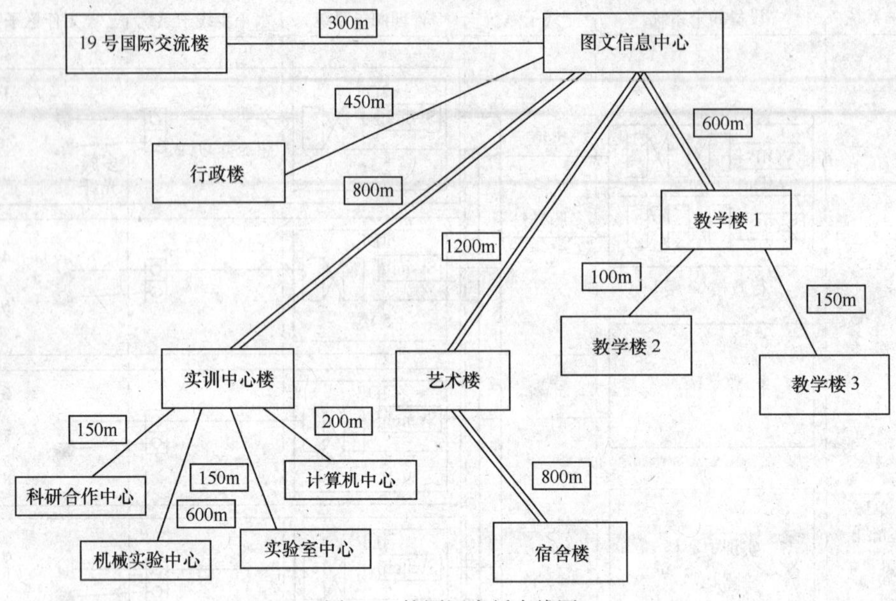


图 7.5　校园网光纤走线图

## 7.2.3 网络拓扑结构

XX 大学骨干网络有校园网核心交换机 1 台（位于网络中心）和校园网区域核心交换机 2 台（实训中心、艺术楼各 1 台），3 台交换机 H3C S9508 构成环状结构，下属 4 个汇聚结点采用 H3C S7503 设备分别以 10 吉比特速率接入到核心设备（4 个汇聚点分别位于行政楼、教学楼、图文信息中心楼、19 号国际交流楼），各接入设备也通过吉比特光纤接入到汇聚层设备，实现 10 吉比特做骨干，10 吉比特到汇聚，吉比特到接入，百兆到桌面的拓扑结构，如图 7.6 所示。

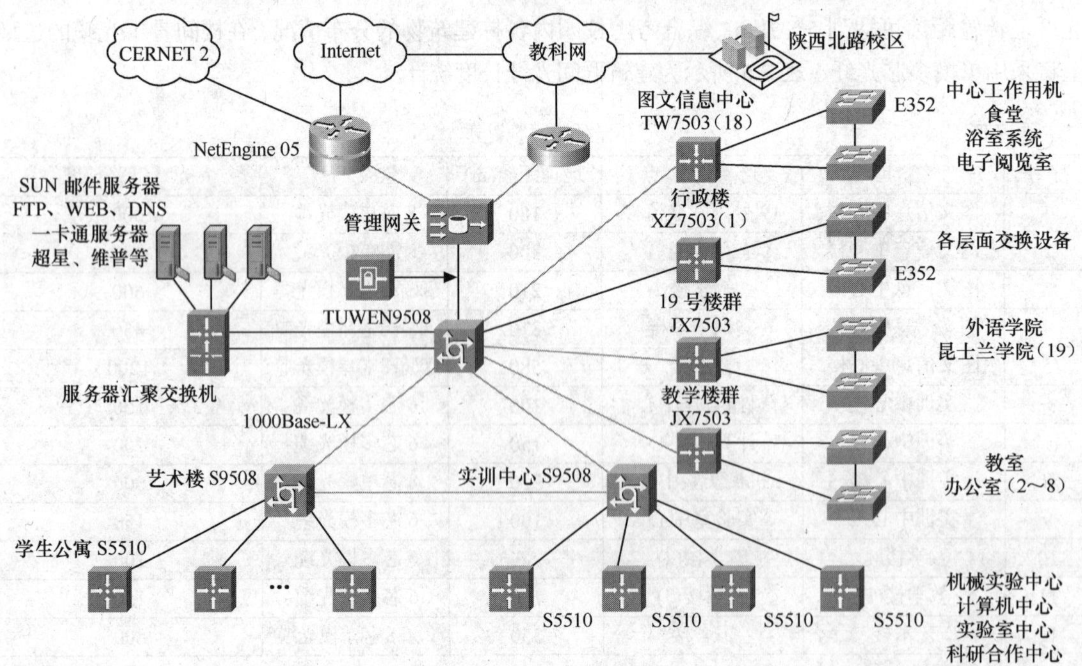


图 7.6　A 大学网络拓扑结构图

### 1. 核心层

方案中选用 H3C S9508 高端 10 吉比特级路由交换机（见图 7.7）作为核心层路由交换设备。H3C S9508 系列产品采用了一种先进的 $N$+1 式 CLOS 冗余交换阵列架构来确保高可用性。这种架构可以保证：即使一个交换阵列卡发生故障，整个系统也能以峰值性能保持运行。在发生更多的阵列故障时（当然这种情况发生的概率很小），系统也能够以一种“降性能”方式进行工作。这种冗余阵列架构还得到了管理模块、电源和散热系统等硬件冗余特性的有效补充。

图 7.7　H3C S9508 核心层交换机

核心层 S9508 路由交换机带 48 个百兆电端口，12 个吉比特光端口，其中 1、5、6 吉比特光端口为多模光纤接口，第 1 光端口接图文楼汇聚层 S7503 交换机，第 5 光端口上接 Packeteer 网络协议分析管理系统硬件设备旁路交换机 2 光纤端口，第 6 光端口则与邮件服务器 Sun Enterprice 450 服务器连接，12 个吉比特光端口的其他 9 口则为单模光纤接口，分别与另外 4 个汇聚层行政楼、实训中心楼、教学楼、宿舍楼相连，另外 5 个则是接入层楼宇后勤楼、车队楼、体育场、体育馆、门卫室。而 48 个百兆电端口则与各 Web 服务器、数据库服务器、应用服务器等直接连接。具体设置如表 7.6 所示。

表 7.6　核心设备的选型

| 型　号 | 描　述 | 数　量 |
|---|---|---|
| 网络中心楼核心交换机 | | |
| LS-9508-N-H3 | H3C S9508 路由交换机主机 | 1 |
| LSBM1SRP2N5 | H3C S9500 二代路由交换处理板 | 2 |
| LSBM1GV48DB1 | 48 端口吉比特以太网电接口业务板(DB)-(PoE,RJ45) | 1 |
| LSBM1GP12DB1 | 12 端口吉比特以太网光接口业务板(DB)-(SFP,LC) | 1 |
| LSBM3POWERH | 交流电源模块-2000W | 2 |
| SFP-GE-LX-SM1310-A | 光模块-SFP-GE-单模模块-(1310nm,10km,LC) | 6 |
| SFP-GE-SX-MM850-A | 光模块-SFP-GE-多模模块-(850nm,0.55km,LC) | 2 |
| 实训中心楼核心交换机 | | |
| LS-9508-N-H3 | H3C S9508 路由交换机主机 | 1 |
| LSBM1SRP2N5 | H3C S9500 二代路由交换处理板 | 1 |
| LSBM1GP12DB1 | 12 端口吉比特以太网光接口业务板(DB)-(SFP,LC) | 1 |
| LSBM3POWERH | 交流电源模块-2000W | 2 |
| SFP-GE-LX-SM1310-A | 光模块-SFP-GE-单模模块-(1310nm,10km,LC) | 2 |
| SFP-GE-SX-MM850-A | 光模块-SFP-GE-多模模块-(850nm,0.55km,LC) | 4 |
| 艺术楼核心交换机 | | |
| LS-9508-N-H3 | H3C S9508 路由交换机主机 | 1 |
| LSBM1SRP2N5 | H3C S9500 二代路由交换处理板 | 1 |

续表

| 型　　号 | 描　　述 | 数　　量 |
|---|---|---|
| LSBM1GP12DB1 | 12 端口吉比特以太网光接口业务板(DB)-(SFP,LC) | 1 |
| LSBM3POWERH | 交流电源模块-2000W | 2 |
| SFP-GE-LX-SM1310-A | 光模块-SFP-GE-单模模块-(1310nm,10km,LC) | 2 |
| SFP-GE-SX-MM850-A | 光模块-SFP-GE-多模模块-(850nm,0.55km,LC) | 4 |

## 2. 汇聚层

汇聚层连接着接入层和核心层。根据 A 大学实际情况，使用华为 3Com 公司的 H3C S7503 系列安全智能 10 吉比特多层交换机（见图 7.8）作为校园网主网络汇聚层交换设备。在 S7503 汇聚交换机配置了 384Gbit/s 的交换引擎，24 个吉比特 SFP 端口和 4 个 10/100/1000Mbit/s 端口，所有端口同时可用，同时剩余一个扩展插槽，可以支持 4 个 10GE 端口的扩展。

图 7.8　H3C S7503 汇聚层交换机

图文楼汇聚层 S7503 交换机带 4 个百兆电端口，12 个吉比特光端口，4 个百兆电端口空闲，12 个吉比特光端口则用了 7 口，7 口都为多模光纤口，全部接图文楼各接入层设备，包括电子阅览室、网络中心、图书馆办公点等区域。

其中图文信息中心楼汇聚层交换机具体配置如表 7.7 所示。

表 7.7　汇聚层交换机的选型

| 型　　号 | 描　　述 | 数　　量 |
|---|---|---|
| 图文信息中心楼汇聚交换机 | | |
| LS-7503-AC-XG | H3C S7503 以太网交换机交流主机-POE(含机箱,单电源,软件,资料) | 4 |
| LS8M1SRPGH | H3C S7500-交换路由模块-自带 4 个 SFP 吉比特接口-Salience™ III 384G | 4 |
| LS8M1P12TH | H3C S7500-4 端口吉比特以太网电口(RJ45) + 12 端口吉比特以太网 SFP 光口业务板(SFP,LC) | 4 |
| LS8M1GP8UBH | H3C S7500-8 端口吉比特以太网光接口业务板 B-(SFP,LC) | 4 |
| SFP-GE-SX-MM850-A | 光模块-SFP-GE-多模模块-(850nm,0.55km,LC) | 19 |
| SFP-GE-LX-SM1310-A | 光模块-SFP-GE-单模模块-(1310nm,10km,LC) | 3 |

## 3. 接入层

接入层设备采用华为 3Com 公司的 H3C E352、H3C S5510 接入交换机。通过吉比特上行光口与汇聚层交换机进行连接。

图 7.9　H3C E352 接入层交换机

H3C E352 接入层交换机具体配置如表 7.8 所示。

表7.8 H3C E352 接入层交换机的选型

| 型号定义 | 产品描述 | 数量 |
| --- | --- | --- |
| LS-E352-H3 | H3C E352 以太网交换机主机，48 个 10/100Base-T,4 个吉比特 SFP 上行口,交流供电 | 30 |
| SFP-GE-SX-MM850-A | 光模块-SFP-GE-多模模块-(850nm,0.55km,LC) | 18 |
| LS-3600-28P-SI | H3C S3600-28P-SI 以太网交换机主机,24 个 10/100Base-T,4 个吉比特 SFP 上行口,交流供电 | 12 |

在实训中心核心交换机下连区域,采用华为 3Com 公司的 H3C S5510-24F 吉比特多协议交换机。

H3C S5510 系列吉比特多协议智能三层交换机支持 VRRP（虚拟路由冗余协议），与其他三层交换机构建 VRRP 备份组。构建故障时的冗余路由拓朴结构，保持通信的连续性和可靠性，有效保障网络稳定。支持在设备上配置多条等价路由的方式实现上行路由的冗余备份，当主上行路由发生故障时自动切换到下一个备份路由，实现上行路由的多级备份。

H3C S5510 接入交换机具体配置如表 7.9 所示。

表7.9 H3C S5510 接入层交换机的选型

| 型号 | 描述 | 数量 |
| --- | --- | --- |
| LS-S5510-24F-AC-H3 | H3C S5510-24F L3 以太网交换机主机(24GE-SFP+4GE-T Combo)-交流单电源 | 4 |
| SFP-GE-SX-MM850-A | 光模块-SFP-GE-多模模块-(850nm,0.55km,LC) | 31 |
| SFP-GE-LX-SM1310-A | 光模块-SFP-GE-单模模块-(1310nm,10km,LC) | 1 |

## 4. 服务器系列选型

（1）校园网服务器。校园网服务器是学校校园网 Web 站点，实现学校校园网信息发布等功能。系统软件采用 Windows Server2003，其作为 X86 平台的理想操作系统，具有良好的易用性。数据库作为网站基础平台，采用的 SQL Server 2000 已满足学校的业务关键性数据应用。网站应用的 IIS 是目前互联网应用比较广泛的 Web 服务器，提供管理图形界面友好的安装、配置、管理。网站采用 Dell 4400 服务器，X86 Family 6 Model 86CPU，1GB 内存，80GB 硬盘。

（2）邮件服务器。由于邮件服务器要求具有高可用性，因此选用带 8MB 高速缓存的 480MHz UltraSPARC-Ц CPU 的 Sun Enterprice 450 服务器。Sun Enterprice 450 服务器具有以下特征：Enterprice 450 的强大处理能力、集成存储和扩展性使其成为数据库管理、数据媒体管理、分布式数据库访问、OLTP、电子商务、OLAP、群件应用的理想选择。服务器提供两个标准热拔插电源，使用多个双通道 UltraSCSI 控制器，提高磁盘 I/O 性能，配置吉比特光纤网卡与核心交换机 S9508 直接相连，操作系统则使用 Solaris 9 Operating Environment，高可用性群集配置选项极大提高了可用稳定性。

（3）DNS 服务器。DNS 服务器是 Internet 上其他服务的基础，它处理 DNS 客户机的请求：将名字与 IP 地址进行互换，并提供特定主机的其他已公布信息（如 MX 记录等），是整个网络的路标。本方案选择 Dell PE6600 服务器，配置 Intel XEON 1.4G（志强）CPU，1GB 内存，360GB 硬盘，安装 Windows Server 2003 操作系统，这款高度可管理性服务器将提供更安全、可靠的计算环境。

（4）数据库服务器。数据库服务器存储着整个网络系统中的关键数据，因此对其性能和高可用性有着一定的要求，本着系统高性能价格比和降低实施风险的原则，主机系统选择在国内市场

份额较大且成功案例多的 Dell 公司 PE6600 服务器产品，由于数据库的要求较高，将其内存扩充至 2GB，并配置吉比特网卡。

（5）无线 DHCP 服务器。DHCP 的中文意思是动态主机配置协议（Dynamic Host Configuration Protocol），无线 DHCP 服务器就是为了减轻校园网内无线上网 TCP/IP 网络的规划、管理和维护的负担，解决 IP 地址空间缺乏问题。运行 DHCP 服务器把 TCP/IP 网络设置集中起来，动态处理工作站 IP 地址的配置，用 DHCP 租约和预置的 IP 地址相联系，DHCP 租约提供了自动在 TCP/IP 网络上安全地分配和租用 IP 地址的机制，实现 IP 地址的集中式管理，基本上不需要网络管理人员的人为干预。无线 DHCP 服务器选型为联想深腾 R520，Xeon 2.4G CPU，1GB 内存，360GB scsiX2 硬盘，运行 Windows Server 2003 操作系统。

（6）UPS 选型。主机房中设置 UPS（不间断电源系统），以保护各主机系统、网络系统和相关设备。所有系统必须使用在线式保护，即当市电正常时，系统通过 UPS 供电；学校采用法国 SOCOMEC UPS，SOCOMEN 的 UPS 产品，其设计和制造已获得了诸如 ISO9001、RAQ2（军事）、TQE2（通讯）等多项国际认证，UPS 保护时间（延时）不低于 2 小时；负载率在正常情况下不超过 50%。

### 7.2.4 外连设计

本方案中外接 Internet 部分，已经开通两条 WAN 线路，一条 100Mbit/s 链路接入教科网，另一条 30Mbit/s 链路接入科技网。

通过 Cisco 3660 路由器接入科技网。Cisco 路由器则负担 30Mbit/s 科技网的接入，从科技网光纤接入盒 5、6 口通过另一光纤转换器百兆双绞线引入到 Cisco 路由器 10/100ETHERNET 0/1，而从 10/100ETHERNET 0/0 百兆双绞线引出连接防火墙。

Cisco 3660 路由器配有 2 个 10/100Mbit/s 以太网固定端口，6 个网络模块插槽，2 个先进的集成模块(AIM)，加配一个 4 端口异步/同步串行广域网模块 NM-4A/S。科技网通过光纤收发器接入到 Cisco 3660 路由器的 Fastethernet0/1 接口。Cisco 3660 路由器提供数据、语音、视频、混合拨号访问、虚拟专网 (VPN) 和多协议数据路由解决方案。

通过 NE05 路由器接入教科网。华为 NE05 路由器负担 100Mbit/s 教科网的接入，从科技网光纤接入盒 1、2 口通过光纤转换器百兆双绞线引入到路由器 10/100BASE-T 端口，再从 ETKA10/100 端口百兆双绞线接入到天融信防火墙。

教科网通过光纤收发器接入到 NE05 路由器的百兆电口。NE05 路由器采用分布式体系结构，提供 4 个通用接口单元（VIU）插槽、1 个路由交换单元（RSU）插槽、1 个告警单元（ALU）插槽。配有一个 100Mbit/s 快速以太网光接口。路由交换单元负责路由计算、用户接口、网管等任务；通用接口单元采用高性能处理器进行数据包转发，告警单元实现告警信息的双向传递以及相应的指示灯、蜂鸣器告警，并为风扇监控板提供风扇控制接口信号。这种分布式体系结构承袭了 NE16E/08E 路由器的强大的系统处理能力、可靠性高等特点。在安全方面，端口可配置包过滤防火墙，支持用户认证和路由协议验证，支持标准协议 IPSec、IKE、NAT、URPF、ASPF 等。此外，通过华为专利技术 ISPKeeper，可有效地防止对于 ISP 的流量攻击。

在对外主线上部署了天融信 GFW4000-UF/ TG-5307 防火墙系统。天融信 NGFW4000-UF 防火墙有 5 个吉比特光端口 ETH1～ETH5，1 个百兆电端口 ETH6，ETH6 百兆双绞线与 Cisco 路由器 10/100ETHERNET 0/0 端口相连，ETH5 则外接光电转换接口，百兆双绞线与华为 NE05 路由器

ETKA10/100 端口连通，再从 ETH3 吉比特多模光纤向下与 Packeteer 网络协议分析管理系统相连。

含 IPSEC VPN 模块，有 100 IPSEC VPN LICENSE，1 个吉比特电口，2 个吉比特多模光口，加配一个吉比特多模光口 GBIC 模块。通过光电转换器将两个吉比特多模光口分别对外连接 Cisco 3660 路由器和 NE05 路由器的以太网电口。

天融信 GFW4000-UF 防火墙系统通过设置虚拟网卡，实现对内部网不同网段的隔离与访问控制。防火墙的每一个接口代表一块物理网卡，每块物理网卡可重载 10 个虚拟网卡。因此，每个端口可以配置 11 个 IP 地址，从而防火墙的 1 个端口就可以管理 11 个子网，极大地扩展了设备的功能（如不必再使用专用的内部防火墙）。

通过 GFW4000-UF 防火墙系统，实现企业内部局域网与 Internet 之间的隔离与相互访问控制；实现对内部网各网段之间的访问控制，限制局部网络安全问题对全局网络造成的影响；采用 SSN 方式对公开服务器的安全保护，实现 URL 阻断及 HTTP、FTP 下交互操作命令和指令的过滤。如控制访问 WWW 服务器的 URL、目录文件等，同时控制用户的操作（如 GET、PUT 等），防止用户对服务器文件的非法修改等；实现对远程移动用户的安全认证与访问权限控制；代理内部用户访问 Internet（NAT）。

在 GFW4000-UF 防火墙系统和核心交换机之间的链路上部署一台网络流量优化设备。

Packeteer 网络协议分析管理系统，其硬件设备有两吉比特光端口 inside1 与 outside1，两百兆电端口 inside2 与 outside2，另外该 Packeteer 设备又外接一旁路交换机，一旦 Packetee 硬件设备出现故障，校园网旁路通过交换机照样与外网相连，交换机有 4 个吉比特光端口，其中交换机 3、4 两个吉比特光端口与 Packeteer 硬件设备两吉比特光端口 inside1 与 outside1 互连。

交换机另外 2 个吉比特端口，端口 1 上联与防火墙 ETH3 相接，端口 2 下联与核心层 H3C S9508 路由交换机相连，而 Packeteer 设备百兆电端口 outside2 则作为一管理端口配置一个公网地址：

202.121.241.*，对 Packeteer 设备远程访问使用。

Packeteer PS10000G（通过光口连接），有 2 个 10/100/1000Mbit/s Base-T 接口；2 个 1000Mbit/s 光纤 SFP-SX（275m）或 LX（5km 或 20km）接口。有 2 个插槽可以扩展端口，增配一个 LEM2G-1000M-T 以太网扩展模块。

Packeteer PS10000G 流量管理系统的功能如下。

- 对在广域链路上传输的数据可以基于七层应用或根据 Server/Client 的 IP 地址、协议类型、端口号等自动进行分类；分析网络中有哪些应用在运行，充分了解网络的使用情况，对整个网络有很强的控制力；
- 对一些校园网到 Internet 的非关键流量（包括 Bitcomet 等 P2P 下载软件）进行控制，提高网络利用率；优先保证重要的应用系统，如 Web 网站等，确保业务重要数据的传输质量；
- 根据业务需要，合理分配网络带宽，确保最大投资回报率；
- 对不同类型的数据可以赋予相应的优先级别；
- 对网络的数据流量进行数据收集、监视，并生成图表报告。

### 7.2.5　IP 地址规划

校内共申请了 20 个 C 类 IP 地址，其中 212.120.240.0/24～212.120.243.0/24 共 4 个 C 类段为 2005 年早期申请的 IP 地址，而 220.219.224.0/24～220.219.239.0/24 共 16 个 C 类段则为 2008 年后期申请的 IP 地址段，这些都是教科网 IP 地址，212.120.240.0/24～212.120.243.0/24 分配情况如下：212.120.240.0/24

为校网络中心办公、调试地址段，212.120.241.0/24 为中心服务器地址段，212.120.242.0/24 为核心交换机设备地址段，212.120.243.0/24 为老校区(成人教育)专用地址段。220.219.224.0/24～220.219.239.0/24 共 16 个 C 类段则用作新校区各学院楼宇使用，具体分配如表 7.10 所示：

表 7.10　　A 大学 IP 地址规划

<table>
<tr><th>楼　　宇</th><th>层　　面</th><th>地 址 段</th><th>路　　由</th><th>备　　注</th></tr>
<tr><td rowspan="3">综合楼</td><td>1～5 层</td><td>220.219.224 段</td><td rowspan="5">科技网</td><td></td></tr>
<tr><td>6～8 层</td><td>220.219.225 段</td><td></td></tr>
<tr><td>9～13 层</td><td>220.219.226 段</td><td></td></tr>
<tr><td>教学楼</td><td>所有区域</td><td>220.219.227 段</td><td></td></tr>
<tr><td rowspan="5">图文楼</td><td>电子阅览室</td><td>220.219.228 段<br>220.219.229 段</td><td></td></tr>
<tr><td rowspan="3">网络中心</td><td>212.121.240 段</td><td rowspan="3">教科网</td><td>网络中心办公、调试地址段</td></tr>
<tr><td>212.121.241 段</td><td>中心服务器地址段</td></tr>
<tr><td>212.121.242 段</td><td>核心交换机地址段</td></tr>
<tr><td>图文楼其余墙面点</td><td>220.219.230 段</td><td rowspan="5">科技网</td><td></td></tr>
<tr><td>国际交流楼</td><td>所有区域</td><td>220.219.231 段</td><td></td></tr>
<tr><td>食堂、后勤、体育馆、门卫楼</td><td>所有区域</td><td>220.219.232 段</td><td></td></tr>
<tr><td>实训中心楼</td><td>14 号、16 号楼墙面点</td><td>220.219.233 段</td><td></td></tr>
<tr><td></td><td>15 号、17 号楼墙面点</td><td>220.219.237 段</td><td></td></tr>
<tr><td></td><td>宿舍区</td><td>220.219.234 段<br>220.219.235 段<br>220.219.236 段</td><td>教科网</td><td></td></tr>
</table>

对于实训中心机房的 IP 地址分配策略，一部分需要通过 NAT 技术转换为 220.219.237 公网地址段访问到 Internet，另一部分不需要访问 Internet，只要在校内进行访问即可，将采用私有地址办法。采用 DHCP 方式，H3C 设备支持 DHCP Server 和 DHCP Relay、DHCP Snooping 功能。H3C 设备的 DHCP Server 支持 Manaul Binding，帮助静态绑定，而对于外来或者特殊身份的移动用户并不进行绑定控制。

### 7.2.6　VLAN 规划

校园网 VLAN 划分及地址规划方案如图 7.10 所示。

VLAN1：18 号楼图文信息中心图书馆内墙面内所有的信息点，网络号为：220.219.230. 0/24，网关为 220.219.230.254。

VLAN2：实训 15，17 楼内墙面内所有的信息点，网络号为：220.219.237.0/24，网关为 220.219.237.254。

VLAN3：实训 14，16 楼内墙面内所有的信息点，网络号为：220.219.233.0/24，网关为 220.219.233.254。

VLAN4：1 号行政楼 1～5 层楼，网络号为：220.219.224.0/24，网关为 220.219.224.254。

VLAN5：1 号行政楼 6～8 层楼，网络号为：220.219.225.0/24，网关为 220.219.225.254。

VLAN6：1 号行政楼 9～13 层楼，网络号为：220.219.226.0/24，网关为 220.219.226.254。

VLAN7：教学楼 2～8 号及 19 号楼国际交流学院和外语学院，网络号为：220.219.227. 0/24，网关为 220.219.227.254。

VLAN8：9～13 号体育、后勤楼，网络号为：220.219.231.0/24，网关为 220.219.231.254。

VLAN9：18 号楼图文信息中心、19 号楼国际交流学院和外语学院、宾馆楼的无线网络，网络号为：220.219.238.0/24，网关为 220.219.238.254。

VLAN10：18 号楼图文信息中心网络中心内墙面内所有的信息点，网络号为：220.219.220. 0/24，网关为 220.219.220.254。

VLAN11：15 号楼 3 层实训中心机房，网络号为：220.219.234.0/24，网关为 220.219.234.254。

VLAN12：15 号楼 4 层实训中心机房，网络号为：220.219.235.0/24，网关为 220.219.235.254。

VLAN13：16 号楼 2 层实训中心机房，网络号为：220.219.236.0/24，网关为 220.219.236.254。

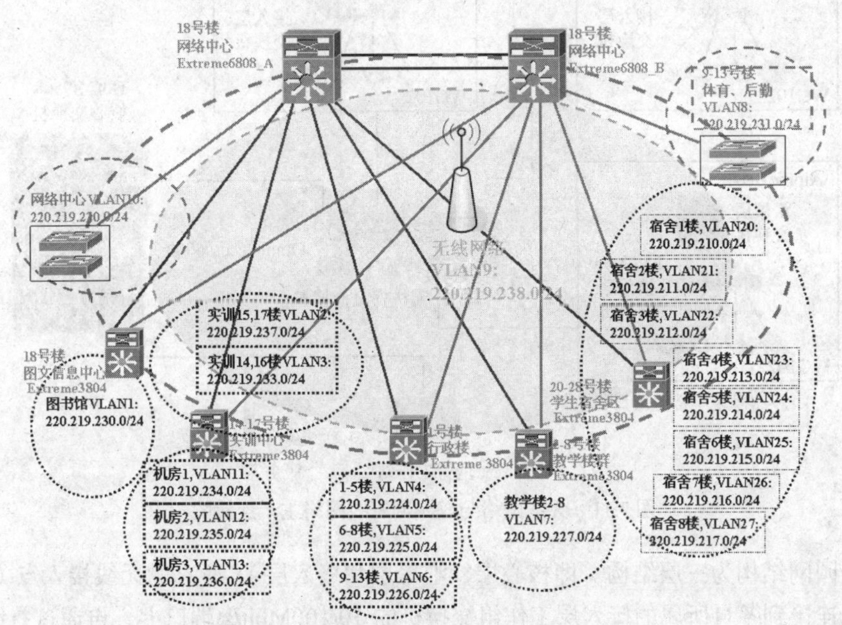


图 7.10　A 校园网 VLA 划分及地址规划方案

VLAN20：1 号学生宿舍楼，网络号为：220.219.210.0/24，网关为 220.219.210.254，是 Extreme 6808 对应的接口地址。

VLAN21：2 号学生宿舍楼，网络号为：220.219.211.0/24，网关为 220.219.211.254，是 Extreme 6808 对应的接口地址。

VLAN22：3 号学生宿舍楼，网络号为：220.219.212.0/24，网关为 220.219.212.254，是 Extreme 6808 对应的接口地址。

VLAN23：4 号学生宿舍楼，网络号为：220.219.213.0/24，网关为 220.219.213.254，是 Extreme 6808 对应的接口地址。

VLAN24：5 号学生宿舍楼，网络号为：220.219.214.0/24，网关为 220.219.214.254，是 Extreme 6808 对应的接口地址。

VLAN25：6 号学生宿舍楼，网络号为：220.219.215.0/24，网关为 220.219.215.254，是 Extreme 6808 对应的接口地址。

VLAN26：7 号学生宿舍楼，网络号为：220.219.216.0/24，网关为 220.219.216.254，是 Extreme

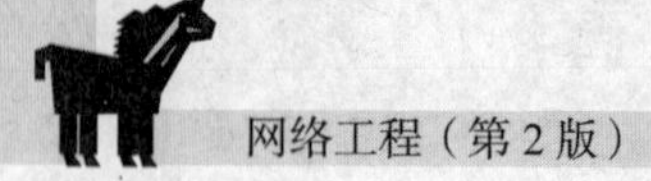



6808对应的接口地址。

VLAN27：8号学生宿舍楼，网络号为：220.219.217.0/24，网关为220.219.217.254，是Extreme 6808对应的接口地址。

### 7.2.7 无线网络设计

图7.11所示为XX学校无线网络与校园网有线网络主干连接的示意图。

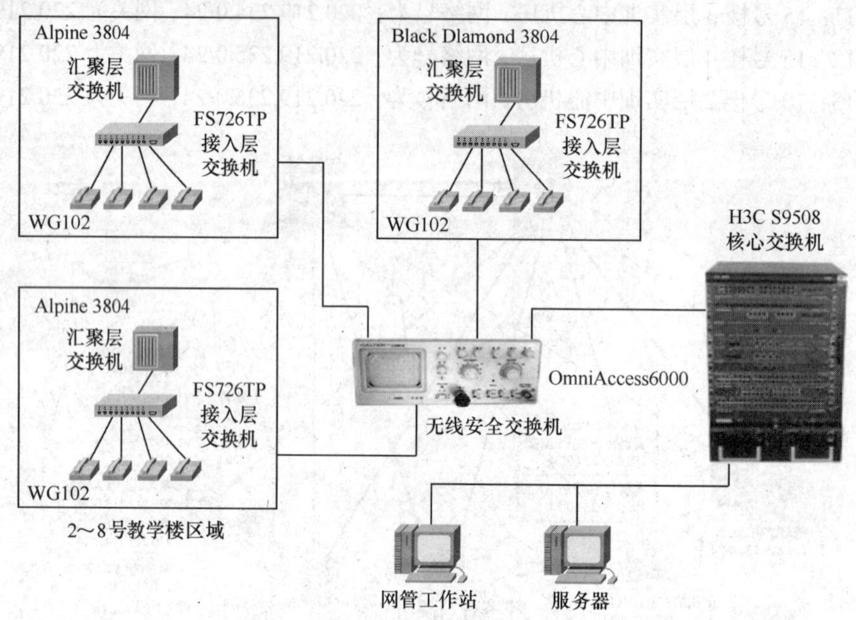


图7.11 无线网络与校园网有线网络主干连接图

整个校园网结构为三层结构（即核心层、汇聚层和接入层）。所有的无线接入点（AP）均通过以太网线连接到各自所属的接入层工作组交换机的10/100Mbit/s端口上，再通过有线吉比特以太网的方式连接，接入各大楼的汇聚层交换机组上，最后接入校园核心交换机。

其中在校园园区网络的核心交换机到各无线覆盖的建筑楼内的汇聚层交换机之间，借助原有的Alpine 3804交换机设备与无线网络供电交换机FS726TP有线吉比特以太网连接。有线网络和无线网络之间，放置无线安全交换机，以实现安全、集中、有效的无线网络用户的接入、管理和监控。所有无线AP均由无线安全交换机统一管理和配置（即常说的“瘦AP”的意思），负责集中管理设计部署的这一区域的宿舍建筑楼、办公楼、教学楼内等无线网络用户的安全接入。无线安全交换机可由主干光纤或以太网线连接到核心交换机上。所有无线安全交换机均按分布式规划和布置。账号/口令集中统一管理，并在互联网出口处添加认证/计费的设备。每台无线安全交换机连接的无线接入点（AP）的数量应考虑无线安全交换机本身的性能和接入用户的密度。

无线接入点（AP）选用NETGEAR公司的WG102 AP，通过免费软件升级支持AutoCell技术，以便解决以下问题。

- 多AP以保证数据通信带宽与子频道重叠的问题；
- 如何布置备份AP以确保无线网络高可靠性的问题；
- 无线客户端自动负载均衡的问题；

- 无线网卡的快速漫游问题；
- 加强的射频私密性管理；
- 部署的简单性问题。

阿尔卡特新一代 OmniAccess 无线安全交换机和 NETGEAR WG102 的无线解决方案，可在一个 AP 覆盖范围内把无线用户或终端分散连接到附近的 AP 上。在一个 AP 的覆盖范围内，无线连接的带宽是共享的，即无线终端数目越多，每个终端所能分享的带宽就越小。为确保每个无线终端上的数据传输，必须限制一个 AP 上无线终端的数量或 AP 带宽传输总和，以及每个无线终端带宽上限。

阿尔卡特 OmniAccess 无线安全交换机革命性地改变了 802.11 网络的使用模式、安全模式和管理模式，把无线安全和无线增值服务都集中到一个单一的、高度弹性化、可扩展的处理平台上，是唯一能够提供可以同时管理多达 512 个 AP 的机箱式 WLAN 交换机。它在应用层面上通过四、五、六、七层交换模块实现服务器的负载均衡、VPN 设备、防火墙设备等一系列基于 TCP/IP 设备的负载均衡来保证整体网络的可靠性。阿尔卡特 OmniAccess WLAN 交换机提供每个 AP 的频道和功率的完全控制。

无线校园网络覆盖的区域如下。

（1）图文信息中心。

- 第 1 书库、普通阅览室、自修室；
- 1 楼、2 楼、3 楼楼厅及公共休闲区；
- 201 会议室、400 人报告厅。

（2）国际交流中心。

- 小教室（1、2、3 楼背面），每层 6 个；
- 中教室（104，204，208，304）；
- 小型中教室（310，312）；
- 阶梯教室（213，313）；
- 底楼大堂；
- 底楼大堂外花园侧弧形走廊；
- 3 楼视频会议室（318）；
- 2、3 楼阶梯教室外南侧弧形走廊；
- 1、2 楼环绕中庭 3 面直走廊各一个；
- 3 楼 316 室外直走廊；
- 1 楼大堂靠大门口。

（3）培训楼（每层 26 个房间）。

- 8 楼、9 楼和 10 楼；
- 8 楼：有线布点　每房 2 个点；
- 9 楼、10 楼：无线覆盖。

（4）室外空间。

- 图文信息中心：主要休闲区域覆盖；
- 国际交流中心：中心休闲区。

（5）教学楼。

- 2 号教学楼：1、2、3 层阶梯教室；
- 3～8 号教学楼：教学楼群东侧休闲区域。

（6）1号行政楼。

- 1层：101接待室、102、104会议室、大厅；
- 2、3层：201、301室前休闲区；
- 2～13层：各层会议室。

（7）食堂。

- 东食堂：1、2、3层；
- 西食堂：1、2层。

（8）实训中心。

- 15、16、17号楼衔接大厅；
- 14、15、16、17号楼各公共休闲区域。

（9）体育。

- 体育馆：主要比赛区域覆盖；
- 体育场：基本覆盖。

### 7.2.8 网络安全设计

构建全程全网的访问控制体系是网络安全防范和保护的主要策略，它的主要任务是保证网络资源不被非法使用和访问。它是网络安全最重要的核心策略之一。

#### 1. 接入安全

H3C S5510和H3C E352接入交换机持802.1X用户入网认证，通过H3C-SAM安全认证计费管理系统可满足用户名、IP、MAC、VLAN ID、交换机IP、交换机端口的6元素绑定技术，有效地防止用户擅自修改IP地址和MAC地址。并且可以实现非法站点访问过滤，非法言论的准确追踪，恶意攻击的实时处理，为记录访问日志提供完整审计等安全功能。

如果不采用802.1X进行用户上网认证，可使用H3C系列绑定功能，对IP、MAC和交换机端口进行一对一或一对多的绑定。

#### 2. 访问安全

H3C S9508高端10吉比特核心路由交换机支持802.1Q VLAN，可使用VLAN划分隔离用户访问。同时还支持VLAN隧道技术，可实现跨校区的VLAN功能。并且H3C S9508高端吉比特核心路由交换机支持完善的ACL，可以基于MAC、IP、TCP/UDP端口号进行流量控制，以有效地防范和控制网络蠕虫病毒（如冲击波）的传播和危害。

ACLs的中文意思为接入控制列表（Access Control Lists），可以对数据流进行过滤可以限制网络中的通信数据类型及限制网络的使用者或使用设备。在数据流通过交换机时对其进行分类过滤，并对从指定接口输入的数据流进行检查，根据匹配条件（Conditions）决定是允许其通过（Permit）还是丢弃（Deny）。

对于不同访问权限的区域采用ACL访问控制来对不同访问资源进行权限控制。

采用分步式安全防御体系。核心、汇聚三层路由交换设备均支持硬件防恶意IP地址扫描、防DoS攻击，有效避免病毒传播和黑客攻击扫描，利用锐捷S21系列接入设备支持硬件ACL功能，

可屏蔽常见蠕虫病毒传播端口，有效降低病毒传播范围。

3. 防 ARP 攻击特性

校园网中，ARP 病毒或多或少的都会存在，一旦发作，则会带来全网的瘫痪，造成不可估计的影响。在锐捷设备上可以通过以下方式来预防此病毒：

（1）H3C S9508 支持动态 ARP 检测（DAI）特性，可以针对用户 ARP 中毒、攻击加以防范。DAI 提供了彻底解决校园网络中存在的 ARP 攻击所造成的网络中断现象。

（2）在 H3C S5510 和 H3C E352 接入设备上支持硬件防 ARP 网关欺骗功能，可屏蔽 ARP 网关欺骗，有效规避 ARP 网关欺骗攻击造成的大面积网络瘫痪。

（3）在 H3C 系列交换机上启用保护端口的隔离功能，可隔离 ARP 广播报文。不管动态分配 IP 地址环境，还是静态分配 IP 地址环境，都可限制 ARP 欺骗报文的扩散。

（4）在 H3C 系列交换机上打开 ARP Check 功能，结合端口安全绑定功能，可以严格防范和杜绝 ARP 主机欺骗现象。

4. 抗 DoS 攻击特性

近年来，各种 DoS 攻击（Denial of Service，拒绝服务）报文在互联网上传播，给互联网用户带来很大烦恼。DoS 的攻击方式有很多种，最基本的 DoS 攻击就是利用合理的服务请求来占用过多的服务资源，从而使合法用户无法得到服务的响应。攻击报文主要采用伪装源 IP 地址以防暴露其踪迹。

针对这种情况，RFC2827 提出在网络接入处设置入口过滤（Ingress Filting），来限制伪装源 IP 的报文进入网络。这种方法更注重在攻击的早期和从整体上防止 DoS 的发生，因而具有较好效果。使用这种过滤也能够帮助 ISP 和网管来准确定位使用真实有效的源 IP 的攻击者。ISP 应该也必须采用此功能防止报文攻击进入 Internet；企业（校园网）的网管应该执行过滤来确保企业网不会成为此类攻击的发源地。

H3CS9508 支持防止 DoS 攻击的特性，用户可以针对不同的 DoS 特性制定不同的限量，可以针对 TCP 攻击、ICMP 攻击，来加载防止 DoS 攻击。

另外，H3C S9508 支持硬件转发广播、组播、未知单播的能力，不会因为广播和组播和未知单播的攻击而导致系统效率的下降。此外，MLX 采用了彻底的数据通道和控制通道分离的技术，从而避免了系统控制信息不能及时优先传递的可能，加上 H3C S9508 支持的针对管理功能的防范功能，保证了系统实现业内路由器最高等级的安全性。

## 7.2.9 内网安全解决方案

对于网络安全，一般更多关注来自于外网的威胁，比如病毒、黑客，所以一般使用硬件防火墙。但是即使使用了硬件防火墙，由于外来的笔记本电脑和 U 盘，病毒仍然大量在局域网存在；信息泄露事件的发生频率不断增加。据统计，信息的流失 80%来自于企业或组织内部，而黑客攻击只占 5%。内网安全受到越来越多的关注。

1. 内网安全存在的问题

内网中有大量的终端，装有重要应用的服务器。终端是创建和存放重要数据的源头，多数的攻击事件都是从终端发起的。终端使用者对信息技术的掌握程度参差不齐，不易管理。服务器上有公司的机密信息，这些信息泄露将会给公司带来经济损失。

- 数据失窃泄密。没有有效的网络访问控制，领导、财务、研发等的重要主机和服务器上数据会被窃取，甚至数据被窃取也无法知道是谁做的；
- 据统计，40%的互联网访问与工作无关；
- 操作系统和杀毒软件不能及时打补丁，漏洞给病毒和攻击带来更多的机会；
- 杀毒软件功能是否强大，是否能够应对不断翻新的病毒、间谍软件、黑客攻击和垃圾邮件的各种威胁；
- 外来笔记本电脑、U 盘，导致病毒在内网泛滥；
- P2P、网络游戏、在线视频等占用公司大量带宽，导致公司重要应用，如 ERP、视频会议，不能正常使用；
- 计算机和网络管理制度是否完善并得到执行；
- 对于那些存在病毒和系统没有及时更新的电脑，需要做到不允许访问 Internet 甚至不能访问局域网内的 PC 和服务器。

### 2. 内网安全解决方案

XX 大学采用事前防御—内网行为管理（青鸟网软桌面管理软件）、事后处理—杀毒软件（卡巴斯基杀毒服务）、净化内网环境（城市热点用户身份认证管理系统）的安全解决方案，如图 7.12 所示，解决内网安全。

（1）青鸟网软桌面管理软件——EasyDesk。EasyDesk 桌面管理系统着重于内网的安全管理和监控，以系统网络运营管理为基础，以防内网泄密为目标，其核心功能由设备智能探测器、审计监控客户端、安全管理核心平台（包括内网管理、安全审计）协同完成。

图 7.12 内网安全解决方案

- 终端监控。青鸟桌面管理系统的监控功能主要是对计算机的运行状态和用户行为进行实时监视，并对出现的违规行为或非法行为采取必要的控制措施。
- 终端加固（补丁分发及软件管理）。将系统补丁分发、软件分发及文件传送集中在一起。管理员可将需要分发的各种操作系统补丁、应用系统补丁以及其他一些辅助工具等统一部署到控制台，以计算机或组的方式向各计算机下发。经计算机使用者确认后即可安装补丁程序。

通过查询统计，知道哪些计算机没有装安全补丁，计算机上装了哪些安全补丁等。

文件的传送，管理员通过浏览计算机的文件系统，将指定文件或者文件夹传送到相应计算机的指定目录中。

- 接入控制。可以做到对没有安装青鸟桌面管理软件客户端的电脑，或没有安装杀毒软件，或者杀毒软件没有及时更新的计算机，以及外来计算机，不允它们许访问局域网也不可以访问 Internet。减少病毒在局域网内泛滥的机会。

外来笔记本电脑可以做到，允许访问 Internet，但是不能访问局域网内的计算机和服务器。

公司重要人员，比如总经理、财务的计算机禁止局域网内计算机访问。

- 网络管理。为了防止非法入侵、滥用网络资源，管理人员通过桌面管理系统设定流量的阈值参数，当流量（含出、入或总流量）超过一定限度并持续一定时间后，系统会发出告警，以便管理员及时了解终端流量异常。系统还提供针对终端流量的协议分析，详细掌握终端流量的分

布，如哪些业务和应用程序的流量较大，流入或流出哪些计算机的流量较大等。

- 终端维护（远程协助）。青鸟桌面管理系统支持网络远程协助，方便网管人员协助用户执行程序操作。远程控制直接接管对方桌面机的键盘鼠标，完全接管对方的桌面机，协助对方进行工作。
- 资产管理。可以自动收集计算机各种软硬件资源信息，包括安装的各种应用程序、CPU、内存、硬件等，并可形成报表打印输出。可以对内网 PC 的操作系统、CPU、内存等情况进行统计。青鸟桌面管理系统可以对硬件的改动进行跟踪和报警。该功能可为企业的资产清查、统计和管理提供帮助。

此外，青鸟桌面管理系统可以做到 IP/MAC 地址绑定，当内网用户私自更改 IP 地址时，系统自动发现并改回。

（2）卡巴斯基杀毒服务。卡巴斯基杀毒服务是网络信息中心免费为校园网用户提供的反病毒服务，用于丰富用户的反病毒手段，尽可能帮助用户抵御病毒侵害。通过对校园网络的安全设计，在不改变原有网络结构的基础上实现多种信息安全，保障内部网络安全：维护一个安全、可靠的校园网络。

卡巴斯基杀毒服务采用中央控管的 Server/Client 体系结构，由管理员制定防病毒策略后在全网实施。网络中心的防病毒服务器全天 24 小时为用户提供免费的防病毒支持。用户一旦安装客户端软件成功，即会自动注册到网络中心的服务器上。

卡巴斯基杀毒软件件客户端安装工具下载地址：212.121.241.104，页面提供卡巴斯基杀毒软件客户端和青鸟桌面管理软件客户端两种选择，其中在卡巴斯基杀毒软件客户端的下载过程中,如客户端机器为 Server 版的操作系统，则要下载服务器版本软件，为 Professional 版的，则要下载客户端软件。

（3）城市热点用户身份认证管理系统。图 7.13 所示为是城市热点用户身份认证管理系统链路图，它具有较高的性能和可靠性，更重要的是城市热点产品提供了更贴合校园宽带运营管理需求的功能，如 P2P 限流、防私接、防盗用 IP/MAC 地址、实时在线监控、802.1x 认证等，与校园网统一身份认证中心联动，使学校的信息化更加完整和高效，解决了目前宽带 IP 网络运营所面临的：用户身份认证、带宽控制、多 IP 服务的管理等亟待解决的问题。该设备位于防火墙与核心交换机 H3C S9508 之间，校园内用户凡是需上 Internet 都需认证，教师输入学校工号，学生输入学生证号，初始密码：000000。

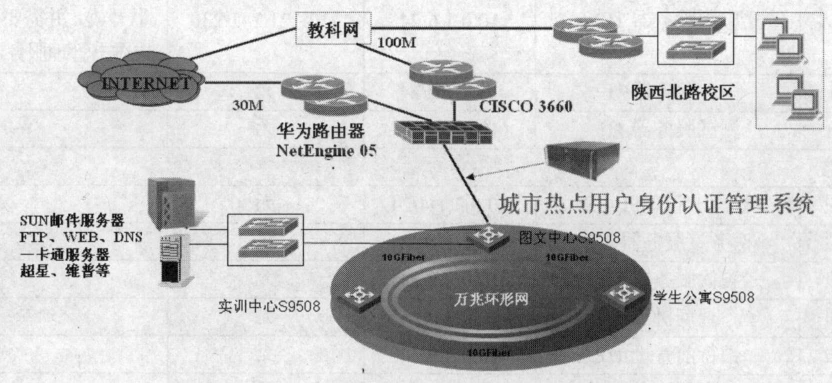


图 7.13　城市热点用户身份认证管理系统链路图

## 7.2.10　校园一卡通专网

校园一卡通专网建设的目的是形成一卡通系统子网，使用防火墙与校园网和外部网隔离。将相关的服务器和客户端放置在一卡通子网内部，增强安全性和可靠性，增强系统运行的效率。

### 1. 实施步骤

- 统计原有校园网一卡通服务器和客户端信息；
- 统计需要的网络接入端和设备；
- 规划内网系统IP地址的划分和网络的规划；
- 网络切换实施；
- 实施测试。

### 2. 网络拓扑

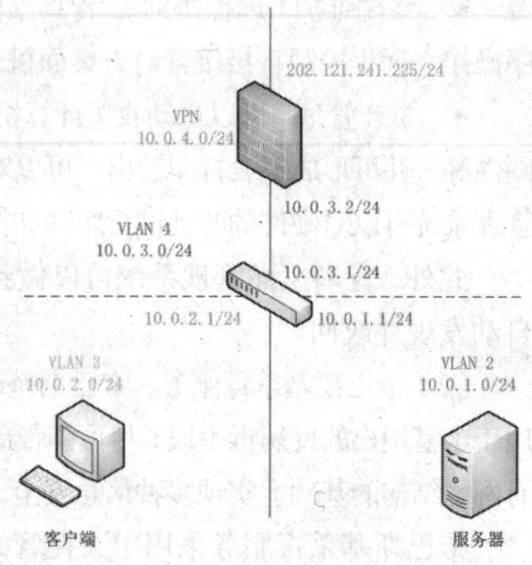


图7.14 校园一卡通子网逻辑示意图

校园一卡通专网如图7.14所示，共分3个地址段，VLAN 2作为服务器地址段，专为校园一卡通各服务器使用，分配10.0.1.0/24。VLAN 3作为专网客户端地址段，专为校园一卡通各专网客户使用，分配10.0.2.0/24。VLAN 4作为服务器地址段，作为NETGEAR三层交换机与NetEye防火墙连接使用，分配10.0.3.0/24。

### 3. 服务器地址规划

服务器地址规划如表7.11所示。

表7.11 服务器地址规划

| 服务器地址规划 | | | | |
|---|---|---|---|---|
| 网络范围 | 设备名称 | 内网地址 | 外网地址 | 开放服务及端口 |
| 服务器 | | | | |
| 专网 | 数据库服务器3IP | 10.0.1.2-4 | 212.121.241.229 | 1521，对校园网的某些客户端开放 |
| 专网 | Web服务器1IP | 10.0.1.5/24 | 212.121.241.225 | 80，对所有网络开放 |
| 专网 | 应用服务器1IP | 10.0.1.6/24 | 212.121.241.230 | 6618，对校园网的某些服务器开放，并需要访问校园网内图书管理服务器6618端口 |
| 专网 | 语音服务器1IP | 10.0.1.7/24 | 无 | |
| 专网 | 测试服务器1IP | 10.0.1.8/24 | 无 | |
| 客户端 | | | | |
| 专网客户端段 | 校园卡管理机4IP | 10.0.2.1-4/24 | 无 | |
| 专网客户端段 | 医务室服务器2IP | 10.0.2.5-6/24 | 无 | |
| 专网客户端段 | 餐饮服务器1IP | 10.0.2.7/24 | 无 | |
| 专网客户端段 | 查询机1IP | 10.0.2.8/24 | 无 | |
| 专网客户端段 | 银行前置机1IP | 10.0.2.9/24 | 无 | |
| 专网客户端段 | 圈存机 5IP | 10.0.2.10-14/24 | 无 | |
| 专网客户端段 | 浴室服务器 2IP | 10.0.2.15-16/24 | 无 | |
| 校园网 | | | | |
| 校园网段 | 门禁服务器 1IP | 无 | 无 | |
| 校园网段 | 实训机房服务器1IP | 无 | 220.219.237.26 | 访问应用服务器 |
| 校园网段 | 电子阅览室机房1IP | 无 | 220.219.228.249 | 访问应用服务器 |
| 校园网段 | 图书管理服务器1IP | 无 | 212.121.241.137 | 访问应用服务器 |

续表

| 校园网段 | 阅览室门禁管理 3IP | 无 | 220.219.230.123<br>220.219.230.70 | 访问应用服务器 |
|---|---|---|---|---|
| 校园网段 | 校办查询机 1IP | 无 | 无 | |
| 校园网段 | 财务查询机 1IP | 无 | 220.219.224.79 | 访问数据库服务器 |
| 校园网段 | 后勤结算中心查询机 1IP | 无 | 220.219.232.33 | 访问数据库服务器 |
| 校园网段 | 后勤总经理查询机 1IP | 无 | 220.219.232.153 | 访问数据库服务器 |
| 校园网段 | 饮食服务中心 1IP | 无 | 无 | |
| 注： | | | | |
| 内网专用服务器地址：10.0.1.0/24 | | | | |
| 内网专用客户端地址：10.0.2.0/24 | | | | |
| VPN 用户登录分配地址：10.0.4.0/24 | | | | |
| 校园网分配地址：212.121.241.224～255 | | | | |

### 4. NETGEAR 三层交换机划分

放置在 18 号楼网络中心机房中 NETGEAR 3112 型三层交换机共 12 端口，在本实例中，其中第 1～10 端口分配给专网客户端段，其中第 1～4 端口多模光纤分别连接到 12 号楼医务室、10 号楼银行前置机、8 号楼浴室等，其余则用百兆双绞线与 18 号楼校园卡管理机相连。第 11 端口多模光纤则下连一二层交换机连接，与各个一卡通专网服务器相连，第 12 端口百兆双绞线连接 NetEye4120 防火墙。

### 5. NetEye 防火墙配置

表 7.12 的所示为 NetEye 防火墙具体参数

表 7.12　　NetEye 防火墙具体参数

| 产 品 名 称： | NetEye4120-M（H）-XE6（XE7）-VE |
|---|---|
| 产品描述： | 6（7）个吉比特端口，NP 架构,含高速 VPN 模块 |
| MTBF： | 大于 10 万小时 |
| 用户数量： | 无限制 |
| 外形尺寸： | 1U |
| 并发连接： | 120 万 |
| 吞吐量： | 2Gbit/s |
| VPN 支持 | 有 |

NetEye 防火墙支持动态网络地址转换（NAT），校园网用户在访问校园一卡通专网内数据库、应用、Web 这 3 个服务器时，防火墙自动会将公网地址 212.121.240 段转换成私网地址 10.0.1 段。同时，NetEye 防火墙还用来作为校园网与校园一卡通两个网络之间的访问控制策略，保护校园一卡通专网与校园网之间进行信息存取、传递操作。NetEye 防火墙提供两种访问控制操作，一是 NetEye 灵巧网关，校园一卡通专网管理员只需将合法外网用户的 IP 地址与端口号写入防火墙配置列表，即可实现认证访问。二是 VPN 移动客户端，每个移动用户都具有一个专用的电子证书，通过该电子证书与 VPN 网关建立安全隧道，从而使移动用户通过 Internet 就可以安全地访问企业内部网服务器，不同于 NetEye 灵巧网关操作，VPN 移动客户端方法需装客户端软件，并且外网用户 VPN 拨号成功后，自动转换成内网 10.0.4 段地址。

（1）接口设置如下。

- Eth1　out　接外网　202.121.241.225 /24

- Eth2　in　接内网　10.0.3.2 /24
- Eth3　manager　管理口　192.168.1.100/24

（2）路由设置如下。

- Default　212.121.241.1/255.255.255.0
- 10.0.1.0 /24 --------10.0.3.1
- 10.0.2.0 /24 --------10.0.3.1
- 10.0.4.0 /24 --------10.0.3.1

（3）VPN 设置如下。

- 允许访问到的区域：10.0.1.0 – 10.0.2.255
- VPN 用户地址池：10.0.4.1 – 10.0.

（4）IP 包过滤规则如表 7.13 所示。

表 7.13　IP 包过滤规则

| 访 问 源 | 访 问 目 标 | 协　议 |
|---|---|---|
| In(0.0.0.0-255.255.255.255) | Out(0.0.0.0-255.255.255.255) | ICMP TCP 1-65535<br>UDP 1-65535 |
| Vpn(0.0.0.0-255.255.255.255) | In(0.0.0.0-255.255.255.255) | ICMP TCP 1-65535<br>Udp 1-65535 |
| Out(0.0.0.0-255.255.255.255) | In(10.0.1.5)<br>Web | TCP 80 |
| Out<br>(220.219.224.79<br>220.219.232.33<br>220.219.232.153<br>212.121.241.122 ) | In (10.0.1.4)<br>Oracle | TCP 1521 |
| Out<br>(220.219.224.22<br>220.219.228.249<br>212.121.241.137<br>220.219.230.123<br>220.219.230.70<br>220.219.237.26<br>192.168.2.100<br>220.219.228.242) | In<br>10.0.1.6<br>App | TCP　6618 |

## 7.2.11　校园一卡通服务

校园一卡通系统是基于校园网的、分布式的、集学校管理与金融服务于一体的校内身份认证管理和消费结算功能相结合的多功能应用管理系统。一卡通系统与学校的教学、科研、人事、学生管理、图书、医疗等校内各部门原有的管理信息系统对接，为校内各部门的数据通信提供了一个基础数据交换和共享的平台。学校管理部门可以结合管理信息查询系统，了解校内部分资源的使用情况，统计、分析在校人员的学习、工作、生活等数据。校园一卡通系统与银行系统衔接，将银行存款自助转存到校园卡内，以方便各类消费。各类财务收费业务可直接刷卡，最大程度地减少现金流通，有效预防财务管理漏洞，使财务账目更加清晰，结算更加迅速、准确，为学校财务监督和管理提供决策依据。

XX 大学校园一卡通系统从 2006 年 10 月投入运行以来，相继开通了餐饮子系统、班车子系统、阅览室和电子阅览室子系统、图书流通子系统、医务室管理子系统和门禁信息化管理系统等。

校园一卡通系统的网络拓扑图如图 7.15 所示。

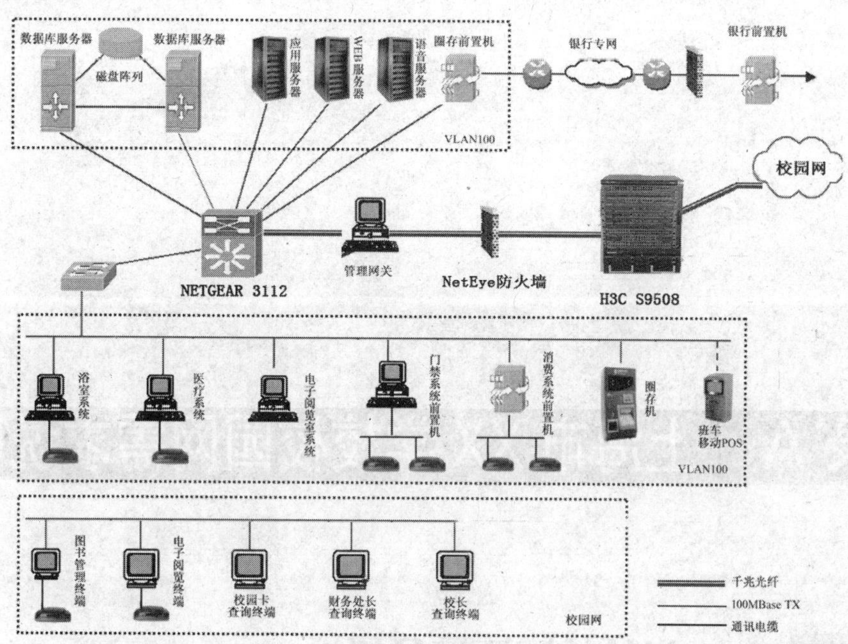


图 7.15　校园一卡通系统的网络拓扑图

（1）门禁控制。在校人员进出大门时可用于身份证明，起到工作证、学生证作用。在学校大门口装有门禁管理系统，进出人员在门禁控制器上刷卡，管理人员在 PC 上就可以看到刷卡人的身份信息，实现对进出人员的管理。

（2）食堂现金管理。学校有 5 个食堂，校园一卡通子系统连接到膳食科的计算机，实现全校膳食供应的信息化管理。各食堂 POS 机联机工作，与 PC 实时通讯。POS 机采用直接键入金额、信息的双屏显示的消费方式。膳食科和各子系统 PC 可实现日、月、年营业情况汇总、统计、上报及其他相关数据处理。

（3）上机管理。校园卡可对学生的上机、上网进行登录、收费和查询。电子阅览室入口均有与电子阅览室管理 PC 相连的读卡器，由管理员监督。学生进出电子阅览室时需各打卡一次，将进出时间写入卡中和 PC 中。应缴费用由计算中心 PC 统计计算后下传读卡器，从卡中的电子钱包扣除，并记录存档。学生可随时凭卡查询自己的信息，管理人员也可随时掌握机房的运营状况。

（4）图书借阅管理。在图书馆借书处、阅览室用校园卡进行身份验证，用于借书、还书、信息查询、复印收费等。

（5）四六级外语考试报名管理。与四六级外语考试报名系统连接，用于报名注册、付费等（从卡中电子钱包扣除金额）。

（6）小额消费。校园内设立了小卖部、餐厅、校园商店、洗澡、游泳等消费场所，各收费终端可对校园卡中的电子钱包减值或查询剩余金额。

（7）校医院管理。病人可持校园卡挂号、结算取药。挂号费、医药费可从校园卡电子钱包中扣除。

（8）班车收费管理。在学校的每辆班车上安装车载机，乘车人员通过在车载机上刷卡对刷卡人员进行身份认证，并从电子钱包中扣除定额车费。

（9）充值管理。学校在图文信息中心底楼的自助银行里安装了 2 台转存机，持卡人可以将银行卡里的钱拨到校园卡中去。学校在第 1 食堂设立了现金充值点。持卡人要了解自己的消费情况，可以在校园网上查询或拨打语音电话查询。

# 附录 A　上海市 XX 学校校园网需求说明书

## 一、XX 学校校园环境分析

XX 学校有 5 幢教学楼，4 幢学生宿舍，1 幢行政楼、图书馆、体育馆、科技楼（又称实验楼）组成。校园占地面积 300 万方米。网络中心设在行政楼 2 楼内。行政楼作为新建的大楼，要进行综合布线。而教学楼、学生宿舍、图书馆、体育馆、科技楼前期均已布线完成。学生宿舍暂不列入校园网的建规划中。

## 二、XX 学校数字校园设计建设目标

### 1. 基本要求

建设一个以校园办公自动化、计算机辅助教学和现代计算机校园文化为核心，以现代网络技术为依托，技术先进，扩展性强，能覆盖校园各楼宇的校园主干网络，将学校现有的各种计算机系统设备连接起来，并与 Internet 相连，形成结构合理、内外沟通的新型校园计算机网络教学系统。在此基础上建设能满足教学、科研和管理工作需要的软硬件环境，开发建设各类教学资源库与应用系统，为教师、学生及家长提供充分的网络信息服务。计算机网络系统建成后，不仅为学校提供高效率的办公环境，同时将用于校园内各个子系统及各类计算机软硬件资源的连接，以及与外部网络系统如教育信息系统及 Internet 的安全高效互连，成为整个校园的中枢神经系统。

### 2. 网络结构要求

（1）对行政楼进行综合布线，在其 2 楼组建网络中心；

（2）行政楼与原科技楼、教学楼、图书馆、体育馆进行光纤连接，组建校园网主干网络；

（3）在原科技楼 5 楼计算机中心的交换机上增加吉比特模块，用吉比特光纤连接到网络中心的主核心交换机上；

（4）校园网采用吉比特以太主干交换机，10M/100Mbit/s 交换到桌面；

（5）专用教室、计算机房、电子阅览室等需构建物理子网；

（6）电子阅览室信息流量较大，需采用吉比特光纤连接核心交换机；

（7）对不同的职能部门划分虚拟网络；

（8）核心交换机拟选用 Cisco 等知名品牌；

（9）申请两条 Internet 通道，一是在原科教网的基础上，申请 Internet 出口；二是通过“有线通”接入 Internet。

### 3. 网络服务要求

（1）建立邮件服务器；

（2）校园网站（Web 服务器）；

（3）DNS/FTP 服务器；

（4）图书馆服务器（电子书库服务器、普通书库服务器）；

（5）媒体服务器；

（6）资源库服务器（数据库服务器）；

（7）其他应用服务器。

### 4. 网络应用系统要求

建设校园网的目的，就是为教学服务，其网络应用包括如下几个部分。

（1）数字图书馆，电子阅览室，图书馆信息管理系统；

（2）校园管理系统：校务管理系统，教学管理系统，校长查询系统；

（3）校园多媒体教学系统；

（4）多媒体制作实验室；

（5）网上多媒体转播系统；

（6）校园一卡通；

（7）教育资源建设与信息技术应用培训；

（8）校园信息多媒体展示系统；

（9）安装一套信息流量计费系统，结合校园一卡通系统，对 Internet 信息的使用实行计费管理，同时安装管理系统，对某些站点进行访问控制。

## 三、XX 学校校园网信息点要求

### 1. 网络布线基本要求

建成的网络架构符合 XX 学校的地理环境，满足学校各教室、实验室、教师办公室和职能部门办公室的接入需要，满足图书馆和研究课程教室等子网的接入需要，满足建立虚拟子网的需要。同时，建成的网络要留有冗余，满足学校今后对网络发展的需求。

在校园网络综合布线系统中，要同时考虑数据和语音两部分。

### 2. 信息点分布情况

（1）行政楼共有10层，分别在第3、5、8层设有一个配线间，其中3层配线间负责连通第1、2、3层用户，共110个布线信息点，计划使用点数为81；5层配线间负责连通4、5、6层用户，共132个信息点，计划使用点数为104；8层配线间负责连通7、8、9、10层用户，共154个信息点，计划使用点数为123。全楼共396个布线信息点，计划使用点数合计308。

（2）科技楼底层大会堂共设3个信息点，2个在控制室，1个在主席台（地面插座）。小报告厅设3个信息点；科技楼有5个办公室，每个办公室设4个信息点。会议室设2个信息点，共2个会议室。科技楼5楼计算机中心共设90个信息点。

（3）图书馆底层开架书库和开架阅览处共设5个信息点，其中4个用于学生检索，1个用于刷卡。另有4个阅览室，每个阅览室在借书和还书处共设3个信息点。门厅处设1个信息点，用于触摸屏。共2个电子阅览室，每个电子阅览室设置45个信息点（不使用模块）。电子阅览室隔壁作为教师多媒体制作室，设置12个信息点，方便教师上网查阅资料。

（4）体育馆综合布线如下：音控室设2个信息点；主席台设2个，2层看台处设4个，3层、4层的办公室每间设4个信息点，共10间办公室，合计40个信息点。

（5）5幢教学楼的信息点分布如下：教学楼中共有3个电脑教室（集中在3号楼上），每个电脑教室设置50个信息点，实际使用45个信息点。教学楼中普通教室共设置50个信息点，实际使用45个信息点。教学楼中约25个办公室，设置50个信息点，实际使用45个信息点。

信息点分布情况如表A-1所示

表A–1 信息点分布情况

| 接入地点 | 计划布点数 | 实际使用点数 | 预留点数 | 上连核心层 |
|---|---|---|---|---|
| 行政楼 | 396 | 308 | 88 | 3 |
| 科技楼 | 120 | 110 | 10 | 2 |
| 图书馆 | 120 | 100 | 20 | 3 |
| 体育馆 | 48 | 40 | 8 | 1 |
| 教学楼 | 250 | 225 | 25 | 2 |
| 总计 | 934 | 783 | 151 | |

### 3. 带宽和性能要求

为确保计算中心、电子阅览室对外访问的速度，科技楼5楼的计算机中心、图书馆的2个电子阅览室单独拉光纤接入核心交换机。

### 4. CATV和广播、音响、灯光系统

（1）新大会堂中需配置一套固定摄像系统及相应控制器，1个视音频接口，并与科技楼5层的转播室相连；

（2）体育馆、操场看台上设置CATV接口，并与科技楼5层的转播室相连，使体育馆的活动能进入CATV的转播系统；

（3）将原有的广播送至新大楼 1～5 层的走廊，作为广播及应急广播，将原有的广播音频信号送至 2 层、5 层、会议室、会场和体育馆，打开各音响设备作为有线广播；

（4）大会堂要配置大功率的音响和灯光设备，并安装高亮度投影仪，2 层会议室、5 层会议室作为小型活动场所都要配置相应的视音频接口和投影设备等。

## 四、XX 学校校园网应用系统建设目标

### 1. 数字图书馆规划

数字图书馆一方面能实现图书资料编目数字化，供教师和学生查询书目情况，实现书目查询、借阅、归还和管理的现代化；另一方面随着数字化图书资料及影视多媒体资料的不断增多，建立数字图书资料库，可以供教师和学生进行上机查询、阅览与输出，同时可以通过 Internet 获取远程信息。

电子阅览室要求实现电子书库信息的查阅、Internet 浏览、VOD 和普通书库中书籍情况的查阅，实现信息查询、书籍查询、借阅、归还和管理数字化。

图书馆信息管理系统要求能完成图书馆的日常管理业务，能实现教材订购管理、图书验收、图书编目、读者证件管理、读者流通、图书流通、出纳管理和查询统计，能查询馆藏图书信息、超期图书查询统计、超期读者的查询统计以及读者借阅信息的查询统计、打印等，并可以和校园一卡通系统有机地结合在一起。

主要设备及配置要求如下。

（1）电子书库服务器。用于光盘资料的存储、管理和使用，配置大容量磁盘或磁盘阵列（至少 300GB，可容纳 450 张光盘）。

（2）普通书库服务器。用于普通书籍的借阅、归还和管理，按 200 万册书的容量，需配置 300GB 的硬盘。

（3）电子阅览室。配置 45 台计算机（计算机价格不计入总价）。提供电子书籍阅读、多媒体点播、网上浏览、书库查询等功能，并配置上网计费系统与门禁磁卡管理系统。

（4）开架流通管理系统。计算机 1 台，数目编码管理计算机 1 台，公共检索计算机 1 台（计入图书馆管理系统中）。

### 2. 建设校园管理系统

为适应学校现代化管理的要求，实现信息管理的电子化和教学资源的数字化，提高资源的利用率和管理效率，需要建立一套先进的电子管理系统。要求该系统能完成日常的学校事务管理工作，且能通过权限设置来控制不同种类信息的合理使用，提供高可靠性、高安全性与高效率的服务。具体功能要求如下。

（1）校务管理系统。校务管理系统包括人事管理、校情管理、档案管理、设备管理、财产管理和工资管理等。

（2）教学管理系统。教学管理系统包括学籍管理、年级/班级管理、授课管理、成绩管理、试卷管理、课程管理和教学资源管理等。

（3）校长查询系统。校长查询系统用于对学校所有信息进行查询统计。

主要设备及配置要求如下。

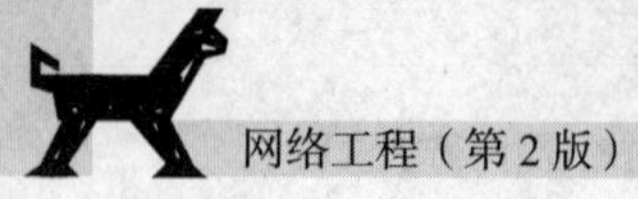


- 信息管理服务器1台，大于100GB的磁盘或磁盘阵列；
- 完善的软件配置，应包含各类管理模块。

### 3. 校园多媒体教学系统

要求校园多媒体教学系统是基于Web的教学系统，以便教师和学生在任何地点和任何时间都可以使用该系统的功能，要求系统使用和维护方便。具备教育资源点播与现场广播过程中的实时交流功能，现场广播过程中的自动实时录制与课件生成功能，提供支持多媒体试题的练习与考试功能。

系统应具备的教学功能具体如下。

（1）信息发布功能。要求具有学校中各种信息的网上发布功能，公告的发布、制作、查询和修改都可通过后台很方便地进行。

（2）多媒体教育资源点播功能。可以随时调用信息中心网络服务器上的各种多媒体教学资源，开展各种教学辅导活动。在点播过程中，要提供学生提问、教师实时回答和教师非实时回答等功能。

（3）现场主教室实时多点广播功能。需要使主教室的教学信息能在校园网上进行现场直播。在现场直播过程中，要提供学生实时提问、教师实时回答的功能。

（4）主教室教学内容同步编辑功能。教师在主教室进行实时广播教学的同时，要具有录制和同步编辑功能，录制内容和编辑结果要能方便地存入教学资源库。

（5）多媒体教师备课系统。教师要能利用自己办公桌上的计算机进行多媒体备课，备课内容可以方便地加入教学资源库中，教师通过网络可以随时调用并演示给学生，从而实现辅助教学的功能。

（6）教学资源库及维护系统。教学资源库要可以存放各种格式的教学资源内容，如各种格式的视频、音乐、图片和动画等；需要提供管理工具，可以随时对教学资源库的内容进行增删和修改。

（7）支持多媒体试题的数据库。要可以存放多媒体（视频、音乐、图片和动画）试题，以便为各种类型的考试提供广泛的试题素材；可以对试题库的试题进行单项查询、组合查询、模糊查询、关联查询等多种查询。

（8）考试系统。要求提供模拟考试、随机考试和统一考试3种类型的考试，考试成绩可以在网上进行查询。

（9）教师评测系统。学生可以通过教师评测系统在网上给自己的授课教师和班主任进行评测。

（10）试卷管理。该项管理功能用来管理教学中的考试试卷。

（11）答疑中心系统。要求提供问题管理中心，其中包含学生在直播过程和点播过程中提出的问题和教师的回答。

（12）校园论坛系统。要求提供基于整个校园网范围的BBS系统，在这里教师和学生可以进行各种广泛的交流。

硬件配置要求如下。

- 数据库服务器，用于存放应用系统和数据库数据。
- 媒体服务器，用于存放教学资源库。

### 4. 多媒体制作实验室

多媒体制作实验室主要用于学校音像资料数字化加工，以及教师多媒体课件制作时视频/音频等方面的处理，也是学校电视台进行节目制作的系统。

系统配置为多媒体非线性编辑系统 1 套、高性能计算机 1 台、扫描仪、数码照相机、VCD/DVD、数码摄像机、打印机、刻录设备等。

### 5. 网上多媒体广播系统

网上多媒体广播系统用于将演播主会场的视音频信息通过校园网络进行广播，教师或学生可以通过网络终端进行接收。系统在网上广播时，能同时录制广播内容，生成多媒体课件，存放在教学资源库中供用户进行点播观看。

系统配置：高性能计算机 2 台（带视音频实时采集卡），主要用于网上视频的采集转播与内容录制（软件费用计入校园网络多媒体教学系统中）。

### 6. 校园一卡通

为规范校园内的管理，加快电子化推广的进程，拟采用校园卡管理学生和教职员工的各种信息，实现对全校的信息管理。利用一张 IC 卡取代学生证、借阅证和饭票等各种票证，以方便学生的生活。

"校园一卡通"采用非接触式 IC 卡，其学生校园卡具有上机收费、内部消费、图书借阅、就餐、医疗交费等功能，教职员工卡用于内部消费、图书借阅、就餐交费等功能。

"校园一卡通"系统要具有售饭、消费、图书馆查询与借阅、医疗、机房管理等方面的功能。其中，食堂售饭系统 8 个点，图书借阅 1 个点、医院 1 个点、微机房 3 个点、商店购物 1 个点。

提供一台发卡设备和多台充资设备，并配有相应的应用软件系统以支持发卡和充资应用。

要具有国际公认安全认证的 IC 卡密钥生成功能，以确保 IC 卡应用系统的安全性。

系统配置如下。

- 原装进口奔腾 III 计算机 4 台；
- 非接触式 IC 卡读写器 15 台；
- 打印机 5 台；
- 非接触式 IC 卡若干。

### 7. 教育资源建设与信息技术应用培训

高性能的校园网络要获得有效的教学应用，离不开教育资源建设。应根据本校的特点，建立学生素质教育资源库（如计算机奥林匹克教学、趣味英语、艺术类课程教学以及部分研究性课程教学等）与学校对外的网站，利用网络开设大量的选修课程，加强学校的个性化教育。当然，教育资源建设是一项长期的工作，一方面可以通过培训教师进行各类教学课件的制作，另一方面可以通过购买或对外合作的形式进行开发制作。但教育资源建设的启动必须要有一定的资金保证，通过大量的教育资源运用，才能促进校园网络的教学应用。

### 8. 校园信息多媒体展示系统

设置一个处于校园公共场所（如行政大楼门厅）的多媒体展示系统，用于对校内外用户提供学校信息查询，以及与校园形象等方面的宣传。

系统配置为多媒体触摸屏及相应的软件系统。

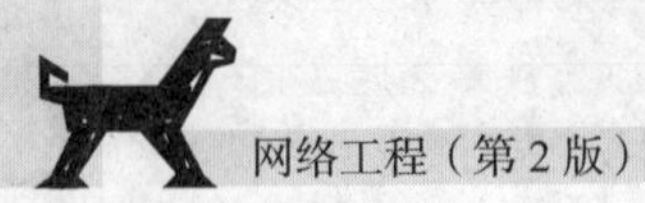



## 五、 费用预算

费用预算如表A-2所示。

表A-2 费用预算

| 序号 | 说 明 | 数 量 | 费用（万元） |
|---|---|---|---|
| 1 | 综合布线系统，约1000个信息点，光纤主干 | 1 | 14 |
| 2 | CATV | 1 | 3.5 |
| 3 | 广播 | 1 | 3 |
| 4 | 体育馆视音频系统（大功率音箱8只等） | 1 | 12 |
| 5 | 2层会议室（投影机1台、音响1对等） | 1 | 9 |
| 6 | 5层会议室（投影机1台、音响两对等） | 1 | 12 |
| 7 | 大会堂视音频系统（高亮度投影机1台、大功率音响6只、音柱8只、摄像系统1套等） | 1 | 30 |
| 8 | 舞台灯光系统 | 1 | 8 |
| 9 | 体育馆LED | 1 | 7 |
| 10 | 三层主干交换机（8port GBIC、24port10/100BASE-TX） | 1 | 20 |
| 11 | 交换机（Cisco 3550-48 共8台，Cisco 2950-48 共13台，Cisco 2950-48 1台） | 22 | 27 |
| 12 | 路由器、网管 | 1 | 5.5 |
| 13 | 信息管理服务器（PIII1G/256M/100G/Raid/15"/1000M网卡） | 1 | 6.5 |
| 14 | 资源库服务器（PIII1G/256M/100G/Raid/15"/1000M网卡） | 1 | 6.5 |
| 15 | 电子书库服务器（PIII1G/256M/300G/Raid/15"/1000M网卡） | 1 | 11.3 |
| 16 | 普通书库服务器 （PIII1G/128M/100G/Raid/15"/1000M网卡） | 1 | 4.7 |
| 17 | E-mail/DNS/Web服务器 （PIII1G/128M/60G/Raid/15"/1000M网卡） | 1 | 4.7 |
| 18 | Proxy服务器（PIII1G/i28M/60G/Raid/15"/1000M网卡） | 1 | 4.7 |
| 19 | 其他网管设备（PC5台、磁带机、5kVAUPS等） | 1 | 7.6 |
| 20 | 图书管理系统 | 1 | 4 |
| 21 | 校园管理系统 | 1 | 6 |
| 22 | 校园一卡通（读卡机、IC卡、软件等） | 1 | 15 |
| 23 | 网络多媒体教学平台 | 1 | 10 |
| 24 | 多媒体制作实验室（非编系统、扫描仪、数码照相机、摄像机、刻录系统等） | 1 | 9 |
| 25 | 网上多媒体转播系统（硬件部分） | 1 | 3 |
| 26 | 教育资源建设与信息技术应用培训 | 1 | 10 |
| 27 | 校园信息多媒体展示系统（电脑、触摸屏、展示系统） | 1 | 5 |
| 28 | 系统软件平台（Windows Server 2003，BackOffice等） | 1批 | |
| | 总计 | | 259 |

# 附录B　投标书

致：XX 招标有限公司

根据贵方为 **XX 学校校园网**项目招标采购货物及服务的投标邀请 **NNNNN**（招标编号），签字代表 **BBB 销售经理**（全名、职务）经正式授权并代表投标方 **YYY 有限公司地址：上海市 CCC 路 252 号 DDD 大楼 E 座 F 室**（投标方名称、地址）提交下述文件正本一份和副本一式四份（按投标方须知要求提供的全部文件）。

- 投标方概况；
- 投标价格表；
- 投标技术方案；
- 项目实施组织及进度计划；
- 关于培训、技术支持及售后服务；
- 验收标准及技术文档。

由________（银行名称）出具的投标保证金,金额为**人民币 MMM 元**。

据此函，签字代表宣布同意如下：

所附投标报价表中规定的应提供和交付的货物投标总价为：人民币 **MMM** 元，即 **MMM 元整（大写）**。

（1）投标方将按招标文件的规定履行合同责任和义务。

（2）投标方已详细审查全部招标文件，包括修改文件（如有的话）以及全部参考资料和有关附件。我们完全理解并同意放弃对这方面有不明及误解的权利。

（3）其投标自开标日起有效期为 **XX** 个日历日。

（4）如果在规定的开标时间后，投标方在投标有效期内撤回投标，其投标保证金将被贵方没收。

（5）投标方同意提供按照贵方可能要求的与其投标有关的一切数据或资料，完全理解贵方不一定要接受最低价的投标或收到的任何投标。

与本投标有关的一切正式往来通讯请寄：

地址：上海市 CCC 路 252 号 DDD 大楼 E 座 F 室

邮编：LLLLLL

电话：021-XXXXXXXX

传真：021-XXXXXXXX

投标方代表姓名、职务(印刷体)：BBB　销售经理

投标方名称：YYY 有限公司

（公章）：____________________

日　　期：200____年___月___日

全权代表签字：____________________

# 附录 C　上海市 XX 学校校园网建设合同书

甲方：上海市 XX 学校

乙方：上海 YY 技术发展有限公司

根据《中华人民共和国合同法》，甲、乙双方按照平等、自愿、公平和诚实信用原则，为保护甲、乙双方的合法权益，经友好协商，就甲方委托乙方承建的上海市 XX 学校校园网工程项目（以下简称"本项目"）订立本合同。

## 一、合同标的

1. 校园网系统的技术开发和系统集成；
2. 网络系统的安装调试；
3. 网络系统软、硬件设备及材料的供应；
4. 网络系统质保期间的技术服务。

## 二、合同双方的职责

### 1. 甲方职责

（1）指派专人代表甲方，对本合同的实施过程进行协调和监督；

（2）向乙方提供与本项目有关的图纸等资料；

（3）按照实施方案检查乙方所承担任务的实施情况；

（4）负责解决本项目在实施过程中所必需的环境，包括提供安全的设备、材料的临时存放库和工作条件；

（5）参与系统测试和组织设备、系统的验收；

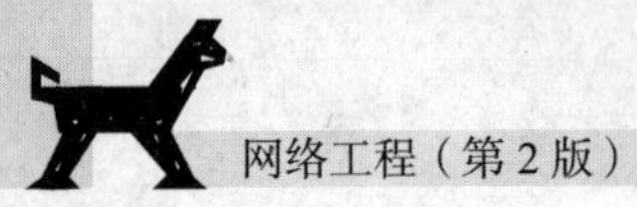



（6）按期向乙方支付本合同规定的工程款。

2. 乙方职责

（1）指派专人全面负责本项目的实施；

（2）以书面形式向甲方提供项目设计、施工进度和质量保证，按质按期完成实施方案所规定的任务，特别要保证有令甲方满意的同时登录 Internet 和从校外访问学校网页的计算机数量与上网的质量（即保证校园网与 Internet 连接的畅通），保证各结点的畅通，严格履行服务承诺；

（3）提供的货物必须是原厂生产的、全新的和未使用过的，符合原厂质量检验标准和国家质量检验标准以及合同规定的质量、规格和性能要求，提供质量保证书；

（4）负责制定本项目设计和施工方案并保证此方案的先进性和可扩充性，提出配套要求；

（5）配合本项目与甲方单位的其他系统之间的连通与调试工作；

（6）保证向甲方提供的软、硬件设备和材料与本合同订货清单一致；

（7）供应的设备在质保期内提供保修服务，但人为损坏或不可抗力造成的损坏不属质保范围；

（8）系统开通验收后，继续负责对网络系统提供 12 个月的维护服务；

（9）为甲方提供必要的培训，保证网络系统正常运行，并负责培训学校教师；

（10）按期完成本项目，向甲方收取本合同规定的工程款；

（11）本系统在试运行期间，若有问题提供现场解决；

（12）在系统的免费维护期间，每隔半年进行系统的例行检查，并提供相应的报告说明；

（13）乙方必须严格执行施工规范、安全操作规程、防火安全规定和环境保护规定，做好各项质量检查记录，参加竣工验收；

（14）遵守国家或地方政府及有关部门对施工现场管理的规定，妥善保护好施工现场周围建筑物，设备管线不受损坏并做好施工现场保卫和垃圾回收等工作，处理好与甲方教学时间的冲突问题；

（15）施工中未经甲方同意或有关部门批准，不得随意拆改原建筑物结构及各种设备管线；

（16）工程竣工未移交甲方之前，负责对现场的一切设施和工程成品进行保护；

（17）乙方应提供对甲方人员进行整个校园网系统管理和使用的培训计划和方式，负责对学校教师进行 YYNetschool 校园网操作系统的培训，培训人数为 50 人，为期两天，具体时间另定。确保甲方人员具有对整个校园网系统的使用、维修和检验能力，培训所需费用已包含在合同总价内。

3. 甲、乙双方共同的职责

在本合同执行过程中，双方应本着互相支持、充分谅解的原则通力协作，确保本项目按质按期完成，合同中未及事项应协商解决，妥善处理。

## 三、 项目实施进度

见附件。

## 四、 合同费用和支付方式

上海市 XX 学校校园网络系统工程费用总计为人民币：999446 元。

第一期支付70%款：699612元，本合同签订后支付。

第二期支付20%款：199888元，系统通过验收后一周内支付。

第三期支付5%款：49973元，审计通过后支付。

第四期支付5%款：49973元，系统通过验收满一年后的一周内支付。

## 五、验收

### 1. 设备验收

设备及材料到达甲方指定地点后，由甲乙双方代表当场拆封清点验收，任何一方不得擅自提前拆封相关设备。对不符合合同规定的，由乙方承担责任。

### 2. 系统验收

（1）乙方向甲方提出验收申请及书面或电子版网络布线测试报告、系统试运行报告和竣工文档资料，甲方应在收妥后15天内安排验收；

（2）自乙方向甲方提交验收申请及书面或电子版网络布线测试报告、系统试运行报告和竣工文档资料后20天内，因甲方原因未安排验收的，视为系统符合设计和施工方案要求，运行正常，通过验收；

（3）系统需经甲方验收测试并出具书面验收报告后，方能通过验收；

（4）技术资料包括如下内容。

- 设备应有的英文或中文技术资料——操作手册、使用说明、维修指南或服务手册等；
- 合同中明确设备的品牌、规格型号和数量，并提供分项报价；
- 综合布线工程的竣工文档资料和相关的图文说明；
- 网络系统集成的设备参数配置、操作系统设置文档、应用软件的安装和使用手册。

## 六、质保期及技术维护

1. 乙方提供的硬件设备质保期自系统验收通过后36个月止；综合布线系统质保期自系统验收通过之日起15年。

2. 质保期内，遇乙方提供的硬件设备因质量原因发生故障，乙方负责在厂商承诺的保修期内及时请厂商进行设备维修或恢复，因无法修复，确需调换或替换的，经甲方同意由乙方负责免费更换，同时，乙方采用特殊技术手段或协商借用等方法，帮助甲方在尽可能短的时间内恢复系统运行。

3. 自项目通过验收之日起，乙方为甲方提供一年的网络系统免费技术维修服务，一年后的维修服务，费用另外协商。

4. 网络系统交付使用后，安排技术工程师现场服务4周。

5. 在系统投入运行后，特别是用户工程师经过培训、操作并运用系统之后，对整个系统有了一定的经验，乙方将配合学校网管人员，对系统进行必要调整，使系统运行在最佳状态。

6. 在系统投入运行后，乙方将根据项目实际情况进行定期（每两周一次）、不定期技术巡检与回访，并根据用户意见对系统进行调整。

7. 对由乙方开发和销售的软件系统实行终身维护，对于因用户使用不当造成的问题则适当收取维护费。

8. 系统发生故障时，乙方负责在4小时内及时响应，在24小时内解决问题。

9. 服务、响应方式有现场、电话、传真和E-mail等。

## 七、违约责任

1. 违反本合同规定方，按《中华人民共和国合同法》的规定承担违约责任。

2. 因一方违约，致使合同不能履行，另一方欲中止或解除合同时，应提前3天通知对方，并由违约方向履约方承担最高不超过本合同总价的损失。

3. 由于甲方原因，使乙方延期完成本项目，甲方向乙方支付违约金。违约金按合同总价×0.5‰×延期天数计算。

4. 由于乙方原因，使本项目未能按期完成，乙方向甲方支付违约金。违约金按合同总价×0.5‰×延期天数计算。

## 八、合同的变更和解除

1. 合同签订生效后，除不可抗力（指战争、严重水灾、火灾、台风和地震以及经双方同意属不可抗力的事故）外，不得解除或无故变更。

2. 在履行合同过程中，若遇不可抗力事故，甲、乙双方均应采取有效措施尽力减少损失并阻止损失的扩大，若确需变更或解除合同时，要求变更一方应及时通知对方，对方在接到通知3天内给予答复，逾期未答复视为同意。

3. 变更或解除合同所造成的损失由提出方负责。

## 九、保密责任

1. 甲方向乙方提供的系统需求及有关资料和数据，乙方应负责保密，不得以任何方式向第三方泄露或提供。

2. 乙方向甲方提供的系统设计、施工方案及技术资料，甲方应负责保密，不得以任何方式向第三方泄露或提供。

## 十、解决合同纠纷的方式

1. 甲、乙双方在履行本合同时如发生争议，应首先通过友好协商解决，若协商不成的，任何一方均可向工程所在地的法院提起诉讼。

2. 在诉讼期间，除了进行诉讼的部分外，合同其他部分应继续履行。

## 十一、其他约定事项

1. 合同签订生效后，甲方若提出新的需求，包括增加本项目的设计或软硬件设备等，经乙方

同意，可以续签增补合同，有关费用另行结算。

2. 系统运行质保期满后，甲方若继续要求乙方对本网络系统提供检查、维护、保养及维修等服务的，乙方有义务提供有效廉价服务。

## 十二、 未尽事宜的处理

本合同未尽事宜，双方可按《中华人民共和国合同法》另行协商确定。

## 十三、 合同生效

本合同一式4份，自甲乙双方签字盖章之日起生效。本合同所包含的附件与本合同具有同等的法律效力。

附件1：上海市XX学校校园网络系统设计方案

附件2：XX学校网络系统设备及材料报价

附件3：培训计划及形式*

附件4：验收文档列表

附件5：项目实施进度

| | |
|---|---|
| 甲方：上海市XX学校 | 乙方：上海YY技术发展有限公司 |
| 单位名称（盖章）： | 单位名称（盖章）： |
| 代表： | 代表： |
| 签订日期： | 签订日期： |

* 本合同中涉及的培训计划及形式可参见本书附录D，仅供参考。

# 附录 D 培训计划及形式

## 一、总则

所有培训都在甲方所在地分期分批进行，在合同规定的期限内免费完成。

所有培训都由甲方提前同乙方协商确定具体日期。乙方必须在承诺期限内对指定对象在指定地点进行培训。

乙方在规定时间内对甲方所有接受培训人员培训完毕后，没有义务再进行第 2 轮同样培训，甲方如有少数人没有掌握在培训期间该掌握的技术或应用，建议甲方由本校内部已掌握人员指导帮助，若甲方强烈要求乙方再进行个别培训，乙方可以以市场最低价收取培训费用。

## 二、培训时间

校园网设备开始安装至正式投入使用后一个月内完成设备安装调试、操作系统安装调试及校园网应用平台等的全部培训。

## 三、培训内容

### 1. 网络系统培训

现场培训在设备开通前由用户单位自定培训日期，现场培训人员参与安装、调试和开通工作。

以下培训在设备安装完成以后进行（人数不限）。

（1）网络系统的基本结构；

（2）网络系统的日常维护；

（3）网管软件的使用和故障排除；

（4）网络应用软件的使用方法；

（5）网络数据库维护；

（6）网络设备安装调试（交换机配置、路由器配置、服务器配置、防火墙配置等）。

## 2. 软件培训

（1）YYNetschool 校园网操作系统培训。培训地点由双方商定，培训人数为50人，时间为2天。

另外，乙方还将负责对甲方维护人员进行现场培训，使维护人员能独立进行远程教学系统中相关模块的安装、运营、维护和数据管理。

乙方也将负责系统操作人员、教师、管理人员等的现场培训工作。

现场培训将在安装调测阶段及移交后进行。

应用系统操作培训主要包括各个应用模块的操作说明培训（针对普通用户）和后台管理培训（针对技术人员）。

培训内容见下表。

| 详 细 内 容 | 参 加 人 员 | 详 细 内 容 | 参 加 人 员 |
|---|---|---|---|
| 滚动信息 | 普通用户 | 课件管理 | 相应用户 |
| 总课表 | 普通用户 | 课程管理 | 相应用户 |
| 学员论坛 | 普通用户 | 教师管理 | 相应用户 |
| 个人资料修改 | 普通用户 | 学员管理 | 相应用户 |
| 教材管理 | 相应用户 | 试题库管理 | 相应用户 |

（2）项目实施和数据录入。乙方在完成所有程序编制后进行试运行时，将协助甲方的教务管理人员制定系统的实施计划，同时指导教务管理人员进行各种基础数据的录入。对于整个系统的运行来说，这是一个非常重要的阶段。乙方将指导教务管理人员进行以下各种数据输入。

| 详 细 内 容 | 参 加 人 员 | 详 细 内 容 | 参 加 人 员 |
|---|---|---|---|
| 学校，年级，班级数据 | 教务管理人员 | 教师授课信息 | 教学管理人员 |
| 教师信息 | 教务管理人员 | 每个年级的课程 | 教学管理人员 |
| 课件信息 | 教务管理人员 | 公告信息 | 教学管理人员 |
| 学员信息 | 教学管理人员 | 试题库中各种试题 | 教务管理人员 |

# 附录 E　XX 学校校园网项目竣工报告（样例）

## 1. 项目说明

（1）名词解释。

- 项目名称；
- 委托单位；
- 开发单位。

（2）系统运行情况概述。

- 网络系统平台；
- 网站应用。

## 2. 软、硬件设备清单

（1）网络硬件设备签收清单。

| 项目 | | 型号 | 数量 | 服务 | 客户签收 |
|---|---|---|---|---|---|
| | 网络设备 | | | | |
| 交换机 | 主干交换机 | | | 保修 1 年 | |
| | 光纤模块 | | | | |
| | 工作组交换机 | | | | |
| | 吉比特单多模转换器 | | | | |
| 集线器（Hub） | | | | | |
| UPS | | | | | |
| 视频会议系统 | | | | | |
| 路由设备（PC 网关） | | | | | |

续表

| 项　目 | | 型号 | 数　量 | 服　务 | 客户签收 |
|---|---|---|---|---|---|
| 布线工程 | 面板 | | | | |
| | 超5类RJ-45模块 | | | | |
| | 24口配线架 | | | | |
| | 48口配线架 | | | | |
| | 超5类线 | | | | |
| | 15×35线槽 | | | | |
| | 30×80线槽 | | | | |
| | 底盒 | | | | |
| | 墙式机柜 | | | | |
| | 机柜（1.2M） | | | | |
| | 6芯单模光纤 | | | | |
| 布线工程 | 6芯多模光纤 | | | | |
| | 机柜光纤配线架 | | | | |
| | ST光纤跳线 | | | | |
| | ST光纤偶合器 | | | | |
| | ST光纤头（带尾纤） | | | | |
| | 网线制作工具、测试仪等 | | | | |
| | 其他工程敷料 | | | | |

（2）系统软件签收清单。

| 项　目 | | 型　号 | 数　量 | 服　务 | 客户签收 |
|---|---|---|---|---|---|
| 服务器 | 服务器 | | | 3年，第2个工作日 | |
| | 服务器 | | | | |
| 系统软件 | 操作系统 | | | | |
| | 数据库系统 | | | | |
| | 电子邮件 | | | | |
| | ISA Server 2000 | | | | |
| | 防病毒 | | | | |

（3）应用软件功能验收清单。

① 功能性。

- 前台功能验收表。

| 验收项目 | 验收内容 | 验收结果 | 说　明 | 验收项目 | 验收内容 | 验收结果 | 说　明 |
|---|---|---|---|---|---|---|---|
| 前台（学生） | 学生登录 | | | 前台（老师） | 教师登录 | | |
| 应用系统 | 查找课件 | | | 应用系统 | 名师直播 | | |
| …… | …… | | | …… | …… | | |

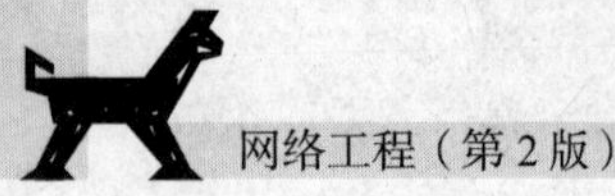



- 后台功能验收表。

| 验收项目 | 验收内容 | | 验收结果 | 说明 |
| --- | --- | --- | --- | --- |
| 后台管理系统 | 学生管理 | 增加学生信息 | | |
| | | 修改学生信息 | | |
| | 成绩管理 | 增加成绩信息 | | |
| | | 删除成绩记录 | | |
| | | 根据学生信息查询 | | |
| | …… | …… | | |

② 可靠性。

| 验收项目 | 验收内容 | 验收结果 | 说明 | 验收项目 | 验收内容 | 验收结果 | 说明 |
| --- | --- | --- | --- | --- | --- | --- | --- |
| 可靠性检查 | 误操作的防范 | | | 数据恢复 | | | |
| | 数据备份 | | | | | | |

③ 易用性。

| 测试项目 | 测试内容 | 测试结果 | 说明 |
| --- | --- | --- | --- |
| 易操作性 | 用户界面布局合理及清晰 | | |
| | 人机界面格式及操作控制方式保持一致 | | |
| | 人机界面中标题和内容进行了明确的区分 | | |
| | 人机界面颜色种类及搭配适度与和谐，并不导致负面的心理效果 | | |
| 易理解性及易学性 | 软件工作流程符合用户习惯、易理解 | | |
| | 使用手册较清晰、详尽 | | |
| | 帮助文件较清晰、详尽 | | |

## 3. 用户意见

| |
| --- |
| |

甲方负责人签字（盖章）

乙方负责人签字（盖章）

竣工日期：　　　年　　月　　日

# 附录 F　XX 学校校园网安装报告（样例）

## 1. 系统组成（安装原理）

## 2. 服务器和域的安装

（1）主要硬件组成；

（2）服务器系统的安装和配置。

- Windows 2000 的安装；
- 服务器的配置；
- 服务器 DC 的配置；
- 服务器 Exchange 的配置；
- 服务器 Webprox 的配置；
- 服务器 Manage 的配置；
- 服务器 VOD 的配置。

服务器各自安装的系统和应用软件见下表。

| 服务器名 | 软件内容 |
|---|---|
| 应用服务器 | SQL Server，学校管理系统；过滤软件 |
| 资源服务器 | Netschool |
| 图书馆服务器 | 图书管理系统 |
| MAIL 服务器 | Windows 2000 Server Exchange |
| Web 服务器 | Windows 2000 Server |
| DNS 服务器 | Windows 2000 Server |

（3）应用软件的安装。

- SQL 2000 Server 的安装；
- Exchange 2000 Server 的安装和配置；
- Web 服务器的安装和配置；
- 代理服务器的安装和配置；
- DNS 服务器的配置。

## 3. 网络部分安装与配置

（1）网络结点分布图；

（2）网络终端（Windows 2000/XP）安装及对应配置步骤；

（3）网络的安装和设置；

（4）电子邮件客户端（Outlook Express）的安装和配置。

# 附录 G　XX 学校校园网布线工程报告(样例)

1. 概述

2. 布线产品

3. 信息点配置表

| 层　次 | 房间名称 | 室　号 | 点　数 | 层　次 | 房间名称 | 室　号 | 点　数 |
|---|---|---|---|---|---|---|---|
| 1 | | | | 4 | | | |
| 2 | | | | 5 | | | |
| 3 | | | | | | | |

4. 信息点测试一览表

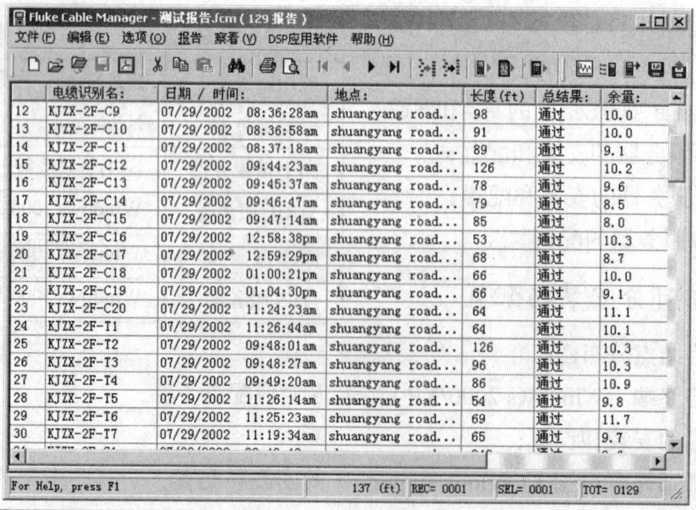

Fluke Cable Manager - 测试报告.fcm ( 129 报告 )

文件(F) 编辑(E) 选项(O) 报告 察看(V) DSP应用软件 帮助(H)

| | 电缆识别名: | 日期 / 时间: | 地点: | 长度(ft) | 总结果: | 余量: |
|---|---|---|---|---|---|---|
| 12 | KJZX-2F-C9 | 07/29/2002 08:36:28am | shuangyang road... | 98 | 通过 | 10.0 |
| 13 | KJZX-2F-C10 | 07/29/2002 08:36:58am | shuangyang road... | 91 | 通过 | 10.0 |
| 14 | KJZX-2F-C11 | 07/29/2002 08:37:18am | shuangyang road... | 89 | 通过 | 9.1 |
| 15 | KJZX-2F-C12 | 07/29/2002 09:44:23am | shuangyang road... | 126 | 通过 | 10.2 |
| 16 | KJZX-2F-C13 | 07/29/2002 09:45:37am | shuangyang road... | 78 | 通过 | 9.6 |
| 17 | KJZX-2F-C14 | 07/29/2002 09:46:47am | shuangyang road... | 79 | 通过 | 8.5 |
| 18 | KJZX-2F-C15 | 07/29/2002 09:47:14am | shuangyang road... | 85 | 通过 | 8.0 |
| 19 | KJZX-2F-C16 | 07/29/2002 12:58:38pm | shuangyang road... | 53 | 通过 | 10.3 |
| 20 | KJZX-2F-C17 | 07/29/2002 12:59:29pm | shuangyang road... | 68 | 通过 | 8.7 |
| 21 | KJZX-2F-C18 | 07/29/2002 01:00:21pm | shuangyang road... | 66 | 通过 | 10.0 |
| 22 | KJZX-2F-C19 | 07/29/2002 01:04:30pm | shuangyang road... | 66 | 通过 | 9.1 |
| 23 | KJZX-2F-C20 | 07/29/2002 11:24:23am | shuangyang road... | 64 | 通过 | 11.1 |
| 24 | KJZX-2F-T1 | 07/29/2002 11:26:44am | shuangyang road... | 64 | 通过 | 10.1 |
| 25 | KJZX-2F-T2 | 07/29/2002 09:48:01am | shuangyang road... | 126 | 通过 | 10.3 |
| 26 | KJZX-2F-T3 | 07/29/2002 09:48:27am | shuangyang road... | 96 | 通过 | 10.3 |
| 27 | KJZX-2F-T4 | 07/29/2002 09:49:20am | shuangyang road... | 86 | 通过 | 10.9 |
| 28 | KJZX-2F-T5 | 07/29/2002 11:26:14am | shuangyang road... | 54 | 通过 | 9.8 |
| 29 | KJZX-2F-T6 | 07/29/2002 11:25:23am | shuangyang road... | 69 | 通过 | 11.7 |
| 30 | KJZX-2F-T7 | 07/29/2002 11:19:34am | shuangyang road... | 65 | 通过 | 9.7 |

For Help, press F1　137 (ft)　REC= 0001　SEL= 0001　TOT= 0129

5. 布线系统图

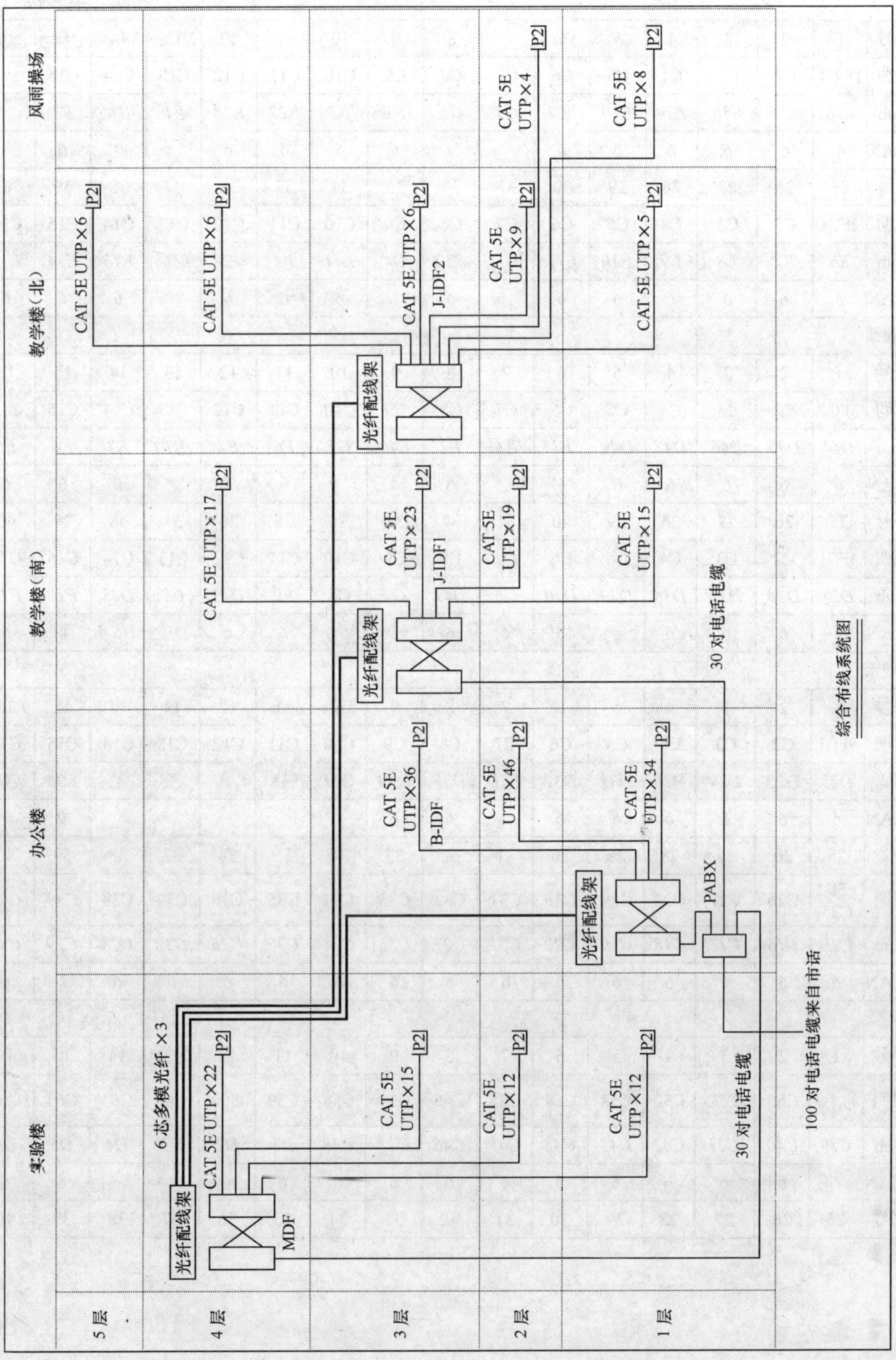

实验楼 办公楼 教学楼（南） 教学楼（北） 风雨操场

5 层 4 层 3 层 2 层 1 层

6 芯多模光纤 ×3

光纤配线架

MDF

CAT 5E UTP×22

CAT 5E UTP×15

CAT 5E UTP×12

CAT 5E UTP×12

30 对电话电缆

100 对电话电缆来自市话

B-IDF

CAT 5E UTP×36

CAT 5E UTP×46

CAT 5E UTP×34

PABX

J-IDF1

CAT 5E UTP×17

CAT 5E UTP×23

CAT 5E UTP×19

CAT 5E UTP×15

30 对电话电缆

J-IDF2

CAT 5E UTP×6

CAT 5E UTP×6

CAT 5E UTP×6

CAT 5E UTP×9

CAT 5E UTP×5

CAT 5E UTP×4

CAT 5E UTP×8

P2

综合布线系统图

6. 配线架对照表

教 学 楼

| 序号 | 1 | 2 | 3 | 4 | 5 | 6 | 7 | 8 | 9 | 10 | 11 | 12 | 13 | 14 | 15 | 16 |
|---|---|---|---|---|---|---|---|---|---|---|---|---|---|---|---|---|
| 说明 | 1F C1 | C2 | C3 | C4 | C5 | C6 | C7 | C8 | C9 | C10 | C11 | C12 | C13 | C14 | C15 | |
| Hub | *E16* | *E17* | *E18* | *E19* | *E20* | *E21* | *G1* | *G2* | *F1* | *F2* | *E22* | *E23* | *电话* | *电话* | *F3* | |
| VLAN | *6* | *6* | *6* | *6* | *6* | *6* | | | *6* | *6* | *6* | *6* | | | *6* | |
| 序号 | 25 | 26 | 27 | 28 | 29 | 30 | 31 | 32 | 33 | 34 | 35 | 36 | 37 | 38 | 39 | 40 |
| 说明 | 2FC1 | C2 | C3 | C4 | C5 | C6 | C7 | C8 | C9 | C10 | C11 | C12 | C13 | C14 | C15 | C16 |
| Hub | *E6* | *E7* | *E8* | *E9* | *E10* | *E11* | *G3* | *E12* | *G4* | *E41* | *F4* | *F5* | *电话* | *E13* | *E14* | *E15* |
| VLAN | *6* | *6* | *6* | *6* | *6* | *6* | | *6* | | *6* | *6* | *6* | | *6* | *6* | *6* |
| 管理架 | | | | | | | | | | | | | | | | |
| 序号 | 1 | 2 | 3 | 4 | 5 | 6 | 7 | 8 | 9 | 10 | 11 | 12 | 13 | 14 | 15 | 16 |
| 说明 | 3FC1 | C2 | C3 | C4 | C5 | C6 | C7 | C8 | C9 | C10 | C11 | C12 | C13 | C14 | C15 | C16 |
| Hub | *D44* | *D45* | *D46* | *D47* | *D48* | *E1* | *电话* | *E2* | *E40* | *G5* | *F6* | *F7* | *电话* | *E3* | *E4* | *E5* |
| VLAN | 6 | 6 | 6 | 6 | 6 | 6 | | 6 | 4 | | 6 | 6 | | 6 | 6 | 6 |
| 序号 | 25 | 26 | 27 | 28 | 29 | 30 | 31 | 32 | 33 | 34 | 35 | 36 | 37 | 38 | 39 | 40 |
| 说明 | 4FC1 | C2 | C3 | C4 | C5 | C6 | C7 | C8 | C9 | C10 | C11 | C12 | C13 | C14 | C15 | C16 |
| Hub | *D35* | *D36* | *D37* | *D38* | *D39* | *D40* | *G6* | *D41* | *G7* | *G8* | *F9* | *D42* | *G9* | *D43* | *F10* | *F11* |
| VLAN | *6* | *6* | *6* | *6* | *6* | *6* | *6* | *6* | | | *6* | *6* | | *6* | *6* | *6* |
| 管理架 | | | | | | | | | | | | | | | | |
| 序号 | 1 | 2 | 3 | 4 | 5 | 6 | 7 | 8 | 9 | 10 | 11 | 12 | 13 | 14 | 15 | 16 |
| 说明 | 5FC1 | C2 | C3 | C4 | C5 | C6 | C7 | C8 | C9 | C10 | C11 | C12 | C13 | C14 | C15 | C16 |
| Hub | *D27* | *D28* | *D29* | *D30* | *D31* | *D32* | *G10* | *D33* | *D34* | *G11* | *空* | *空* | *空* | *空* | *E38* | *电话* |
| VLAN | *6* | *6* | *6* | *6* | *6* | *6* | | *6* | *6* | | | | | | *9* | |
| 序号 | 25 | 26 | 27 | 28 | 29 | 30 | 31 | 32 | 33 | 34 | 35 | 36 | 37 | 38 | 39 | 40 |
| 说明 | 5F C25 | C26 | C27 | C28 | C29 | C30 | C31 | C32 | C33 | C34 | C35 | C36 | C37 | C38 | C39 | C40 |
| Hub | *C15* | *C16* | *C17* | *C18* | *C19* | *C20* | *C21* | *C22* | *C23* | *C24* | *C25* | *C26* | *C27* | *C28* | *C29* | *C30* |
| VLAN | *6* | *6* | *6* | *6* | *6* | *6* | *6* | *6* | *6* | *6* | *6* | *6* | *6* | *6* | *6* | *6* |
| 管理架 | | | | | | | | | | | | | | | | |
| 序号 | 1 | 2 | 3 | 4 | 5 | 6 | 7 | 8 | 9 | 10 | 11 | 12 | 13 | 14 | 15 | 16 |
| 说明 | 5F C49 | C50 | C51 | C52 | C53 | C54 | C55 | C56 | C57 | C58 | C59 | C60 | C61 | C62 | C63 | C64 |
| Hub | *C39* | *C40* | *C41* | *C42* | *C43* | *C44* | *C45* | *C46* | *C47* | *C48* | *D1* | *D2* | *D3* | *D4* | *D5* | *D6* |
| VLAN | *6* | *6* | *6* | *6* | *6* | *6* | *6* | *6* | *6* | *6* | *6* | *6* | *6* | *6* | *6* | *6* |
| 序号 | 25 | 26 | 27 | 28 | 29 | 30 | 31 | 32 | 33 | 34 | 35 | 36 | 37 | 38 | 39 | 40 |

# 附录 H　XX 学校校园网布线测试报告（样例）

信息点总数：200

布线产品：美国合宝 Hubbell 超 5 类非屏蔽

测试工具：FLUKE DSP-100

测试标准：TIA Cat 5 Channel

测试人：×××

以上所有信息点经测试全部通过，具体细节参见测试数据。

| | |
|---|---|
| kongjiang high school | 测试总结果：通过 |
| 地点: shuangyang road 388# | 电缆识别名：KJZX-1F-C7 |
| 操作人员: wang xingfa | 日期/时间：07/29/2002　12:50:19pm |
| NVP: 69.0%　　阻抗异常临界值：15% | 测试标准：TIA Cat 5 Channel |
| FLUKE DSP-100　S/N: 7859007 | 电缆类型：UTP 100 Ohm Cat 5 |
| 余量：　9.5 dB | 标准版本：5.5 |
| | 软件版本：5.5 |

接线图　通过　　结果　　RJ45 PIN:　1 2 3 4 5 6 7 8 S

| | | | | | | | |

RJ45 PIN:　1 2 3 4 5 6 7 8

| 线对 | 1,2 | 3,6 | 4,5 | 7,8 |
|---|---|---|---|---|
| 特性阻抗(ohms)，极限值 80～120 | 105 | 107 | 105 | 110 |
| 长度(ft)，极限值 328 | 141 | 139 | 143 | 137 |
| 传输时延(ns) | 208 | 205 | 210 | 202 |
| 时延偏离(ns)，极限值 50 | 6 | 3 | 8 | 0 |

| | | | | | | |
|---|---|---|---|---|---|---|
| 电阻值(ohms) | 7.8 | 8.1 | 8.3 | 7.7 | | |
| 衰减(dB) | 9.5 | 9.6 | 9.9 | 9.4 | | |
| 极限值(dB) | 24.0 | 24.0 | 24.0 | 24.0 | | |
| 余量(dB) | 14.5 | 14.4 | 14.1 | 14.6 | | |
| 频率(MHz) | 100.0 | 100.0 | 100.0 | 100.0 | | |
| 线对 | 1,2-3,6 | 1,2-4,5 | 1,2-7,8 | 3,6-4,5 | 3,6-7,8 | 4,5-7,8 |
| NEXT(dB) | 41.2 | 48.9 | 39.0 | 38.9 | 43.3 | 45.3 |
| 极限值(dB) | 31.7 | 37.0 | 27.2 | 27.1 | 31.8 | 33.3 |
| 余量(dB) | 9.5 | 11.9 | 11.8 | 11.8 | 11.5 | 12.0 |
| 频率(MHz) | 54.4 | 26.6 | 99.2 | 100.0 | 53.8 | 43.7 |